教科書ガイド

中学校 数 学 3年

学校図書 版『中学校数学』完全準拠

JN085524

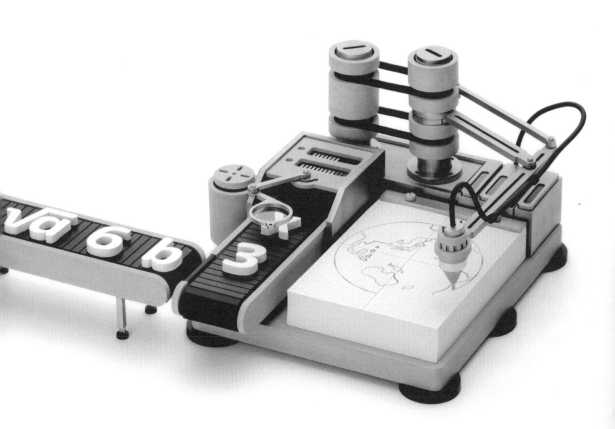

学校図書

教科書ガイドの使い方

　この教科書ガイドは，学校図書版「中学校数学」教科書にぴったり合わせて編集してあります。教科書に取りあげられている問題を，1つ1つわかりやすく解説してありますので，教科書でわからないところがあったときや，授業の予習・復習に役立てください。

- **教科書のまとめ** テスト前にチェック☑

　節ごとに重要事項をまとめてあります。振り返りやテスト前に活用してください。右欄の**注**は注意が必要なことがら，**覚**は覚えておく必要のあることがらです。

- **ガイド**と**答え**

　ガイドでは，答えを導くための基本的な考え方や道筋について解説し，**答え**では，解き方と答えを示しています。

　そのほか，適宜，**別解**　**コメント!**　**ポイント!**　を示してあります。

教科書ガイドで予習・復習を！

　数学という教科は積み重ねが大切で，学習した内容がしっかり理解できていないと，次に進めないことが多くあります。それをクリアするためには，日々の予習・復習が欠かせません。教科書の問題は，まず自分の力で考え，教科書ガイドを使って答え合わせをし，わからないところは**ガイド**や**答え**をよく読んで，もう一度自分で解いてみましょう。

　それを続けていけば，教科書の内容が確実に身につき，数学の実力を高めることができます。

1章 式の計算

教科書 P.12

1 正方形に，次の①～③の長さを加えて長方形をつくりました。

① 縦はそのまま，横に 4 cm 加える。
② 縦に 1 cm，横に 3 cm 加える。
③ 縦に 2 cm，横に 2 cm 加える。

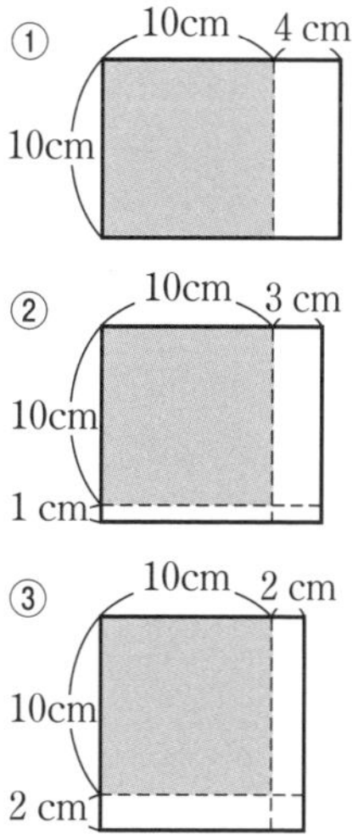

①～③の長方形の面積について，正しいと思うものを下の㋐～㋓から選びましょう。

㋐ すべて等しい。
㋑ ①がもっとも大きい。
㋒ ②がもっとも大きい。
㋓ ③がもっとも大きい。

答え ㋓

教科書 P.13

2 前ページ(教科書)の[1]①～③で，正方形の 1 辺の長さを 10 cm，20 cm，30 cm と変えたときの面積について，次の表にまとめてみましょう。また，正方形の 1 辺の長さを自由に決めて，同じように面積を求めてみましょう。

答え

		正方形の 1 辺の長さ			
		10 cm	20 cm	30 cm	(例) 40 cm
加える長さ	①縦 0 cm，横 4 cm	10 × 14 = 140	20 × 24 = 480	30 × 34 = 1020	40 × 44 = 1760
	②縦 1 cm，横 3 cm	11 × 13 = 143	21 × 23 = 483	31 × 33 = 1023	41 × 43 = 1763
	③縦 2 cm，横 2 cm	12 × 12 = 144	22 × 22 = 484	32 × 32 = 1024	42 × 42 = 1764

教科書 P.13

3 [2]から，面積についてどんなことがわかるか話し合ってみましょう。

答え (例)・②は①より 3 cm^2 大きく，③は②より 1 cm^2 大きい。
・①～③のうち，面積がもっとも大きいのは③である。

多項式の計算

☑ ◎ **式の乗法・除法**

単項式と多項式の乗法は，分配法則を使って，かっこをはずすことができる。

$$a(b + c) = ab + ac \qquad (b + c)a = ab + ac$$

☑ ◎ **式の展開**

単項式と多項式や，多項式どうしの積の形をした式のかっこをはずして，単項式の和の形で表すことを，もとの式を展開するという。

展開した式に同類項があるときは，それらをまとめておく。

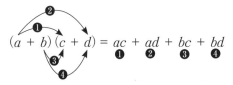

$$(a + b)(c + d) = ac + ad + bc + bd$$

☑ ◎ **乗法公式**

次の①から④の公式を**乗法公式**という。

① $(x + a)(x + b) = x^2 + (a + b)x + ab$

② $(x + a)^2 = x^2 + 2ax + a^2$

③ $(x - a)^2 = x^2 - 2ax + a^2$

④ $(x + a)(x - a) = x^2 - a^2$

☑ ◎ **いろいろな計算**

乗法公式を使って，いろいろな計算ができる。

式を展開するとき，式の一部をひとまとめにして1つの文字におきかえると，乗法公式が使える場合がある。乗法公式で展開してから，おきかえた文字をもとの式にもどす。

覚 多項式を単項式でわる除法は，式を分数の形で表して計算するか，乗法に直して計算すればよい。

① の b を a におきかえると，

② $(x + a)^2 = x^2 + 2ax + a^2$

② の a を $-a$ におきかえると，

③ $(x - a)^2 = x^2 - 2ax + a^2$

① の b を $-a$ におきかえると，

④ $(x + a)(x - a) = x^2 - a^2$

覚 おきかえによる展開

・$(x + y - 1)(x + y + 2)$ の展開

　$x + y = A$ とおくと，

　$(x + y - 1)(x + y + 2)$

$= (A - 1)(A + 2)$

$= A^2 + A - 2$

$= (x + y)^2 + (x + y) - 2$

$= x^2 + 2xy + y^2 + x + y - 2$

❶ 式の乗法・除法

単項式と多項式の乗法

教科書 P.14

 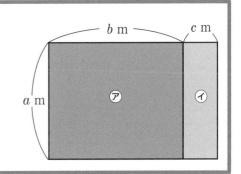

縦 a m，横 b m の長方形の土地があります。この土地の横を c cm 長くすると，全体の面積は何 m^2 になるでしょうか。次の2通りの式で表してみましょう。

(1) （縦）×（横）で表す。

(2) ㋐, ㋑の面積の和で表す。

ガイド (1) 縦は a m，横は $(b + c)$ m と表されます。

(2) ㋐の縦は a m，横は b m，㋑の縦は a m，横は c m だから，㋐の面積は ab m^2，㋑の面積は ac m^2 と表されます。

答え (1) $a(b + c)$ m^2 (2) $(ab + ac)$ m^2

コメント！ (1)と(2)は同じ面積を表しているので，

$$a(b + c) = ab + ac$$

単項式×多項式の場合も，数の計算と同じように分配法則を用いることができることがわかります。

教科書 P.14

問 1 ▷ 次の計算をしなさい。

(1) $a(a + 3)$ (2) $-4x(2x - 5)$

(3) $(-3a + 1) \times 6a$ (4) $(2x + 4y) \times (-y)$

(5) $2a(a^2 + 2a - 3)$ (6) $(6x - 9) \times \dfrac{2}{3}x$

ガイド
答え

分配法則 $a(b + c) = ab + ac$, $(b + c)a = ab + ac$ を使いましょう。

(1) $a(a + 3)$
$= a \times a + a \times 3$
$= a^2 + 3a$

(2) $-4x(2x - 5)$
$= -4x \times 2x + (-4x) \times (-5)$
$= -8x^2 + 20x$

(3) $(-3a + 1) \times 6a$
$= (-3a) \times 6a + 1 \times 6a$
$= -18a^2 + 6a$

(4) $(2x + 4y) \times (-y)$
$= 2x \times (-y) + 4y \times (-y)$
$= -2xy - 4y^2$

(5) $2a(a^2 + 2a - 3)$
$= 2a \times a^2 + 2a \times 2a + 2a \times (-3)$
$= 2a^3 + 4a^2 - 6a$

(6) $(6x - 9) \times \dfrac{2}{3}x$
$= 6x \times \dfrac{2}{3}x - 9 \times \dfrac{2}{3}x$
$= 4x^2 - 6x$

多項式と単項式の除法

教科書 P.15

Q 縦 am，面積 $(a^2 + 6a)$m^2 の長方形の土地があります。この土地の横の長さは何 m でしょうか。

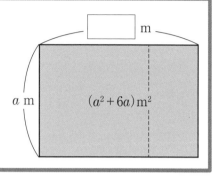

a m　　$(a^2 + 6a)$m^2

ガイド 面積が $(a^2 + 6a)$m^2 なので，この長方形を，面積が a^2m^2 の正方形と $6a$m^2 の長方形に分けて考えることもできます。面積が a^2m^2 の正方形の 1 辺は am，面積が $6a$m^2 の長方形の縦は am だから，$6a = 6 \times a$ より，横は 6 m になります。

答え 面積が a^2m^2 の正方形と面積が $6a$m^2 の長方形に分けて考えると，横の長さは正方形の 1 辺 am と長方形の横 6 m の和になるから，$(a + 6)$m

答 $(a + 6)$m

教科書 P.15

問 2 次の計算をしなさい。

(1) $(10x^2 + 7x) \div x$ 　　　　(2) $(8a^2b - 2ab^2) \div 2ab$

(3) $(4x^2 - 6xy) \div \dfrac{2}{3}x$ 　　　(4) $(-2ab + a) \div \left(-\dfrac{a}{4}\right)$

ガイド 除法を乗法に直して計算しましょう。
乗法に直すときは，逆数をかけます。
分配法則を使ってかっこをはずしてから，約分しましょう。

(1) x の逆数は $\dfrac{1}{x}$ 　　　　(2) $2ab$ の逆数は $\dfrac{1}{2ab}$

(3) $\dfrac{2}{3}x = \dfrac{2x}{3}$ だから，$\dfrac{2}{3}x$ の逆数は $\dfrac{3}{2x}$ 　(4) $-\dfrac{a}{4}$ の逆数は $-\dfrac{4}{a}$

答え

(1) $(10x^2 + 7x) \div x$

$= (10x^2 + 7x) \times \dfrac{1}{x}$

$= 10x^2 \times \dfrac{1}{x} + 7x \times \dfrac{1}{x}$

$= 10x + 7$

(2) $(8a^2b - 2ab^2) \div 2ab$

$= (8a^2b - 2ab^2) \times \dfrac{1}{2ab}$

$= 8a^2b \times \dfrac{1}{2ab} - 2ab^2 \times \dfrac{1}{2ab}$

$= 4a - b$

(3) $(4x^2 - 6xy) \div \dfrac{2}{3}x$

$= (4x^2 - 6xy) \times \dfrac{3}{2x}$

$= 4x^2 \times \dfrac{3}{2x} - 6xy \times \dfrac{3}{2x}$

$= 6x - 9y$

(4) $(-2ab + a) \div \left(-\dfrac{a}{4}\right)$

$= (-2ab + a) \times \left(-\dfrac{4}{a}\right)$

$= -2ab \times \left(-\dfrac{4}{a}\right) + a \times \left(-\dfrac{4}{a}\right)$

$= 8b - 4$

8

教科書 P.15

❷ 式の展開

教科書 P.16

Q 右の図のような長方形の面積を，いろいろな式で表してみましょう。また，そのことから，どんなことがいえるか話し合ってみましょう。

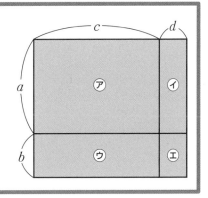

ガイド 全体の面積を表す式を，(縦)×(横)や，㋐，㋑，㋒，㋓のそれぞれの面積の和など，いろいろ考えてみましょう。㋐，㋑，㋒，㋓を2つずつ組み合わせてできる長方形の和として表すこともできます。

答え
(例)・(縦)×(横)で表す。　　　　　　　　　　　　　$(a + b)(c + d)$
・(㋐，㋒の長方形の面積)＋(㋑，㋓の長方形の面積)　$(a + b)c + (a + b)d$
・(㋐，㋑の長方形の面積)＋(㋒，㋓の長方形の面積)　$a(c + d) + b(c + d)$
・㋐，㋑，㋒，㋓の面積の和　　　　　　　　　　　$ac + ad + bc + bd$

いえること：同じ面積を，いろいろな形の式で表すことができる。

教科書 P.16

問1 $(a + b)(c + d)$ を，$a + b = N$ とおいて計算し，例1(教科書 P.16)の計算の結果と比べなさい。

答え
$a + b = N$ とおくと，
$(a + b)(c + d) = N(c + d)$ 　　　分配法則
　　　　　　　$= Nc + Nd$ 　　　　N を $a + b$ にもどす
　　　　　　　$= (a + b)c + (a + b)d$ 　分配法則
　　　　　　　$= ac + bc + ad + bd$

例1の計算の結果と同じになる。

教科書 P.17

問2 次の式を展開しなさい。
(1) $(a + 3)(b + 5)$
(2) $(x - 2)(y + 6)$
(3) $(a + b)(c - d)$
(4) $(x - a)(y - b)$

答え
(1) $(a + 3)(b + 5)$
　$= ab + 5a + 3b + 15$

(2) $(x - 2)(y + 6)$
　$= xy + 6x - 2y - 12$

(3) $(a + b)(c - d)$
　$= ac - ad + bc - bd$

(4) $(x - a)(y - b)$
　$= xy - bx - ay + ab$

問 3 ▷ 次の式を展開しなさい。

(1) $(x + 1)(x + 6)$ (2) $(x + 2)(x - 7)$

(3) $(x + 6)(x - 6)$ (4) $(3x - 1)(x - 5)$

(5) $(-a + 4)(2a - 5)$ (6) $(5x - y)(x + 2y)$

ガイド 分配法則を使って展開したあと，同類項をまとめましょう。

答 え

(1) $(x + 1)(x + 6)$
$= x^2 + 6x + x + 6$
$= x^2 + 7x + 6$

(2) $(x + 2)(x - 7)$
$= x^2 - 7x + 2x - 14$
$= x^2 - 5x - 14$

(3) $(x + 6)(x - 6)$
$= x^2 - 6x + 6x - 36$
$= x^2 - 36$

(4) $(3x - 1)(x - 5)$
$= 3x^2 - 15x - x + 5$
$= 3x^2 - 16x + 5$

(5) $(-a + 4)(2a - 5)$
$= -2a^2 + 5a + 8a - 20$
$= -2a^2 + 13a - 20$

(6) $(5x - y)(x + 2y)$
$= 5x^2 + 10xy - xy - 2y^2$
$= 5x^2 + 9xy - 2y^2$

問 4 ▷ 次の式を展開しなさい。

(1) $(a - b)(x - y + 2)$ (2) $(x + y + 1)(x - y)$

ガイド

(1) $x - y + 2$ を，1つの数と考えて展開します。
$(a - b)(x - y + 2)$
$= a(x - y + 2) - b(x - y + 2)$

(2) $x + y + 1$ を，1つの数と考えて展開します。
$(x + y + 1)(x - y)$
$= (x + y + 1)x - (x + y + 1)y$

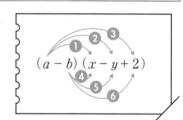

答 え

(1) $(a - b)(x - y + 2)$
$= a(x - y + 2) - b(x - y + 2)$
$= ax - ay + 2a - bx + by - 2b$

(2) $(x + y + 1)(x - y)$
$= (x + y + 1)x - (x + y + 1)y$
$= x^2 + xy + x - xy - y^2 - y$
$= x^2 - y^2 + x - y$

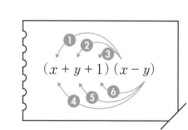

別 解

(2) $x - y$ を，1つの数と考えて展開すると，
$(x + y + 1)(x - y)$
$= x(x - y) + y(x - y) + (x - y)$
$= x^2 - xy + xy - y^2 + x - y$
$= x^2 - y^2 + x - y$

③ 乗法公式

$(x + a)(x + b)$ の公式

教科書 P.18

Q. 次の式を展開して，気づいたことを話し合ってみましょう。
- (1) $(x + 2)(x + 4)$
- (2) $(x + 2)(x - 4)$
- (3) $(x - 2)(x + 4)$
- (4) $(x - 2)(x - 4)$

ガイド (1)～(4)を展開すると，次のようになります。

(1) $(x + 2)(x + 4) = x^2 + 4x + 2x + 8 = x^2 + 6x + 8$

(2) $(x + 2)(x - 4) = x^2 - 4x + 2x - 8 = x^2 - 2x - 8$

(3) $(x - 2)(x + 4) = x^2 + 4x - 2x - 8 = x^2 + 2x - 8$

(4) $(x - 2)(x - 4) = x^2 - 4x - 2x + 8 = x^2 - 6x + 8$

答え (例)・展開した式の定数項は，元の2つの式の定数項の符号が同じときは8，異なるときは－8になっている。

・(1)と(4)の展開した式を比べると，x の係数の符号以外は同じになっている。

・(2)と(3)の展開した式を比べると，x の係数の符号以外は同じになっている。

教科書 P.18

問1 次の式を展開しなさい。
- (1) $(x + 2)(x + 1)$
- (2) $(a - 5)(a + 3)$
- (3) $(a - 7)(a - 2)$
- (4) $(x + 8)(x - 6)$
- (5) $(x + 3)(x - 3)$
- (6) $(x + 3)^2$
- (7) $\left(x + \dfrac{2}{3}\right)\left(x + \dfrac{1}{3}\right)$
- (8) $\left(x - \dfrac{1}{3}\right)\left(x + \dfrac{1}{2}\right)$

ガイド 公式の a, b にあたる項の符号の扱いに注意しましょう。

答え

(1) $(x + 2)(x + 1)$
$= x^2 + (2 + 1)x + 2 \times 1$
$= x^2 + 3x + 2$

(2) $(a - 5)(a + 3)$
$= a^2 + \{(-5) + 3\}a + (-5) \times 3$
$= a^2 - 2a - 15$

(3) $(a - 7)(a - 2)$
$= a^2 + \{(-7) + (-2)\}a + (-7) \times (-2)$
$= a^2 - 9a + 14$

(4) $(x + 8)(x - 6)$
$= x^2 + \{8 + (-6)\}x + 8 \times (-6)$
$= x^2 + 2x - 48$

(5) $(x + 3)(x - 3)$
$= x^2 + \{3 + (-3)\}x + 3 \times (-3)$
$= x^2 - 9$

(6) $(x + 3)^2$
$= (x + 3)(x + 3)$
$= x^2 + (3 + 3)x + 3 \times 3$
$= x^2 + 6x + 9$

(7) $\left(x + \dfrac{2}{3}\right)\left(x + \dfrac{1}{3}\right)$
$= x^2 + \left(\dfrac{2}{3} + \dfrac{1}{3}\right)x + \dfrac{2}{3} \times \dfrac{1}{3}$
$= x^2 + x + \dfrac{2}{9}$

(8) $\left(x - \dfrac{1}{3}\right)\left(x + \dfrac{1}{2}\right)$
$= x^2 + \left\{\left(-\dfrac{1}{3}\right) + \dfrac{1}{2}\right\}x + \left(-\dfrac{1}{3}\right) \times \dfrac{1}{2}$
$= x^2 + \dfrac{1}{6}x - \dfrac{1}{6}$

問 2 ▷ 前ページ（教科書）の $(x + a)(x + b)$ の式で，b を a に変えました。次の □ にあてはまるものを書き入れなさい。

$$(x + a)^2$$
$$= (x + a)(x + a)$$
$$= x^2 + (\Box + \Box)x + a^2$$
$$= x^2 + \Box x + a^2$$

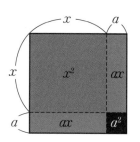

ガイド

右上の図からも分かります。

1 辺が $x + a$ の正方形の面積は，$(x + a)^2$ です。

この正方形の面積は，図の点線で分けられた，2 つの正方形と 2 つの長方形の面積の和と考えることができます。

正方形の 1 辺は，それぞれ x と a であり，2 つの長方形の 2 辺は，どちらも x と a になります。

したがって，正方形の面積は，$x^2 + ax + ax + a^2$ となります。

$(x + a)(x + b) = x^2 + (a + b)x + ab$ の式で，b を a におきかえた特別な場合の式です。

答え

順に，a，a，$2a$

問 3 ▷ 次の式を展開しなさい。

(1) $(x + 1)^2$ (2) $(y + 7)^2$ (3) $(x - 2)^2$

(4) $(a - 9)^2$ (5) $(a + b)^2$ (6) $\left(x - \dfrac{1}{2}\right)^2$

ガイド

(5) $(x + a)^2$
   ↓ ↓
  $(\boxed{a} + \boxed{b})^2$

┌─2 倍する─┐
$(a + b)^2 = a^2 + \boxed{}\,a + \boxed{}$
└──2 乗する──┘

(3)，(4)，(6)は定数項の符号が負なので，展開したとき 2 番目の項の符号が負になることに注意しましょう。

答 え	
(1) $(x + 1)^2$ $= x^2 + 2 \times 1 \times x + 1^2$ $= x^2 + 2x + 1$	(2) $(y + 7)^2$ $= y^2 + 2 \times 7 \times y + 7^2$ $= y^2 + 14y + 49$
(3) $(x - 2)^2$ $= x^2 - 2 \times 2 \times x + 2^2$ $= x^2 - 4x + 4$	(4) $(a - 9)^2$ $= a^2 - 2 \times 9 \times a + 9^2$ $= a^2 - 18a + 81$
(5) $(a + b)^2$ $= a^2 + 2 \times b \times a + b^2$ $= a^2 + 2ab + b^2$	(6) $\left(x - \dfrac{1}{2}\right)^2$ $= x^2 - 2 \times \dfrac{1}{2} \times x + \left(\dfrac{1}{2}\right)^2$ $= x^2 - x + \dfrac{1}{4}$

和と差の積の公式

教科書 P.20

問 4 （教科書）18ページの $(x + a)(x + b)$
の式で，$+ b$ を $- a$ に変えました。
次の□にあてはまるものを書き入れ
なさい。

$(x + a)(x - a)$
$= x^2 + \{\Box + (\Box)\}x - a^2$
$= x^2 - a^2$

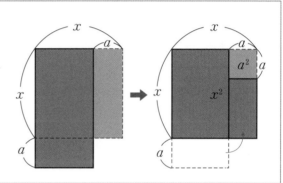

ガイド　右上の図からも分かります。
縦 $x + a$，横 $x - a$ の長方形の面積は，$(x + a)(x - a)$ です。
図のように，図形の一部を移動させて考えると，この長方形の面積は，１辺が x
の正方形から，１辺が a の正方形をひいた面積と考えることができます。
したがって，長方形の面積は，$x^2 - a^2$ となります。

答 え　順に，a，$- a$

教科書 P.20

問 5 次の式を展開しなさい。

(1) $(x + 2)(x - 2)$ 　　　　(2) $(x - 8)(x + 8)$
(3) $(3 + y)(3 - y)$ 　　　　(4) $(a - b)(a + b)$
(5) $(x - 5)(5 + x)$ 　　　　(6) $\left(x + \dfrac{1}{3}\right)\left(x - \dfrac{1}{3}\right)$

ガイド　(2), (4), (5) 乗法の交換法則によって，
　(2) $(x + 8)(x - 8)$ 　　(4) $(a + b)(a - b)$ 　　(5) $(5 + x)(x - 5)$
と考えることができます。
また，(5)で，$5 + x$ は $x + 5$ と直せるので，$(x - 5)(5 + x) = (x + 5)(x - 5)$
と表せます。

答 え

(1) $(x + 2)(x - 2)$
$= x^2 - 2^2$
$= x^2 - 4$

(2) $(x - 8)(x + 8)$
$= x^2 - 8^2$
$= x^2 - 64$

(3) $(3 + y)(3 - y)$
$= 3^2 - y^2$
$= 9 - y^2$

(4) $(a - b)(a + b)$
$= a^2 - b^2$

(5) $(x - 5)(5 + x)$
$= (x + 5)(x - 5)$
$= x^2 - 5^2$
$= x^2 - 25$

(6) $\left(x + \dfrac{1}{3}\right)\left(x - \dfrac{1}{3}\right)$
$= x^2 - \left(\dfrac{1}{3}\right)^2$
$= x^2 - \dfrac{1}{9}$

いろいろな計算

教科書 P.21

問 6 次の式を展開しなさい。

(1) $(3a + 2)(3a + 5)$

(2) $(5a - 4)(5a + 6)$

(3) $(2x + 5)^2$

(4) $(4x - y)^2$

(5) $(3x - 1)(3x + 1)$

(6) $(6a + 7b)(6a - 7b)$

ガイド それぞれ，次のように考えて，どの乗法公式が使えるか判断しましょう。

(1) $(\boxed{x} + \boxed{a})(\boxed{x} + \boxed{b})$
   ⋮ ⋮ ⋮ ⋮
   $(3a + 2)(3a + 5)$

(2) $(\boxed{x} + \boxed{a})(\boxed{x} + \boxed{b})$
   ⋮ ⋮ ⋮ ⋮
   $(5a - 4)(5a + 6)$

(3) $(\boxed{x} + \boxed{a})^2$
   ⋮ ⋮
   $(2x + 5)^2$

(4) $(\boxed{x} - \boxed{a})^2$
   ⋮ ⋮
   $(4x - y)^2$

(5) $(\boxed{x} + \boxed{a})(\boxed{x} - \boxed{a})$
   ⋮ ⋮ ⋮ ⋮
   $(3x + 1)(3x - 1)$

(6) $(\boxed{x} + \boxed{a})(\boxed{x} - \boxed{a})$
   ⋮ ⋮ ⋮ ⋮
   $(6a + 7b)(6a - 7b)$

答 え

(1) $(3a + 2)(3a + 5)$
$= (3a)^2 + (2 + 5) \times 3a + 2 \times 5$
$= 9a^2 + 21a + 10$

(2) $(5a - 4)(5a + 6)$
$= (5a)^2 + \{(-4) + 6\} \times 5a + (-4) \times 6$
$= 25a^2 + 10a - 24$

(3) $(2x + 5)^2$
$= (2x)^2 + 2 \times 2x \times 5 + 5^2$
$= 4x^2 + 20x + 25$

(4) $(4x - y)^2$
$= (4x)^2 - 2 \times 4x \times y + y^2$
$= 16x^2 - 8xy + y^2$

(5) $(3x - 1)(3x + 1)$
$= (3x)^2 - 1^2$
$= 9x^2 - 1$

(6) $(6a + 7b)(6a - 7b)$
$= (6a)^2 - (7b)^2$
$= 36a^2 - 49b^2$

教科書 P.21

問7 大和さんは，$(5x - 3)^2$ の展開を，右のように行いました。この展開は正しいですか。誤りがあれば，正しく直しなさい。

正しいかな？
$$(5x - 3)^2$$
$$= (5x)^2 - 2 \times 3 \times x + 3^2$$
$$= 25x^2 - 6x + 9$$

答え 次のように，下線のところが誤り。
$$(5x - 3)^2 = (5x)^2 - 2 \times 3 \times \underline{x} + 3^2$$
正しい計算は次のようになる。
$$(5x - 3)^2 = (5x)^2 - 2 \times 3 \times \underline{5x} + 3^2 = \mathbf{25x^2 - 30x + 9}$$

教科書 P.22

問8 次の式を展開しなさい。
(1) $(x + y + 4)(x + y + 1)$　　(2) $(x - y - 3)(x - y - 6)$
(3) $(a - b + 3)^2$　　(4) $(a + b - 7)(a + b + 7)$

ガイド 式の一部をひとまとめにして，1つの文字におきかえてから，乗法公式を使いましょう。展開したあと，文字をもとの式にもどすときは，式にかっこをつけることを忘れないようにします。

このように，式の項が3つある多項式どうしの乗法でも，かけ合わせる多項式に共通な部分があれば，その部分を1つの文字におきかえることで，乗法公式が使える場合があります。

答え
(1) $x + y = M$ とおくと，
$$(x + y + 4)(x + y + 1)$$
$$= (M + 4)(M + 1)$$
$$= M^2 + 5M + 4$$
$$= (x + y)^2 + 5(x + y) + 4$$
$$= \mathbf{x^2 + 2xy + y^2 + 5x + 5y + 4}$$

(2) $x - y = M$ とおくと，
$$(x - y - 3)(x - y - 6)$$
$$= (M - 3)(M - 6)$$
$$= M^2 - 9M + 18$$
$$= (x - y)^2 - 9(x - y) + 18$$
$$= \mathbf{x^2 - 2xy + y^2 - 9x + 9y + 18}$$

(3) $a - b = M$ とおくと，
$$(a - b + 3)^2$$
$$= (M + 3)^2$$
$$= M^2 + 6M + 9$$
$$= (a - b)^2 + 6(a - b) + 9$$
$$= \mathbf{a^2 - 2ab + b^2 + 6a - 6b + 9}$$

(4) $a + b = M$ とおくと，
$$(a + b - 7)(a + b + 7)$$
$$= (M - 7)(M + 7)$$
$$= M^2 - 49$$
$$= (a + b)^2 - 49$$
$$= \mathbf{a^2 + 2ab + b^2 - 49}$$

教科書 P.22

問9 次の計算をしなさい。
(1) $x^2 + (x + 5)(x + 1)$　　(2) $(a + 4)^2 - (a - 2)(a + 2)$
(3) $(y + 2)(y - 7) - y(y - 4)$　　(4) $2(x - 1)^2 - (2x - 1)^2$

ガイド	乗法公式を利用して展開し，同類項をまとめます。(2)，(3)，(4)では，ひく式に，かっこをつけるのを忘れないようにしましょう。

答え

(1) $x^2 + (x + 5)(x + 1)$
$= x^2 + (x^2 + 6x + 5)$
$= 2x^2 + 6x + 5$

(2) $(a + 4)^2 - (a - 2)(a + 2)$
$= (a^2 + 8a + 16) - (a^2 - 4)$
$= a^2 + 8a + 16 - a^2 + 4$
$= 8a + 20$

(3) $(y + 2)(y - 7) - y(y - 4)$
$= (y^2 - 5y - 14) - (y^2 - 4y)$
$= y^2 - 5y - 14 - y^2 + 4y$
$= -y - 14$

(4) $2(x - 1)^2 - (2x - 1)^2$
$= 2(x^2 - 2x + 1) - (4x^2 - 4x + 1)$
$= 2x^2 - 4x + 2 - 4x^2 + 4x - 1$
$= -2x^2 + 1$

---

１ 多項式の計算

確かめよう

教科書 P.23

1 次の計算をしなさい。
(1) $x(2x + 5y)$
(2) $2x(3x - 4y)$
(3) $(6a^2 - 7a) \div a$
(4) $(12a^2 + 9a) \div 3a$

ガイド 除法は乗法に直して計算します。

答え

(1) $x(2x + 5y)$
$= x \times 2x + x \times 5y$
$= 2x^2 + 5xy$

(2) $2x(3x - 4y)$
$= 2x \times 3x + 2x \times (-4y)$
$= 6x^2 - 8xy$

(3) $(6a^2 - 7a) \div a$
$= (6a^2 - 7a) \times \dfrac{1}{a}$
$= 6a^2 \times \dfrac{1}{a} - 7a \times \dfrac{1}{a}$
$= 6a - 7$

(4) $(12a^2 + 9a) \div 3a$
$= (12a^2 + 9a) \times \dfrac{1}{3a}$
$= 12a^2 \times \dfrac{1}{3a} + 9a \times \dfrac{1}{3a}$
$= 4a + 3$

2 次の式を展開しなさい。
(1) $(x + 2)(y + 5)$
(2) $(2x + 1)(x - 4)$

答え

(1) $(x + 2)(y + 5)$
$= xy + 5x + 2y + 10$

(2) $(2x + 1)(x - 4)$
$= 2x^2 - 8x + x - 4$
$= 2x^2 - 7x - 4$

3 次の式を展開しなさい。
(1) $(a + 5)(a + 9)$
(2) $(x - 7)(x + 3)$
(3) $(y - 1)(y - 8)$
(4) $(a + 8)^2$
(5) $(x - 3)^2$
(6) $(y - 4)(y + 4)$

(1) $(a + 5)(a + 9)$
$= a^2 + (5 + 9)a + 5 \times 9$
$= a^2 + 14a + 45$

(2) $(x - 7)(x + 3)$
$= x^2 + \{(-7) + 3\}x + (-7) \times 3$
$= x^2 - 4x - 21$

(3) $(y - 1)(y - 8)$
$= y^2 + \{(-1) + (-8)\}y + (-1) \times (-8)$
$= y^2 - 9y + 8$

(4) $(a + 8)^2$
$= a^2 + 2 \times 8 \times a + 8^2$
$= a^2 + 16a + 64$

(5) $(x - 3)^2$
$= x^2 - 2 \times 3 \times x + 3^2$
$= x^2 - 6x + 9$

(6) $(y - 4)(y + 4)$
$= y^2 - 4^2$
$= y^2 - 16$

１章　式の計算

---

4 $(x + 1)^2 + (2 + x)(2 - x)$ を計算しなさい。

答え
$(x + 1)^2 + (2 + x)(2 - x) = (x^2 + 2x + 1) + (4 - x^2)$
$= 2x + 5$

 Tea Break

多項式どうしの除法 発展

教科書 P.23

多項式どうしの除法は，小学校で学習した，整数や小数の除法の筆算を応用して考えることができます。

たとえば，

$(x^2 + 3x - 10) \div (x - 2)$

は，右のようにすることで，商が $x + 5$ になることがわかります。

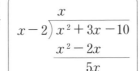
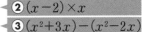

❶ x をたてる
❷ $(x-2) \times x$
❸ $(x^2+3x)-(x^2-2x)$

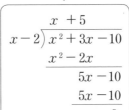

❹ 5をたてる
❺ -10 をおろす
❻ $(x-2) \times 5$
❼ $(5x-10)-(5x-10)$

$(3x^2 + 5x - 12) \div (x + 3)$ を計算してみましょう。

答え

$$
\begin{array}{r}
3x - 4 \\
x + 3\,\overline{\smash{)}\,3x^2 + 5x - 12} \\
\underline{3x^2 + 9x} \\
-4x - 12 \\
\underline{-4x - 12} \\
0
\end{array}
$$

答　$3x - 4$

no.1 式の乗法・除法

(1) $2x(x + 4)$　(2) $-x(6 - 3x)$　(3) $(-5a + 8) \times 2a$

(4) $(7x - 2) \times (-4x)$　(5) $-3a(a - 5b + 1)$　(6) $(12a + 8) \times \frac{3}{4}a$

(7) $(2x^2 - 9x) \div x$　(8) $(15a^2 + 3ab) \div 3a$　(9) $(4a^2b - ab^2) \div ab$

(10) $(8x^2 + 6xy) \div (-2x)$　(11) $(-3xy + 2x) \div \left(-\frac{x}{3}\right)$

答え

(1) $2x(x + 4) = \boldsymbol{2x^2 + 8x}$　(2) $-x(6 - 3x) = -6x + 3x^2 = \boldsymbol{3x^2 - 6x}$

(3) $(-5a + 8) \times 2a = \boldsymbol{-10a^2 + 16a}$　(4) $(7x - 2) \times (-4x) = \boldsymbol{-28x^2 + 8x}$

(5) $-3a(a - 5b + 1) = \boldsymbol{-3a^2 + 15ab - 3a}$

(6) $(12a + 8) \times \frac{3}{4}a = 12a \times \frac{3}{4}a + 8 \times \frac{3}{4}a = \boldsymbol{9a^2 + 6a}$

(7) $(2x^2 - 9x) \div x = 2x^2 \times \frac{1}{x} - 9x \times \frac{1}{x} = \boldsymbol{2x - 9}$

(8) $(15a^2 + 3ab) \div 3a = 15a^2 \times \frac{1}{3a} + 3ab \times \frac{1}{3a} = \boldsymbol{5a + b}$

(9) $(4a^2b - ab^2) \div ab = 4a^2b \times \frac{1}{ab} - ab^2 \times \frac{1}{ab} = \boldsymbol{4a - b}$

(10) $(8x^2 + 6xy) \div (-2x) = 8x^2 \times \left(-\frac{1}{2x}\right) + 6xy \times \left(-\frac{1}{2x}\right) = \boldsymbol{-4x - 3y}$

(11) $(-3xy + 2x) \div \left(-\frac{x}{3}\right) = -3xy \times \left(-\frac{3}{x}\right) + 2x \times \left(-\frac{3}{x}\right) = \boldsymbol{9y - 6}$

no.2 式の展開

(1) $(a + 8)(b + 2)$　(2) $(x - 7)(y + 6)$　(3) $(2a - 1)(a - 8)$

(4) $(4 + 2x)(3x + 1)$　(5) $(2a - 5b)(-a + 6b)$　(6) $(7x + 2y)(-7x + 3y)$

(7) $(a + b)(x - y + 5)$　(8) $(a - 2b)(x + 2y - 3)$　(9) $(x + y - 3)(x - y)$

(10) $(2a - b - 4)(a + 3b)$

答え

(1) $(a + 8)(b + 2) = \boldsymbol{ab + 2a + 8b + 16}$

(2) $(x - 7)(y + 6) = \boldsymbol{xy + 6x - 7y - 42}$

(3) $(2a - 1)(a - 8) = 2a^2 - 16a - a + 8 = \boldsymbol{2a^2 - 17a + 8}$

(4) $(4 + 2x)(3x + 1) = 12x + 4 + 6x^2 + 2x = \boldsymbol{6x^2 + 14x + 4}$

(5) $(2a - 5b)(-a + 6b) = -2a^2 + 12ab + 5ab - 30b^2 = \boldsymbol{-2a^2 + 17ab - 30b^2}$

(6) $(7x + 2y)(-7x + 3y) = -49x^2 + 21xy - 14xy + 6y^2 = \boldsymbol{-49x^2 + 7xy + 6y^2}$

(7) $(a + b)(x - y + 5) = \boldsymbol{ax - ay + 5a + bx - by + 5b}$

(8) $(a - 2b)(x + 2y - 3) = \boldsymbol{ax + 2ay - 3a - 2bx - 4by + 6b}$

(9) $(x + y - 3)(x - y) = x^2 - xy + xy - y^2 - 3x + 3y = \boldsymbol{x^2 - y^2 - 3x + 3y}$

(10) $(2a - b - 4)(a + 3b) = 2a^2 + 6ab - ab - 3b^2 - 4a - 12b$

$$= \boldsymbol{2a^2 + 5ab - 3b^2 - 4a - 12b}$$

no. 3　乗法公式

(1) $(x + 3)(x + 7)$　**(2)** $(x - 4)(x - 5)$　**(3)** $(x + 9)(x - 10)$　**(4)** $(x - 1)(x + 6)$

(5) $(x + 4)^2$　　**(6)** $(x - 10)^2$　　**(7)** $\left(x + \dfrac{1}{3}\right)^2$　　**(8)** $(x + 1)(x - 1)$

(9) $(a - 9)(a + 9)$　**(10)** $(x + 6)(6 - x)$　**(11)** $\left(x + \dfrac{5}{4}\right)\left(x - \dfrac{5}{4}\right)$

答え

(1) $(x + 3)(x + 7) = \boldsymbol{x^2 + 10x + 21}$　**(2)** $(x - 4)(x - 5) = \boldsymbol{x^2 - 9x + 20}$

(3) $(x + 9)(x - 10) = \boldsymbol{x^2 - x - 90}$　**(4)** $(x - 1)(x + 6) = \boldsymbol{x^2 + 5x - 6}$

(5) $(x + 4)^2 = \boldsymbol{x^2 + 8x + 16}$　**(6)** $(x - 10)^2 = \boldsymbol{x^2 - 20x + 100}$

(7) $\left(x + \dfrac{1}{3}\right)^2 = \boldsymbol{x^2 + \dfrac{2}{3}x + \dfrac{1}{9}}$　**(8)** $(x + 1)(x - 1) = \boldsymbol{x^2 - 1}$

(9) $(a - 9)(a + 9) = \boldsymbol{a^2 - 81}$　**(10)** $(x + 6)(6 - x) = \boldsymbol{36 - x^2}$

(11) $\left(x + \dfrac{5}{4}\right)\left(x - \dfrac{5}{4}\right) = \boldsymbol{x^2 - \dfrac{25}{16}}$

no. 4　いろいろな計算

(1) $(2x - 7)(2x + 7)$　　**(2)** $(3a + 5)^2$　　**(3)** $(5x - 2y)^2$

(4) $(2a + 6)(2a + 3)$　　**(5)** $(x - y + 8)(x - y - 8)$　**(6)** $(a + b - 2)(a + b - 5)$

(7) $(a + b - 4)(a - b + 4)$　**(8)** $(x - 3)(x + 3) - x(x - 4)$

(9) $b^2 + (a + b)(a - b)$　　**(10)** $(x + 3)(x + 4) - (x - 2)^2$

(11) $(2a + b)^2 - (2a - b)^2$

答え

(1) $(2x - 7)(2x + 7) = \boldsymbol{4x^2 - 49}$

(2) $(3a + 5)^2 = \boldsymbol{9a^2 + 30a + 25}$

(3) $(5x - 2y)^2 = \boldsymbol{25x^2 - 20xy + 4y^2}$

(4) $(2a + 6)(2a + 3) = 4a^2 + (6 + 3) \times 2a + 18 = \boldsymbol{4a^2 + 18a + 18}$

(5) $(x - y + 8)(x - y - 8) = (x - y)^2 - 64 = \boldsymbol{x^2 - 2xy + y^2 - 64}$

(6) $(a + b - 2)(a + b - 5) = (a + b)^2 - 7(a + b) + 10$

$$= \boldsymbol{a^2 + 2ab + b^2 - 7a - 7b + 10}$$

(7) $(a + b - 4)(a - b + 4) = \{a + (b - 4)\}\{a - (b - 4)\} = a^2 - (b - 4)^2$

$$= a^2 - (b^2 - 8b + 16) = \boldsymbol{a^2 - b^2 + 8b - 16}$$

(8) $(x - 3)(x + 3) - x(x - 4) = x^2 - 9 - x^2 + 4x = \boldsymbol{4x - 9}$

(9) $b^2 + (a + b)(a - b) = b^2 + a^2 - b^2 = \boldsymbol{a^2}$

(10) $(x + 3)(x + 4) - (x - 2)^2 = (x^2 + 7x + 12) - (x^2 - 4x + 4) = \boldsymbol{11x + 8}$

(11) $(2a + b)^2 - (2a - b)^2 = (4a^2 + 4ab + b^2) - (4a^2 - 4ab + b^2) = \boldsymbol{8ab}$

2 ———— 因数分解

教科書のまとめ テスト前にチェック✓

☑◎ **因数分解**

多項式をいくつかの単項式や多項式の積の形で表すとき，一つひとつの式をもとの多項式の**因数**という。多項式をいくつかの因数の積の形で表すことを，その多項式を**因数分解**するという。

多項式の各項に共通な因数があるときは，分配法則を使って共通な因数をかっこの外にくくり出し，その多項式を因数分解することができる。

☑◎ **因数分解の公式**

- $x^2 + (a + b)x + ab = (x + a)(x + b)$
- $x^2 + 2ax + a^2 = (x + a)^2$
- $x^2 - 2ax + a^2 = (x - a)^2$
- $x^2 - a^2 = (x + a)(x - a)$

☑◎ **いろいろな因数分解**

式の一部をひとまとめにして1つの文字におきかえると，分配法則や公式が使える場合がある。

また，ある文字をふくむ項とふくまない項に分けて，共通な因数をくくり出すことにより，因数分解できる場合がある。

注 因数分解は，式の展開を逆にみたものである。

$$\text{因数分解}$$
$$x^2 + 3x + 2 \rightleftarrows (x+1)(x+2)$$
$$\text{展開}$$

$$ab + ac = a(b + c)$$

覚 **公式による因数分解**

- $x^2 + 5x + 6$ の因数分解
  積が6で和が5になる
  2数を見つける。
  2数は2と3なので，
  $$x^2 + 5x + 6$$
  $$= (x + 2)(x + 3)$$

覚 **おきかえによる因数分解**

- $(a+b)^2 + (a+b)$ の因数分解
  $a + b$ を A とおくと，
  $$(a + b)^2 + (a + b)$$
  $$= A^2 + A$$
  $$= A(A + 1)$$
  $$= (a + b)(a + b + 1)$$

1 因数分解

教科書 P.25

Q 正方形や長方形の紙を並べかえて，1つの長方形をつくってみましょう。
巻末②(教科書)の図を切り取って使いましょう。

(1) 右(右上)の正方形や長方形の紙を並べかえて，1つの長方形をつくりましょう。
(2) 右(右下)の正方形や長方形の紙を並べかえて，1つの長方形をつくりましょう。
(3) ㋐を1枚と，㋑，㋒をそれぞれ何枚か使って，1つの長方形をつくりましょう。
(4) (1)〜(3)でつくったそれぞれの長方形について，面積を式で表し，気づいたことを話し合いましょう。

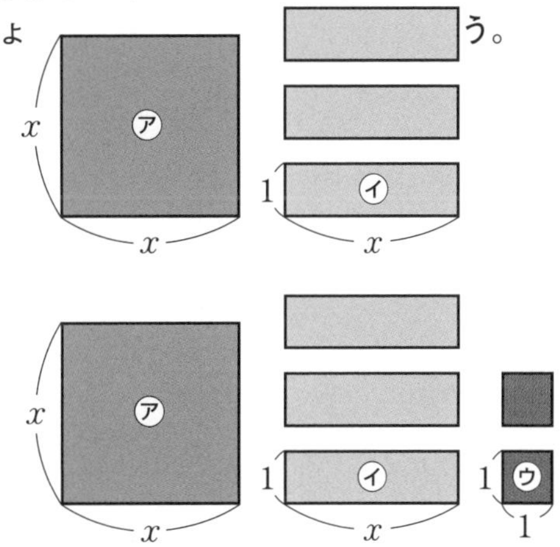

ガイド
(2) ㋐の上と右に，㋑を並べてみましょう。
(3) ㋒も使うので，(2)と同じように，㋐の上と右に㋑を並べてみましょう。
(4) ㋐の面積はx^2，㋑の面積はx，㋒の面積は1です。

答え
(1) (例)

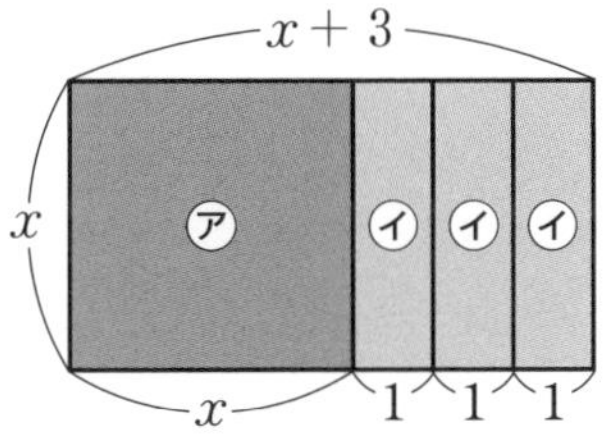

(2) (例)

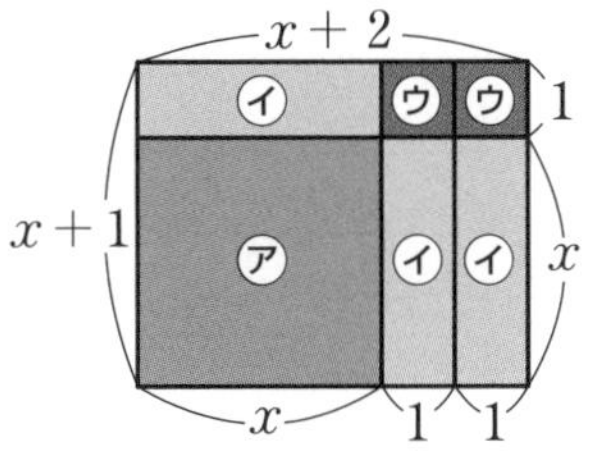

(3) (例)
㋐ 1枚
㋑ 5枚
㋒ 6枚

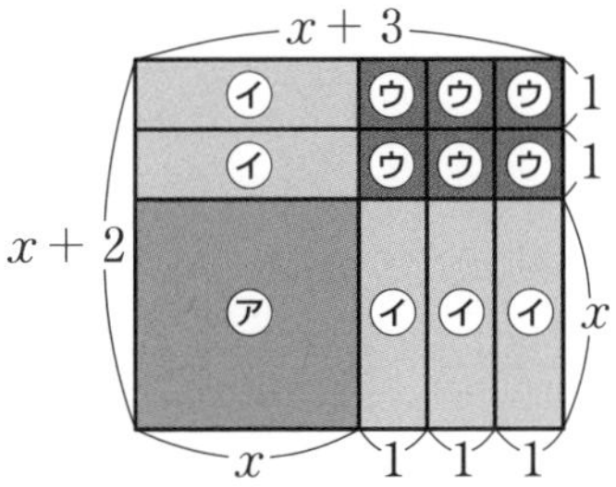

(4) (1) x^2+3x，$x(x+3)$
(2) x^2+3x+2，$(x+1)(x+2)$
(3) (例)x^2+5x+6，$(x+2)(x+3)$
気づいたこと：(例)並べかえる前の面積の和の式は，並べかえてできた長方形の面積の式を展開したものになっている。

教科書 P.26

[問 1] 次の㋐〜㋓の式のうち，因数分解をしているものはどれですか。

㋐ $x^2 - 5x = x(x-5)$

㋑ $x^2 + 7x + 12 = x(x+7) + 12$

㋒ $x^2 + 6x + 8 = (x+3)^2 - 1$

㋓ $x^2 - 9 = (x+3)(x-3)$

[ガイド] 多項式をいくつかの単項式や多項式の積の形で表すとき，一つひとつの式をもとの多項式の因数といいます。
因数分解とは，多項式をいくつかの因数の積の形で表すことです。

[答え] ㋐，㋓

共通な因数

教科書 P.27

[問 2] 次の式を因数分解しなさい。

(1) $ax + bx$　(2) $ax - a$　(3) $px^2 - 5px + 3p$

[ガイド] (2) a が 2 つの項の共通な因数です。
$ax - a = a \times x - a \times 1$ と考えます。

[答え] (1) $\boldsymbol{x(a+b)}$　(2) $\boldsymbol{a(x-1)}$　(3) $\boldsymbol{p(x^2-5x+3)}$

教科書 P.27

[問 3] 次の式を因数分解しなさい。

(1) $4ax + 8ay$　(2) $3x^2 + 7x$

(3) $x^2 - x$　(4) $x^2y + xy^2$

(5) $a^2 + 6ab - 8a$　(6) $9x^2 - 3xy + 6x$

[ガイド] 共通な因数は残らずかっこの外にくくり出しましょう。
(1) $4ax = 4a \times x$，$8ay = 4a \times 2y$
(3) $x^2 = x \times x$，$x = x \times 1$ だから，x が 2 つの項の共通な因数です。
(4) $x^2y = xy \times x$，$xy^2 = xy \times y$

[答え] (1) $4ax + 8ay = \boldsymbol{4a(x+2y)}$　(2) $3x^2 + 7x = \boldsymbol{x(3x+7)}$
(3) $x^2 - x = \boldsymbol{x(x-1)}$　(4) $x^2y + xy^2 = \boldsymbol{xy(x+y)}$
(5) $a^2 + 6ab - 8a = \boldsymbol{a(a+6b-8)}$
(6) $9x^2 - 3xy + 6x = \boldsymbol{3x(3x-y+2)}$

[コメント!] 因数分解した式を展開して，もとの式になることを確かめておきましょう。

❷ 公式による因数分解

①′ $x^2 + (a + b)x + ab = (x + a)(x + b)$ の公式

― 教科書 P.28 ―

問 1 ▷ 次の式を因数分解しなさい。

(1) $x^2 + 5x + 6$　　　　(2) $x^2 + 9x + 8$

(3) $x^2 - 7x + 10$　　　　(4) $x^2 - 5x + 4$

ガイド

積が正の数なので，2数 a, b は同符号になります。

(1) 積が6で和が5になる2数を見つける。

(2) 積が8で和が9になる2数を見つける。

(3) 積が10で和が－7になる2数を見つける。

(4) 積が4で和が－5になる2数を見つける。

和よりも積の方が組み合わせが少ないので，積を先に考えます。

答え

(1)

積が6	和が5
1と6	×
−1と−6	×
2と3	○
−2と−3	×

$x^2 + 5x + 6$
$= (x+2)(x+3)$

(2)

積が8	和が9
1と8	○
−1と−8	×
2と4	×
−2と−4	×

$x^2 + 9x + 8$
$= (x+1)(x+8)$

(3)

積が10	和が−7
1と10	×
−1と−10	×
2と5	×
−2と−5	○

$x^2 - 7x + 10$
$= (x-2)(x-5)$

(4)

積が4	和が−5
1と4	×
−1と−4	○
2と2	×
−2と−2	×

$x^2 - 5x + 4$
$= (x-1)(x-4)$

― 教科書 P.28 ―

問 2 ▷ 次の式を因数分解しなさい。

(1) $x^2 + x - 12$　　　　(2) $x^2 + 2x - 3$

(3) $x^2 - 2x - 15$　　　　(4) $x^2 - 4x - 5$

ガイド

積が負の数なので，2数 a, b は異符号になります。(1), (2)は和が正の数，(3), (4)は和が負の数になります。

答え

(1) 積が－12で和が1になる2数は，－3と4
$$x^2 + x - 12 = (x - 3)(x + 4)$$

(2) 積が－3で和が2になる2数は，－1と3
$$x^2 + 2x - 3 = (x - 1)(x + 3)$$

(3) 積が－15で和が－2になる2数は，3と－5
$$x^2 - 2x - 15 = (x + 3)(x - 5)$$

(4) 積が－5で和が－4になる2数は，1と－5
$$x^2 - 4x - 5 = (x + 1)(x - 5)$$

②′ $x^2 + 2ax + a^2 = (x + a)^2$, ③′ $x^2 - 2ax + a^2 = (x - a)^2$ の公式

教科書 P.29

問 3 ▷ 次の式を因数分解しなさい。

(1) $x^2 + 2x + 1$　　　　　　(2) $x^2 - 2x + 1$

(3) $x^2 + 4x + 4$　　　　　　(4) $x^2 - 8x + 16$

(5) $a^2 + 12a + 36$　　　　　(6) $y^2 - 14y + 49$

ガイド 平方の公式を使って因数分解します。定数項が何の2乗になっているか，1次の項の係数が何の2倍になっているかを考えましょう。符号にも注意しましょう。

答え

(1) $1 = 1^2$, $2 = 2 \times 1$ より, $x^2 + 2x + 1 = x^2 + 2 \times 1 \times x + 1^2 = (x + 1)^2$

(2) $1 = 1^2$, $2 = 2 \times 1$ より, $x^2 - 2x + 1 = x^2 - 2 \times 1 \times x + 1^2 = (x - 1)^2$

(3) $4 = 2^2$, $4 = 2 \times 2$ より, $x^2 + 4x + 4 = x^2 + 2 \times 2 \times x + 2^2 = (x + 2)^2$

(4) $16 = 4^2$, $8 = 2 \times 4$ より, $x^2 - 8x + 16 = x^2 - 2 \times 4 \times x + 4^2 = (x - 4)^2$

(5) $36 = 6^2$, $12 = 2 \times 6$ より, $a^2 + 12a + 36 = a^2 + 2 \times 6 \times a + 6^2 = (a + 6)^2$

(6) $49 = 7^2$, $14 = 2 \times 7$ より, $y^2 - 14y + 49 = y^2 - 2 \times 7 \times y + 7^2 = (y - 7)^2$

④′ $x^2 - a^2 = (x + a)(x - a)$ の公式

教科書 P.29

問 4 ▷ 次の式を因数分解しなさい。

(1) $x^2 - 25$　　　　　　(2) $x^2 - 36$

(3) $1 - y^2$　　　　　　(4) $a^2 - b^2$

ガイド 和と差の積の公式を使って因数分解します。

答え

(1) $x^2 - 25 = x^2 - 5^2 = (x + 5)(x - 5)$　(2) $x^2 - 36 = x^2 - 6^2 = (x + 6)(x - 6)$

(3) $1 - y^2 = 1^2 - y^2 = (1 + y)(1 - y)$　(4) $a^2 - b^2 = (a + b)(a - b)$

教科書 P.29

問 5 ▷ これまで学んだ①′〜④′の公式を使って，次の式を因数分解しなさい。

(1) $x^2 + 8x + 12$　　　　　(2) $x^2 - 4x + 4$

(3) $x^2 - x - 20$　　　　　(4) $x^2 - 100$

(5) $x^2 + 18x + 81$　　　　(6) $x^2 + 3x - 28$

ガイド 式の形や数値をみて，どの公式が使えるかを調べます。

答え

(1) $x^2 + 8x + 12 = x^2 + (2 + 6)x + 2 \times 6 = (x + 2)(x + 6)$

(2) $x^2 - 4x + 4 = x^2 - 2 \times 2 \times x + 2^2 = (x - 2)^2$

(3) $x^2 - x - 20 = x^2 + \{4 + (-5)\}x + 4 \times (-5) = (x + 4)(x - 5)$

(4) $x^2 - 100 = x^2 - 10^2 = (x + 10)(x - 10)$

(5) $x^2 + 18x + 81 = x^2 + 2 \times 9 \times x + 9^2 = (x + 9)^2$

(6) $x^2 + 3x - 28 = x^2 + \{(-4) + 7\}x + (-4) \times 7 = (x - 4)(x + 7)$

24

教科書 P.29

いろいろな因数分解

教科書 P.30

問6 次の式を因数分解しなさい。

(1) $4x^2 + 4x + 1$

(2) $9x^2 - 12x + 4$

(3) $x^2 + 2xy + y^2$

(4) $x^2 - 6xy + 9y^2$

(5) $25b^2 - 9a^2$

(6) $x^2 - \dfrac{y^2}{4}$

ガイド

(1) $4x^2 = (2x)^2$ (2) $9x^2 = (3x)^2$ (4) $9y^2 = (3y)^2$ (6) $\dfrac{y^2}{4} = \left(\dfrac{y}{2}\right)^2$

答え

(1) $4x^2 = (2x)^2$, $1 = 1^2$ より, $4x^2 + 4x + 1 = (2x)^2 + 2 \times 2x \times 1 + 1^2 = \boldsymbol{(2x+1)^2}$

(2) $9x^2 = (3x)^2$, $4 = 2^2$ より, $9x^2 - 12x + 4 = (3x)^2 - 2 \times 3x \times 2 + 2^2 = \boldsymbol{(3x-2)^2}$

(3) $x^2 + 2xy + y^2 = x^2 + 2 \times x \times y + y^2 = \boldsymbol{(x+y)^2}$

(4) $9y^2 = (3y)^2$ より, $x^2 - 6xy + 9y^2 = x^2 - 2 \times x \times 3y + (3y)^2 = \boldsymbol{(x-3y)^2}$

(5) $25b^2 = (5b)^2$, $9a^2 = (3a)^2$ より,
$25b^2 - 9a^2 = (5b)^2 - (3a)^2 = \boldsymbol{(5b+3a)(5b-3a)}$

(6) $\dfrac{y^2}{4} = \left(\dfrac{y}{2}\right)^2$ より, $x^2 - \dfrac{y^2}{4} = x^2 - \left(\dfrac{y}{2}\right)^2 = \boldsymbol{\left(x + \dfrac{y}{2}\right)\left(x - \dfrac{y}{2}\right)}$

教科書 P.30

問7 次の式を因数分解しなさい。

(1) $ax^2 - ax - 2a$

(2) $xy^2 - x$

(3) $2x^2 + 16x + 32$

(4) $-3x^2 + 12xy - 12y^2$

ガイド

答え

共通な因数をくくり出してから, 公式を使って因数分解することができます。

(1) $ax^2 - ax - 2a = a(x^2 - x - 2) = \boldsymbol{a(x+1)(x-2)}$

(2) $xy^2 - x = x(y^2 - 1) = \boldsymbol{x(y+1)(y-1)}$

(3) $2x^2 + 16x + 32 = 2(x^2 + 8x + 16) = \boldsymbol{2(x+4)^2}$

(4) $-3x^2 + 12xy - 12y^2 = -3(x^2 - 4xy + 4y^2) = \boldsymbol{-3(x-2y)^2}$

教科書 P.31

問8 次の式を因数分解しなさい。

(1) $(x-1)^2 - (x-1)$

(2) $(a+b)x + (a+b)y$

(3) $(x+7)^2 + 6(x+7) - 16$

(4) $(x+y)^2 - 81$

ガイド

式の一部をひとまとめにして1つの文字におきかえてから, 分配法則や公式を使って因数分解します。

答え

(1) $x-1$ を M とおくと,
$(x-1)^2 - (x-1)$
$= M^2 - M$
$= M(M-1)$
$= (x-1)(x-1-1)$
$= \boldsymbol{(x-1)(x-2)}$

(2) $a+b$ を M とおくと,
$(a+b)x + (a+b)y$
$= Mx + My$
$= M(x+y)$
$= \boldsymbol{(a+b)(x+y)}$

(3) $x + 7$ を M とおくと，

$(x + 7)^2 + 6(x + 7) - 16$

$= M^2 + 6M - 16$

$= (M - 2)(M + 8)$

$= (x + 7 - 2)(x + 7 + 8)$

$= (x + 5)(x + 15)$

(4) $x + y$ を M とおくと，

$(x + y)^2 - 81$

$= M^2 - 81$

$= (M + 9)(M - 9)$

$= (x + y + 9)(x + y - 9)$

教科書 P.31

問 9 次の式を因数分解しなさい。

(1) $xy - x + y - 1$

(2) $ax + 3x - a - 3$

ガイド

(1) x をふくむ項とふくまない項に分けて考えましょう。

(2) x をふくむ項とふくまない項に分けて考えましょう。

答え

(1) $xy - x + y - 1 = (xy - x) + (y - 1) = x(y - 1) + (y - 1)$
$= (y - 1)(x + 1)$

(2) $ax + 3x - a - 3 = (ax + 3x) + (-a - 3) = x(a + 3) - (a + 3)$
$= (a + 3)(x - 1)$

別解

(1) $xy - x + y - 1 = (xy + y) + (-x - 1) = y(x + 1) - (x + 1)$
$= (x + 1)(y - 1)$

(2) $ax + 3x - a - 3 = (ax - a) + (3x - 3) = a(x - 1) + 3(x - 1)$
$= (x - 1)(a + 3)$

---

② 因数分解

確かめよう

教科書 P.32

1 次の式を因数分解しなさい。

(1) $7ax + 2ay - 9a$

(2) $12x^2 - 8xy$

答え

(1) $7ax + 2ay - 9a = a(7x + 2y - 9)$

(2) $12x^2 - 8xy = 4x(3x - 2y)$

2 次の式を因数分解しなさい。

(1) $x^2 + 7x + 6$

(2) $x^2 - x - 12$

(3) $x^2 + 10x + 25$

(4) $x^2 - 16x + 64$

(5) $x^2 - 81$

(6) $9 - a^2$

答え

(1) $x^2 + 7x + 6 = x^2 + (1 + 6)x + 1 \times 6 = (x + 1)(x + 6)$

(2) $x^2 - x - 12 = x^2 + \{3 + (-4)\}x + 3 \times (-4) = (x + 3)(x - 4)$

(3) $x^2 + 10x + 25 = x^2 + 2 \times 5 \times x + 5^2 = (x + 5)^2$

(4) $x^2 - 16x + 64 = x^2 - 2 \times 8 \times x + 8^2 = (x - 8)^2$

(5) $x^2 - 81 = x^2 - 9^2 = (x + 9)(x - 9)$

(6) $9 - a^2 = 3^2 - a^2 = (3 + a)(3 - a)$

3 次の式を因数分解しなさい。

(1) $x^2 - 4xy + 4y^2$

(2) $49 - 9a^2$

(3) $ax^2 + 4ax - 12a$

(4) $(a + b)x - (a + b)y$

答え

(1) $x^2 - 4xy + 4y^2 = (x - 2y)^2$

(2) $49 - 9a^2 = (7 + 3a)(7 - 3a)$

(3) $ax^2 + 4ax - 12a = a(x^2 + 4x - 12) = a(x - 2)(x + 6)$

(4) $(a + b)x - (a + b)y = (a + b)(x - y)$

▶因数分解

計算力を高めよう 2

教科書 P.33

no.1 共通な因数

(1) $xy + 4x$

(2) $5ax - 8ay + 2a$

(3) $x^2 + 7x$

(4) $2x^2y - 3xy^2$

(5) $6a^2 + 9ab$

(6) $10x^2 - 25xy + 5x$

答え

(1) $xy + 4x = x(y + 4)$

(2) $5ax - 8ay + 2a = a(5x - 8y + 2)$

(3) $x^2 + 7x = x(x + 7)$

(4) $2x^2y - 3xy^2 = xy(2x - 3y)$

(5) $6a^2 + 9ab = 3a(2a + 3b)$

(6) $10x^2 - 25xy + 5x = 5x(2x - 5y + 1)$

no.2 公式による因数分解

(1) $x^2 + 6x + 5$

(2) $x^2 + 10x + 21$

(3) $x^2 - 7x + 6$

(4) $x^2 - 12x + 27$

(5) $x^2 + 2x - 8$

(6) $x^2 - 3x - 10$

(7) $x^2 - x - 2$

(8) $x^2 + 4x - 45$

(9) $x^2 + 14x + 49$

(10) $x^2 + 16x + 64$

(11) $x^2 - 10x + 25$

(12) $x^2 - 20x + 100$

(13) $x^2 - 1$

(14) $x^2 - 64$

答え

(1) $x^2 + 6x + 5 = x^2 + (1 + 5)x + 1 \times 5 = (x + 1)(x + 5)$

(2) $x^2 + 10x + 21 = x^2 + (3 + 7)x + 3 \times 7 = (x + 3)(x + 7)$

(3) $x^2 - 7x + 6 = x^2 + (-1 - 6)x + (-1) \times (-6) = (x - 1)(x - 6)$

(4) $x^2 - 12x + 27 = x^2 + (-3 - 9)x + (-3) \times (-9) = (x - 3)(x - 9)$

(5) $x^2 + 2x - 8 = x^2 + (4 - 2)x + 4 \times (-2) = (x + 4)(x - 2)$

(6) $x^2 - 3x - 10 = x^2 + (2 - 5)x + 2 \times (-5) = (x + 2)(x - 5)$

(7) $x^2 - x - 2 = x^2 + (1 - 2)x + 1 \times (-2) = (x + 1)(x - 2)$

(8) $x^2 + 4x - 45 = x^2 + (9 - 5)x + 9 \times (-5) = (x + 9)(x - 5)$

(9) $x^2 + 14x + 49 = x^2 + 2 \times 7 \times x + 7^2 = (x + 7)^2$

(10) $x^2 + 16x + 64 = x^2 + 2 \times 8 \times x + 8^2 = (x + 8)^2$

(11) $x^2 - 10x + 25 = x^2 - 2 \times 5 \times x + 5^2 = (x - 5)^2$

(12) $x^2 - 20x + 100 = x^2 - 2 \times 10 \times x + 10^2 = (x - 10)^2$

(13) $x^2 - 1 = (x + 1)(x - 1)$

(14) $x^2 - 64 = (x + 8)(x - 8)$

(1) $4x^2 + 12x + 9$

(2) $9x^2 - 6x + 1$

(3) $x^2 - 2xy + y^2$

(4) $x^2 + 8xy + 16y^2$

(5) $100x^2 - 49$

(6) $16 - 25x^2$

(7) $4x^2 - 49y^2$

(8) $x^2 - \dfrac{y^2}{9}$

(9) $ax^2 - ay^2$

(10) $ax^2 + 2ax + a$

(11) $3x^2 - 18xy + 27y^2$

(12) $2x^2y + 4xy - 30y$

(13) $x(x + 3) - 18$

(14) $(x - 5)(x - 2) + 2$

(15) $(x + 5)(x + 1) + 4$

(16) $(x + 1)(x - 4) - 14$

(17) $(x + 3)^2 - 2(x + 3)$

(18) $(a - b)x + (a - b)y$

(19) $(x + 2)^2 + (x + 2) - 12$

(20) $(x - 5)^2 - 25$

(21) $xy - 5x + y - 5$

(22) $2xy - 3x + 2y - 3$

答　え

(1) $4x^2 + 12x + 9 = (2x)^2 + 2 \times 2x \times 3 + 3^2 = \boldsymbol{(2x + 3)^2}$

(2) $9x^2 - 6x + 1 = (3x)^2 - 2 \times 3x \times 1 + 1^2 = \boldsymbol{(3x - 1)^2}$

(3) $x^2 - 2xy + y^2 = \boldsymbol{(x - y)^2}$

(4) $x^2 + 8xy + 16y^2 = x^2 + 2 \times x \times 4y + (4y)^2 = \boldsymbol{(x + 4y)^2}$

(5) $100x^2 - 49 = (10x)^2 - 7^2 = \boldsymbol{(10x + 7)(10x - 7)}$

(6) $16 - 25x^2 = 4^2 - (5x)^2 = \boldsymbol{(4 + 5x)(4 - 5x)}$

(7) $4x^2 - 49y^2 = (2x)^2 - (7y)^2 = \boldsymbol{(2x + 7y)(2x - 7y)}$

(8) $x^2 - \dfrac{y^2}{9} = x^2 - \left(\dfrac{y}{3}\right)^2 = \boldsymbol{\left(x + \dfrac{y}{3}\right)\left(x - \dfrac{y}{3}\right)}$

(9) $ax^2 - ay^2 = a(x^2 - y^2) = \boldsymbol{a(x + y)(x - y)}$

(10) $ax^2 + 2ax + a = a(x^2 + 2x + 1) = \boldsymbol{a(x + 1)^2}$

(11) $3x^2 - 18xy + 27y^2 = 3(x^2 - 6xy + 9y^2) = \boldsymbol{3(x - 3y)^2}$

(12) $2x^2y + 4xy - 30y = 2y(x^2 + 2x - 15) = \boldsymbol{2y(x + 5)(x - 3)}$

(13) $x(x + 3) - 18 = x^2 + 3x - 18 = \boldsymbol{(x + 6)(x - 3)}$

(14) $(x - 5)(x - 2) + 2 = x^2 - 7x + 10 + 2 = x^2 - 7x + 12 = \boldsymbol{(x - 3)(x - 4)}$

(15) $(x + 5)(x + 1) + 4 = x^2 + 6x + 5 + 4 = x^2 + 6x + 9 = \boldsymbol{(x + 3)^2}$

(16) $(x + 1)(x - 4) - 14 = x^2 - 3x - 4 - 14 = x^2 - 3x - 18 = \boldsymbol{(x + 3)(x - 6)}$

(17) $x + 3$ を M とおくと，
$(x + 3)^2 - 2(x + 3) = M^2 - 2M = M(M - 2)$
$= (x + 3)(x + 3 - 2) = \boldsymbol{(x + 3)(x + 1)}$

(18) $(a - b)x + (a - b)y = \boldsymbol{(a - b)(x + y)}$

(19) $x + 2$ を M とおくと，
$(x + 2)^2 + (x + 2) - 12 = M^2 + M - 12 = (M + 4)(M - 3)$
$= (x + 2 + 4)(x + 2 - 3) = \boldsymbol{(x + 6)(x - 1)}$

(20) $x - 5$ を M とおくと，
$(x - 5)^2 - 25 = M^2 - 25 = (M + 5)(M - 5)$
$= (x - 5 + 5)(x - 5 - 5) = \boldsymbol{x(x - 10)}$

(21) $xy - 5x + y - 5 = x(y - 5) + (y - 5) = \boldsymbol{(y - 5)(x + 1)}$

(22) $2xy - 3x + 2y - 3 = x(2y - 3) + (2y - 3) = \boldsymbol{(2y - 3)(x + 1)}$

③ 式の利用

☑◎ 式の利用

　式の展開や因数分解を利用すると，数や図形の性質について証明することができる。

　式の計算を利用して証明するために，性質や関係を文字式で表す。

☑◎ 計算のくふう

　乗法公式や因数分解を利用すると，数の計算が簡単にできるようになる場合がある。

覚　連続する2つの偶数は，nを整数として，$2n$, $2n + 2$と表される。

　連続する2つの奇数は，mを整数として，$2m - 1$, $2m + 1$と表される。

❶ 式の利用

数の性質

教科書 P.34

QUESTION Q 2, 4や6, 8のような連続する2つの偶数(ぐうすう)の積に1を加えると，計算の結果はどんな数になるでしょうか。いろいろな場合について調べてみましょう。

2, 4のとき,	$2 \times 4 + 1$	= ☐
4, 6のとき,	$4 \times 6 + 1$	= ☐
6, 8のとき,	$6 \times 8 + 1$	= ☐
8, 10のとき,	☐	= ☐
⋮	⋮	⋮
☐ , ☐ のとき,	☐	= ☐
☐ , ☐ のとき,	☐	= ☐

ガイド 計算の結果（9, 25, 49, 81, …）に共通することは何か考えてみましょう。

答え

2, 4のとき,	$2 \times 4 + 1$	= 9
4, 6のとき,	$4 \times 6 + 1$	= 25
6, 8のとき,	$6 \times 8 + 1$	= 49
8, 10のとき,	$8 \times 10 + 1$	= 81
⋮	⋮	⋮

(例)

10 , 12 のとき,	$10 \times 12 + 1$	= 121
12 , 14 のとき,	$12 \times 14 + 1$	= 169

予想…(例)計算の結果は奇数の2乗になる。

美月さんは，で「連続する2つの偶数の積に1を加えると，奇数の2乗になる」と予想し，そのことを次のように証明しました。□をうめて，美月さんの証明を完成させましょう。

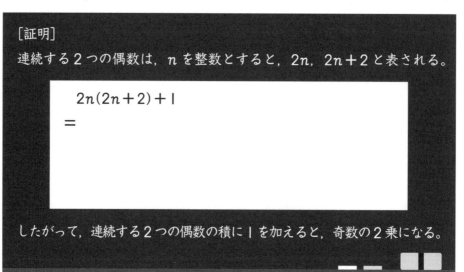

[証明]
連続する2つの偶数は，n を整数とすると，$2n$，$2n+2$ と表される。

$$2n(2n+2)+1$$
$$=$$

したがって，連続する2つの偶数の積に1を加えると，奇数の2乗になる。

答え

$$2n(2n+2)+1$$
$$=4n^2+4n+1$$
$$=(2n+1)^2$$

n は整数だから，$2n+1$ は奇数である。

 ①の証明から，計算の結果が「奇数の2乗になる」こと以外に，どんなことを読み取ることができるでしょうか。

答え 計算の結果は，連続する2つの偶数の間の数の2乗になる。

問1 連続する3つの整数では，中央の数の2乗から1をひいた差は，残りの2数の積に等しくなります。このことを，中央の数を n として証明しなさい。

6, 7, 8

$$7^2-1=48$$
$$6\times8=48$$

答え 連続する3つの整数は，中央の数を n とすると，
$n-1$，n，$n+1$ と表される。
中央の数の2乗から1をひいた差は，
$$n^2-1=(n+1)(n-1)$$
したがって，連続する3つの整数では，中央の数の2乗から1をひいた差は，残りの2数の積に等しくなる。

教科書 P.36

問 2 ▷ 連続する2つの奇数では,大きい方の数の2乗から小さい方の数の2乗をひいた差は,どんな数の倍数になるかを予想しなさい。また,そのことを証明しなさい。

$$3^2 - 1^2 = \boxed{}$$
$$5^2 - 3^2 = \boxed{}$$
$$7^2 - 5^2 = \boxed{}$$
$$\boxed{} - \boxed{} = \boxed{}$$

答え

$3^2 - 1^2 = \boxed{8}$, $5^2 - 3^2 = \boxed{16}$, $7^2 - 5^2 = \boxed{24}$

(例) $\boxed{9^2} - \boxed{7^2} = \boxed{32}$, $\boxed{11^2} - \boxed{9^2} = \boxed{40}$, …

予想…8 の倍数になる。

[証明]

連続する2つの奇数は,n を整数とすると,$2n-1$, $2n+1$ と表される。
$$(2n+1)^2 - (2n-1)^2 = 4n^2 + 4n + 1 - (4n^2 - 4n + 1)$$
$$= 8n$$

n は整数だから,$8n$ は 8 の倍数である。

したがって,連続する2つの奇数では,大きい方の数の2乗から小さい方の数の2乗をひいた差は,8 の倍数になる。

教科書 P.36

問 3 ▷ 問2で,問題の条件を変えて「連続する2つの偶数」とした場合には,計算の結果がどうなるかを予想し,そのことを証明しなさい。

ガイド

$4^2 - 2^2 = 12$, $6^2 - 4^2 = 20$, $8^2 - 6^2 = 28$, …より,どんな数の倍数か予想しましょう。

答え

予想…4 の倍数になる。

[証明]

連続する2つの偶数は,n を整数とすると,$2n$, $2n+2$ と表される。
$$(2n+2)^2 - (2n)^2 = 4n^2 + 8n + 4 - 4n^2$$
$$= 8n + 4$$
$$= 4(2n+1)$$

$2n+1$ は整数だから,$4(2n+1)$ は 4 の倍数である。

したがって,連続する2つの偶数では,大きい方の数の2乗から小さい方の数の2乗をひいた差は,4 の倍数になる。

教科書 P.36

問 4 ▷ 13 ページ(教科書 P.13)で,③の面積がもっとも大きくなることや,①と②,②と③の面積の差が一定になる理由を,①～③の式を展開してことばで説明しなさい。

答え

(例)①～③の式を展開すると,

① $x(x+4) = x^2 + 4x$

② $(x+1)(x+3) = x^2 + 4x + 3$

③ $(x+2)(x+2) = x^2 + 4x + 4$

よって,①と②の面積の差はいつも 3 となり,②と③の面積の差はいつも 1 となる。したがって,③の面積がもっとも大きくなる。

教科書 P.36

問 5 ▷ $x = 13$ のとき，次の式の値を求めなさい。

(1) $x^2 - 3x$　　　　　　　　(2) $x^2 - 8x + 15$

ガイド もとの式にそのまま代入するよりも，因数分解してから代入した方が計算が楽になります。

答え

(1) $x^2 - 3x$
  $= x(x - 3)$
  $= 13 \times (13 - 3)$
  $= 13 \times 10$
  $= 130$

(2) $x^2 - 8x + 15$
  $= (x - 3)(x - 5)$
  $= (13 - 3) \times (13 - 5)$
  $= 10 \times 8$
  $= 80$

教科書 P.36

問 6 ▷ 式の展開や因数分解を使って，次の計算をしなさい。

(1) $28^2 - 22^2$　　(2) 103×97　　(3) 101^2

ガイド

(1) 因数分解の公式 $x^2 - a^2 = (x + a)(x - a)$を利用します。

(2) 100 を基準にすると，$103 = 100 + 3$, $97 = 100 - 3$となります。
和と差の積の公式$(x + a)(x - a) = x^2 - a^2$を利用します。

(3) $101 = 100 + 1$として，和の平方の公式$(x + a)^2 = x^2 + 2ax + a^2$を利用します。

答え

(1) $28^2 - 22^2$
  $= (28 + 22) \times (28 - 22)$
  $= 50 \times 6$
  $= 300$

(2) 103×97
  $= (100 + 3) \times (100 - 3)$
  $= 100^2 - 3^2$
  $= 10000 - 9$
  $= 9991$

(3) $101^2 = (100 + 1)^2 = 100^2 + 2 \times 100 \times 1 + 1^2$
  $= 10000 + 200 + 1$
  $= 10201$

【参考】

　上の問題では，因数分解や和と差の積の公式，和の平方の公式を活用して，数の計算をしました。その他に，$(x + a)(x + b)$の公式，差の平方の公式$(x - a)^2 = x^2 - 2ax + a^2$を活用した数の計算をしてみましょう。

〔例〕$(x + a)(x + b)$の公式の活用

　　94×107
　$= (100 - 6) \times (100 + 7)$
　$= 100^2 + (- 6 + 7) \times 100 + (- 6) \times 7$
　$= 10000 + 100 - 42$
　$= 10058$

〔例〕差の平方の公式の活用

　　　47^2
　$= (50 - 3)^2$
　$= 50^2 - 2 \times 3 \times 50 + 3^2$
　$= 2500 - 300 + 9$
　$= 2209$

図形の性質

教科書 P.37

Q 右の図のように，直角に折れ曲がっている幅(はば) 2 mの道があります。この道の中央を通る線全体の長さが 20 mのとき，道の面積は何 m^2 でしょうか。

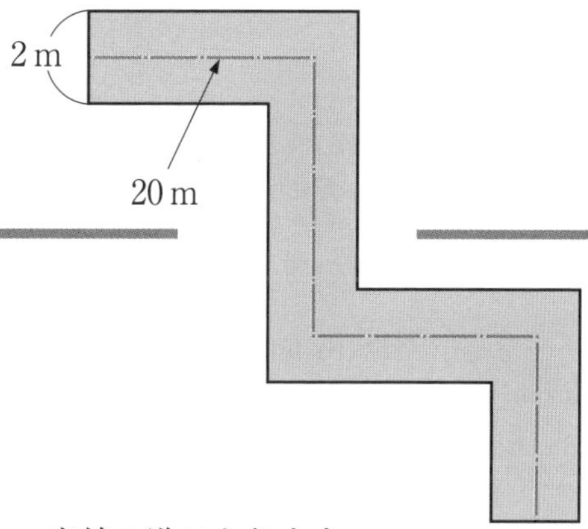

ガイド このままでは面積が求めにくいので，一直線の道に直せないか考えます。下の図のように，折れ曲がっているところで切って，[ア]，[イ]，[ウ]，[エ]の 4 つの部分に分けます。
[イ]と[エ]を裏返して，横に並べてつなぐと一直線の道になります。

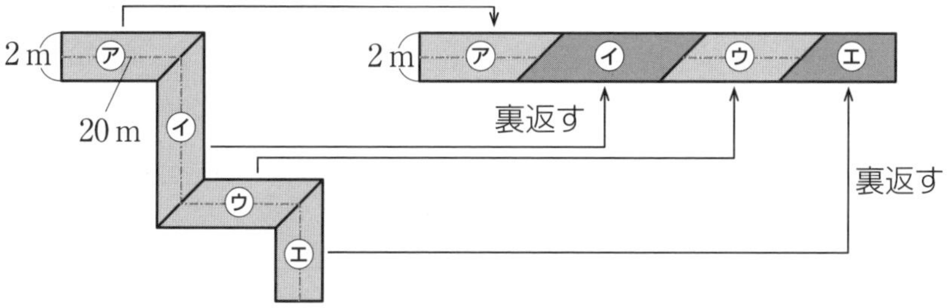

答え ガイドの図のように移動すると，道は，縦 2 m，横 20 m の長方形になる。
$2 \times 20 = 40$　　**答　$40\ \mathrm{m}^2$**

教科書 P.38

問 7 右の図のように，1 辺が h m の正方形の池の周囲に，幅 a m の道があります。この道の面積を $S\ \mathrm{m}^2$，道の中央を通る線全体の長さを ℓ m として，次の問いに答えなさい。

(1) ℓ を a と h を使って表しなさい。

(2) $S = a\ell$ であることを証明しなさい。

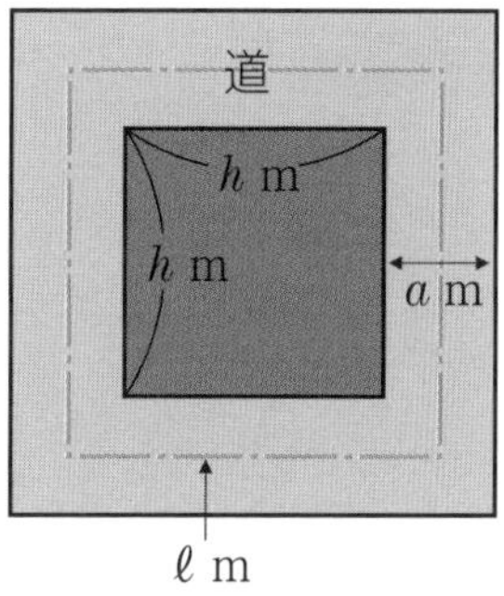

ガイド 右の図より，ℓ は，1 辺が $\left(h + \frac{a}{2} \times 2\right)$ m の正方形の周囲の長さであることがわかります。
また，いちばん外側の正方形の 1 辺は，$(h + 2a)$ m です。

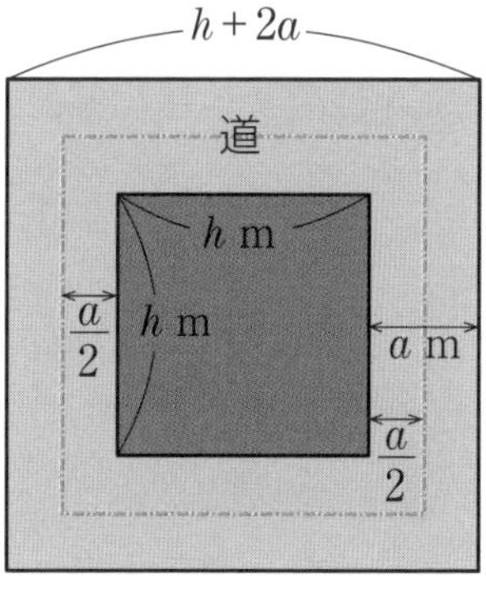

答え

(1) $\ell = 4\left(h + \frac{a}{2} \times 2\right) = 4(h + a)$

(2) $S = (h + 2a)^2 - h^2 = h^2 + 4ah + 4a^2 - h^2$
$= 4ah + 4a^2 = 4a(h + a)$　　①
(1)より，$a\ell = 4a(h + a)$　　②
①，②から，$S = a\ell$

右のような図形でも，$S = a\ell$ が成り立つかどうかを調べてみよう。

面積S

ガイド

図の3つのおうぎ形を合わせると半径aの円になり，その面積は，$\pi a^2 = a \times \pi a$

道の曲線部分全体の中央線の長さは，半径$\frac{1}{2}a$

の円の円周になり，その長さは，$2\pi \times \frac{1}{2}a = \pi a$

したがって，（半径aの円の面積）$= a \times$（道の曲線部分全体の中央線の長さ）
面積$S =$（三角形の周囲の3つの長方形の面積）$+$（半径aの円の面積）

答え

道の3つの曲線部分を合わせると半径aの円となる。
道の直線部分全体の中央線の長さをℓ_1，面積をS_1，曲線部分全体の中央線の長さをℓ_2，面積をS_2とすると，$S_1 = a\ell_1$，$S_2 = a\ell_2$，$\ell = \ell_1 + \ell_2$
したがって，$S = S_1 + S_2 = a\ell_1 + a\ell_2 = a(\ell_1 + \ell_2) = a\ell$

③ 式の利用

確かめよう

1 連続する2つの整数では，大きい方の数の2乗から小さい方の数の2乗をひいた差は，はじめの2数の和に等しいことを証明しなさい。

答え

小さい方の整数をnとすると，連続する2つの整数は，n，$n + 1$と表される。

$$(n + 1)^2 - n^2 = n^2 + 2n + 1 - n^2$$
$$= 2n + 1$$
$$= n + (n + 1)$$

したがって，連続する2つの整数では，大きい方の数の2乗から小さい方の数の2乗をひいた差は，はじめの2数の和に等しい。

2 $x = -15$のとき，次の式の値を求めなさい。

(1) $x^2 - 5x$　　(2) $x^2 + x - 20$

答え

(1) $x^2 - 5x$
$= x(x - 5)$
$= -15 \times (-15 - 5)$
$= -15 \times (-20)$
$= 300$

(2) $x^2 + x - 20$
$= (x - 4)(x + 5)$
$= (-15 - 4) \times (-15 + 5)$
$= -19 \times (-10)$
$= 190$

3 次の数をくふうして計算しなさい。

(1) $65^2 - 15^2$　　(2) 4.8×5.2

答え	(1) $65^2 - 15^2$ 　　$= (65 + 15) \times (65 - 15)$ 　　$= 80 \times 50$ 　　$= 4000$	(2) 4.8×5.2 　　$= (5 - 0.2) \times (5 + 0.2)$ 　　$= 5^2 - 0.2^2$ 　　$= 25 - 0.04$ 　　$= 24.96$

4 右の図のように，長さ 10 cm の線分 AB 上に，点 P を AP $= a$ cm となるようにとり，AP，PB をそれぞれ 1 辺とする正方形をつくります。AP $<$ PB のとき，正方形 PBEF の面積は，正方形 APCD の面積よりどれだけ広いですか。

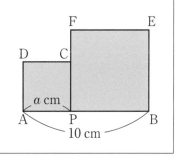

答え AP $= a$ cm より，PB $= (10 - a)$ cm と表されるので，正方形 PBEF の面積から正方形 APCD の面積をひいた差は，

$$(10 - a)^2 - a^2 = 100 - 20a + a^2 - a^2$$
$$= 100 - 20a$$

答　$(100 - 20a)$ cm^2 広い

1章のまとめの問題

教科書 P.39 ～ 41

基本

1 次の計算をしなさい。
(1) $6a(a - 2)$
(2) $(2x - 5y) \times (-y)$
(3) $(12x^2 - 9xy) \div (-3x)$
(4) $(3ab + 4a) \div \dfrac{1}{2}a$

ガイド 分配法則を使ってかっこをはずします。
除法は乗法に直して計算しましょう。

答え
(1) $6a(a - 2) = 6a^2 - 12a$
(2) $(2x - 5y) \times (-y) = -2xy + 5y^2$
(3) $(12x^2 - 9xy) \div (-3x) = (12x^2 - 9xy) \times \left(-\dfrac{1}{3x}\right) = -4x + 3y$
(4) $(3ab + 4a) \div \dfrac{1}{2}a = (3ab + 4a) \times \dfrac{2}{a} = 6b + 8$

2 次の式を展開しなさい。
(1) $(a - b)(x + y)$
(2) $(x + 1)(3x + 2)$
(3) $(x + 2)(x - 3)$
(4) $(y - 6)^2$
(5) $(a + 3b)(a - 3b)$
(6) $(2x + 3)^2$

分配法則または，乗法公式を使って展開しましょう。

答え

(1) $(a - b)(x + y) = ax + ay - bx - by$

(2) $(x + 1)(3x + 2) = 3x^2 + 2x + 3x + 2 = 3x^2 + 5x + 2$

(3) $(x + 2)(x - 3) = x^2 + (2 - 3)x - 6 = x^2 - x - 6$

(4) $(y - 6)^2 = y^2 - 2 \times 6 \times y + 6^2 = y^2 - 12y + 36$

(5) $(a + 3b)(a - 3b) = a^2 - (3b)^2 = a^2 - 9b^2$

(6) $(2x + 3)^2 = (2x)^2 + 2 \times 2x \times 3 + 3^2 = 4x^2 + 12x + 9$

---

3 次の計算をしなさい。

(1) $2a(a - 2) + (a + 1)^2$　　　　(2) $(x - 4)^2 - (x - 8)(x - 2)$

答え

(1) $2a(a - 2) + (a + 1)^2$
$= 2a^2 - 4a + (a^2 + 2a + 1)$
$= 2a^2 - 4a + a^2 + 2a + 1$
$= 3a^2 - 2a + 1$

(2) $(x - 4)^2 - (x - 8)(x - 2)$
$= (x^2 - 8x + 16) - (x^2 - 10x + 16)$
$= x^2 - 8x + 16 - x^2 + 10x - 16$
$= 2x$

---

4 次の式を因数分解しなさい。

(1) $4a^2b - 6ab^2$　　　　(2) $x^2 + 7x + 12$

(3) $x^2 - 6x + 9$　　　　(4) $144 - x^2$

(5) $x^2 + 2x - 35$　　　　(6) $4x^2 + 12xy + 9y^2$

(7) $x^2y - 9xy + 18y$　　　　(8) $(x + 3)^2 - 2(x + 3)$

ガイド

(7) 共通な因数をくくり出してから，公式を使って因数分解しましょう。

(8) $x + 3$ をひとまとめにして，文字でおきかえましょう。

答え

(1) $4a^2b - 6ab^2 = 2ab(2a - 3b)$

(2) $x^2 + 7x + 12 = x^2 + (3 + 4)x + 3 \times 4 = (x + 3)(x + 4)$

(3) $x^2 - 6x + 9 = x^2 - 2 \times 3 \times x + 3^2 = (x - 3)^2$

(4) $144 - x^2 = 12^2 - x^2 = (12 + x)(12 - x)$

(5) $x^2 + 2x - 35 = x^2 + \{7 + (-5)\}x + 7 \times (-5) = (x + 7)(x - 5)$

(6) $4x^2 + 12xy + 9y^2 = (2x)^2 + 2 \times 2x \times 3y + (3y)^2 = (2x + 3y)^2$

(7) $x^2y - 9xy + 18y = y(x^2 - 9x + 18) = y(x - 3)(x - 6)$

(8) $x + 3$ を M とおくと，
$(x + 3)^2 - 2(x + 3) = M^2 - 2M = M(M - 2)$
$= (x + 3)(x + 3 - 2)$
$= (x + 3)(x + 1)$

---

5 連続する3つの整数では，もっとも大きい数の2乗からもっとも小さい数の2乗をひいた差は，中央の数の4倍になることを証明しなさい。

| 答え | 中央の数を n とすると，連続する 3 つの整数は，$n-1$，n，$n+1$ と表される。 |

もっとも大きい数の 2 乗からもっとも小さい数の 2 乗をひいた差は，

$$(n+1)^2 - (n-1)^2 = (n^2 + 2n + 1) - (n^2 - 2n + 1)$$
$$= 4n$$

したがって，連続する 3 つの整数では，もっとも大きい数の 2 乗からもっとも小さい数の 2 乗をひいた差は，中央の数の 4 倍になる。

6 右の図のように，線分 AB 上に点 C をとり，AB，AC，CB を直径とする円をかきます。このとき，AC $= 2a$，CB $= 2b$ として，色のついた部分の面積を，a と b を用いて表しなさい。

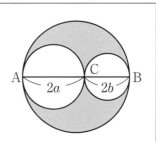

| ガイド | 直径 $2a + 2b$ の円の面積から，直径 $2a$ と直径 $2b$ の円の面積をひきます。 |

各円の半径は，$(2a + 2b) \div 2 = a + b$，$2a \div 2 = a$，$2b \div 2 = b$

| 答え | $\pi(a+b)^2 - \pi a^2 - \pi b^2 = \pi(a^2 + 2ab + b^2) - \pi a^2 - \pi b^2$ |

$$= \pi a^2 + 2\pi ab + \pi b^2 - \pi a^2 - \pi b^2$$
$$= 2\pi ab$$

答 $2\pi ab$

応用

1 次の式を展開しなさい。

(1) $\left(x + \dfrac{1}{2}\right)(x - 2)$ (2) $(7b + a)(a - 7b)$

(3) $(x + 2y - 9)^2$ (4) $(a - b + 1)(a + b - 1)$

| 答え | (1) $\left(x + \dfrac{1}{2}\right)(x - 2) = x^2 + \left\{\dfrac{1}{2} + (-2)\right\}x + \dfrac{1}{2} \times (-2) = x^2 - \dfrac{3}{2}x - 1$ |

(2) $(7b + a)(a - 7b) = (a + 7b)(a - 7b) = a^2 - (7b)^2 = a^2 - 49b^2$

(3) $x + 2y$ を M とおくと，

$$(x + 2y - 9)^2 = (M - 9)^2 = M^2 - 18M + 81 = (x + 2y)^2 - 18(x + 2y) + 81$$
$$= x^2 + 4xy + 4y^2 - 18x - 36y + 81$$

(4) $(a - b + 1)(a + b - 1) = \{a - (b - 1)\}\{a + (b - 1)\}$

$b - 1$ を M とおくと，$(a - M)(a + M) = a^2 - M^2 = a^2 - (b - 1)^2$

$$= a^2 - (b^2 - 2b + 1) = a^2 - b^2 + 2b - 1$$

2 次の式を因数分解しなさい。

(1) $x(x + 2) - 15$ (2) $(x + 5)^2 - 9(x + 5) + 20$

(3) $x^2 - x + ax - a$ (4) $xy - 3x - 2y + 6$

| ガイド | (2) $x + 5$ をひとまとめにして，文字でおきかえましょう。 |

(3) a をふくむ項とふくまない項に分けて考えましょう。

(4) x をふくむ項とふくまない項に分けて考えましょう。

答え	

(1) $x(x + 2) - 15 = x^2 + 2x - 15 = (x + 5)(x - 3)$

(2) $x + 5$ を M とおくと,
$(x + 5)^2 - 9(x + 5) + 20 = M^2 - 9M + 20 = (M - 5)(M - 4)$
$= (x + 5 - 5)(x + 5 - 4) = x(x + 1)$

(3) $x^2 - x + ax - a = (x^2 - x) + (ax - a) = x(x - 1) + a(x - 1)$
$= (x - 1)(x + a)$

(4) $xy - 3x - 2y + 6 = (xy - 3x) + (-2y + 6) = x(y - 3) - 2(y - 3)$
$= (y - 3)(x - 2)$

3　縦 a m, 横 $2a$ m の長方形の土地があります。この土地の縦を 5 m 長くし, 横を 3 m 短くすると, 面積はもとの土地よりどれだけ大きくなりますか。また, このとき, 面積が 55 m² 大きくなるとすると, もとの土地の縦の長さは何 m ですか。

ガイド

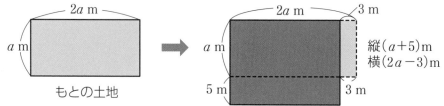

もとの土地

縦($a+5$)m
横($2a-3$)m

　縦を 5 m 長くし, 横を 3 m 短くした長方形の面積から, もとの土地の面積をひきましょう。また, その式の値が 55 のときの a の値を求めましょう。

答え	

$(a + 5)(2a - 3) - a \times 2a$　　　$7a - 15 = 55$
$= 2a^2 - 3a + 10a - 15 - 2a^2$　　$7a = 70$
$= 7a - 15$　　　　　　　　　　　$a = 10$

答　$(7a - 15)$ m² 大きくなる, 10 m

4　2つの奇数の積は奇数になることを証明しなさい。

答え	

2つの奇数は, m, n を整数とすると, $2m + 1$, $2n + 1$ と表される。
これらの積は, 　$(2m + 1)(2n + 1) = 4mn + 2m + 2n + 1$
$= 2(2mn + m + n) + 1$
$2mn + m + n$ は整数だから, $2(2mn + m + n) + 1$ は奇数である。
したがって, 2つの奇数の積は奇数になる。

5　$x = \dfrac{5}{2}$, $y = \dfrac{3}{2}$ のとき, $x^2 - 10xy + 25y^2$ の値を求めなさい。

答え	

$x^2 - 10xy + 25y^2$
$= (x - 5y)^2$
$= \left(\dfrac{5}{2} - 5 \times \dfrac{3}{2}\right)^2$
$= \left(\dfrac{5}{2} - \dfrac{15}{2}\right)^2$
$= (-5)^2$
$= 25$

6 次の式をくふうして計算しなさい。
(1) $19^2 - 21^2$
(2) 6.9×7.1

答え

(1) $19^2 - 21^2$
$= (19 + 21) \times (19 - 21)$
$= 40 \times (-2)$
$= -80$

(2) 6.9×7.1
$= (7 - 0.1) \times (7 + 0.1)$
$= 7^2 - 0.1^2$
$= 49 - 0.01$
$= 48.99$

7 中心角 $120°$，半径 r m のおうぎ形の花だんの外側に，右のように，一定の幅 h m で芝生を植えようと思います。芝生を植える部分の中央を通る弧の長さを ℓ m として，次の問いに答えなさい。
(1) ℓ を r と h を使って表しなさい。
(2) 芝生の面積は，$h\ell$ m^2 となることを証明しなさい。

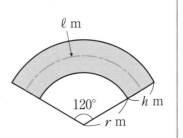

ガイド　半径 r m，中心角 $a°$ のおうぎ形について，
（おうぎ形の弧の長さ）$= 2\pi r \times \dfrac{a}{360}$（m），（おうぎ形の面積）$= \pi r^2 \times \dfrac{a}{360}$（m^2）

答え

(1) 長さ ℓ m の弧の半径は，$r + \dfrac{h}{2}$（m）で，中心角は $120°$ なので，

$$\ell = 2\pi \times \left(r + \frac{h}{2}\right) \times \frac{120}{360}$$
$$= 2\pi \times \frac{2r + h}{2} \times \frac{1}{3}$$
$$= \frac{\pi(2r + h)}{3}$$

答　$\ell = \dfrac{\pi(2r + h)}{3}$

(2) 芝生の面積を S m^2 とすると，
（芝生の面積）$=$（大きいおうぎ形の面積）$-$（小さいおうぎ形の面積）と考えて，

$$S = \pi(r + h)^2 \times \frac{120}{360} - \pi r^2 \times \frac{120}{360}$$
$$= \pi(r^2 + 2hr + h^2 - r^2) \times \frac{1}{3}$$
$$= \frac{\pi h(2r + h)}{3} \quad ①$$

また，(1)より，$\ell = \dfrac{\pi(2r + h)}{3}$ なので，

$$h\ell = \frac{\pi h(2r + h)}{3} \quad ②$$

①，②より，$S = h\ell$
したがって，芝生の面積は，$h\ell$ m^2 となる。

1 ある中学校で，卒業文集をつくることになりました。1枚の大きな紙に8ページ分の印刷をして，それをいくつか束ねて冊子をつくります。このとき，次の問いに答えなさい。ただし，表の右下が最初のページとします。

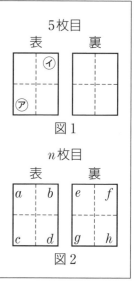

5枚目
表　　　裏

図1

(1) 図1で，5枚目の大きな紙の㋐，㋑の位置につけられるページ番号を求めなさい。

(2) 15枚目の大きな紙につけられたページ番号のうち，もっとも小さい数を求めなさい。

(3) 図2で，n枚目の大きな紙につけられたページ番号cをnを使って表しなさい。

n枚目
表　　　裏

a	b	e	f
c	d	g	h

図2

(4) n枚目の大きな紙につけられたページ番号で，$ab - cd = 12$の関係が成り立つことを証明しなさい。

ガイド　表・裏のページ番号の順番は，右の図のようになることを参考にして考えましょう。また，2枚目の大きな紙のページ番号は，1枚目のページ番号よりも，同じ場所の数が8ずつ大きくなると考えるとよいでしょう。

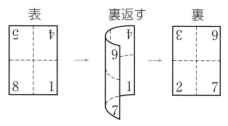

表　　　裏返す　　　裏

答え

(1) 1枚に8ページあるので，5枚目の最後のページ番号は，
$8 \times 5 = 40$
したがって，㋐の位置につけられるページ番号は40で，㋑の位置につけられるページ番号は，㋐の位置につけられるページ番号より，4少ないので，
$40 - 4 = 36$

答　㋐ 40，㋑ 36

(2) 15枚目の最後のページ番号は，$8 \times 15 = 120$
もっとも小さいページ番号は，最後のページ番号よりも7少ないので，
$120 - 7 = 113$

答 113

(3) cは，n枚目の最後のページ番号だから，(2)と同様に$8 \times n$と考えればよい。

答 $c = 8n$

(4) $c = 8n$をもとに，a，b，dをnを使って表すと，
$a = 8n - 3$，$b = 8n - 4$，$d = 8n - 7$となることから，
$ab - cd = (8n - 3)(8n - 4) - 8n(8n - 7)$
$= 64n^2 - 56n + 12 - 64n^2 + 56n$
$= 12$
したがって，$ab - cd = 12$の関係が成り立つ。

深めよう！ 簡単に計算する方法

教科書 P.43

1 98^2 が上（教科書 P.43 の①～④）の方法で計算できることを，次の図を使って説明してみましょう。

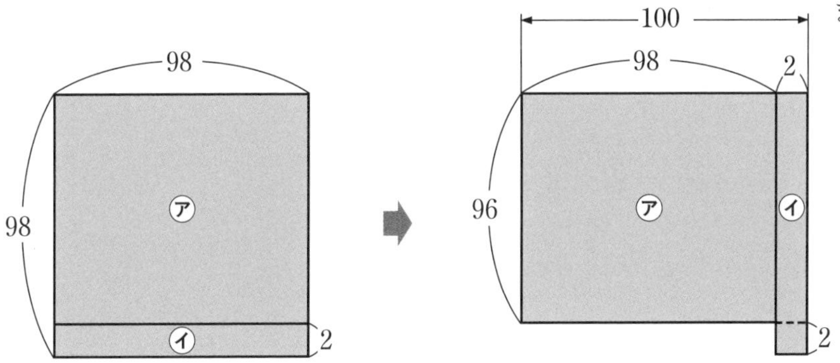

[答え] **(例)** 1 辺が 98 の正方形の面積は，図のように㋑を㋐の右に並べて，縦 98 − 2 = 96，横 100 の長方形と 1 辺が 2 の正方形の面積の和と考えることができる。
よって，$98^2 = (98 - 2) \times 100 + 2^2$
したがって，100 に近い数の 2 乗は，示された①～④の方法で計算できる。

2 この方法で，次の計算をしてみましょう。
(1) 99^2　**(2)** 95^2　**(3)** 92^2

[答え]
(1) $99^2 = (99 - 1) \times 100 + 1^2$
$= 9800 + 1$
$= \mathbf{9801}$

(2) $95^2 = (95 - 5) \times 100 + 5^2$
$= 9000 + 25$
$= \mathbf{9025}$

(3) $92^2 = (92 - 8) \times 100 + 8^2$
$= 8400 + 64$
$= \mathbf{8464}$

3 **1** と同じように図を使って，次の計算の方法を考えましょう。また，その方法で計算してみましょう。
(1) 101^2　**(2)** 103^2　**(3)** 108^2

（例）1 辺が 101 の正方形の面積は，次の図のように⊕を④の右に並べて，縦100，横(101 + 1)の長方形と 1 辺が 1 の正方形の面積の和と考えることができる。

よって，$101^2 = 100 \times (101 + 1) + 1^2$ のようにして計算することができる。

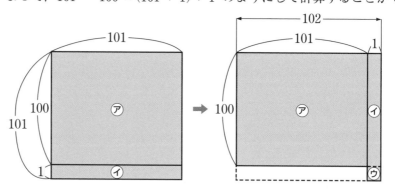

(1) $101^2 = 100 \times (101 + 1) + 1^2$
$= 10200 + 1$
$= \mathbf{10201}$

(2) $103^2 = 100 \times (103 + 3) + 3^2$
$= 10600 + 9$
$= \mathbf{10609}$

(3) $108^2 = 100 \times (108 + 8) + 8^2$
$= 11600 + 64$
$= \mathbf{11664}$

2章 平方根

教科書 P.45

1 前ページ(教科書 P.44)の正方形㋐，㋒の面積を求めましょう。また，それぞれの正方形の1辺の長さを求めましょう。

[ガイド] ㋐…1辺の長さは4 cm なので，
面積は $4^2=16(\text{cm}^2)$
㋒…1辺の長さは2 cm なので，
面積は $2^2=4(\text{cm}^2)$

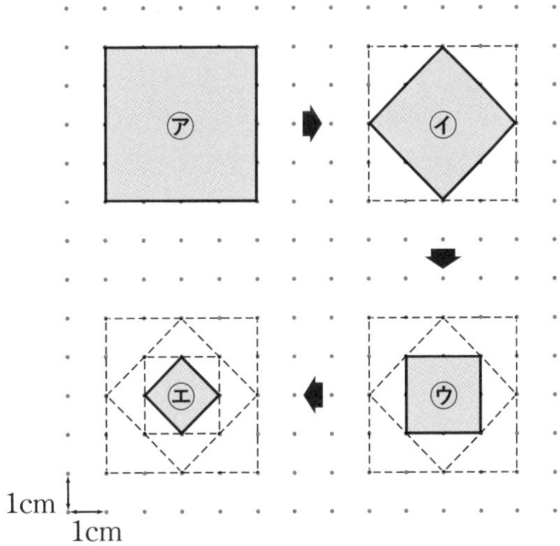

[答え] **㋐…16 cm^2，1辺は4 cm**
㋒…4 cm^2，1辺は2 cm

教科書 P.45

2 前ページ(教科書 P.44)の正方形㋑，㋓の面積は，いくらになるでしょうか。また，正方形の1辺の長さを求められるか考えてみましょう。

[ガイド] 右の図のように，㋐の面積は，2辺が2 cm の直角二等辺三角形8つ分と等しくなります。㋑は，そのうちの4つを切り取ったものと考えられるので，㋐の面積の半分になります。同様に考えると，㋓の面積は，㋒の面積の半分になります。

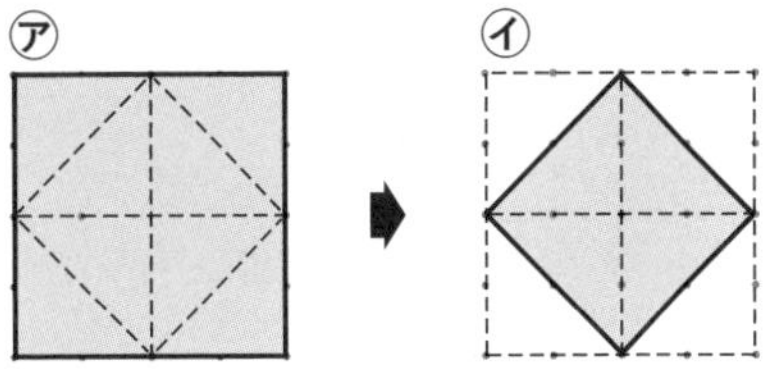

[答え] **㋑… 8 cm^2　㋓… 2 cm^2**
(例) 正方形の1辺の正確な長さを求めるのはむずかしい。

教科書 P.45

3 前ページ(教科書 P.44)の正方形㋑，㋓の1辺の長さを，それぞれ測ってみましょう。また，測った長さから正方形㋑，㋓の面積を計算で求め，**2**で考えた面積と比べてみましょう。

[答え] **(例)** ㋑…1辺は2.8 cm，面積は7.84 cm^2，**2**で考えた面積より0.16 cm^{2}小さい。
㋓…1辺は1.4 cm，面積は1.96 cm^2，**2**で考えた面積より0.04 cm^{2}小さい。

1 平方根

☑◎ 根号

「2乗すると2になる正の数」を記号√ を使って√2 と表す。

この記号√ を根号といい，√2 を「ルート2」と読む。

☑◎ 近似値

真の値に近い値を近似値という。

電卓の √ キーを使うと，根号を使って表された数の近似値を求めることができる。

☑◎ 平方根

ある数 x を2乗すると a になるとき，すなわち，$x^2 = a$ であるとき，x を a の平方根という。

a が正の数のとき，a の平方根を，根号を使って，正の方を√a，負の方を−√a と表す。

① 正の数の平方根は正，負の2つあり，その絶対値は等しい。

② 0の平方根は0だけである。

a が正の数のとき，√a と−√a は a の平方根だから，どちらも2乗すると a になる。

$$(\sqrt{a})^2 = a, \quad (-\sqrt{a})^2 = a$$

☑◎ 平方根の大小

平方根の大小について，次のことが成り立つ。

a，b が正の数のとき，$a < b$ ならば，√a < √b

☑◎ 有理数と無理数

分数で表すことができる数を有理数，分数で表すことができない数を無理数という。

小数第何位かで終わる小数を有限小数，小数部分が限りなく続く小数を無限小数という。無限小数のうち，小数部分に同じ数の並びがくりかえし現れるものを循環小数という。整数以外の有理数を小数で表すと，有限小数か循環小数になる。

例 3も−3も9の平方根である。

注 √2 と−√2 をまとめて，±√2 と表すことがある。±√2 は，「プラスマイナスルート2」と読む。

注 どんな数を2乗しても負の数にならないから，負の数には平方根はない。また，2乗すると0になる数は0だけである。

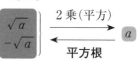

例 $3 = \dfrac{3}{1}$，$0.25 = \dfrac{1}{4}$

だから，3や0.25は有理数である。

円周率 π は無理数である。

根号

問1 上(教科書 P.46)のようにして，📖 の x の値の小数第三位を求めなさい。

ガイド 小数第三位の数を順に大きくしていって，2乗の値を計算し，2に近い値をさがします。

答え 順に計算すると，

$1.411^2 = 1.990921$, $1.412^2 = 1.993744$, $1.413^2 = 1.996569$,

$1.414^2 = 1.999396$, $1.415^2 = 2.002225$ であるから，

$1.414 < x < 1.415$

このことから，x の小数第三位は，**4**

近似値

問2 前ページ(教科書 P.46)の方法で，$\sqrt{5}$ の近似値を小数第二位まで求めなさい。

ガイド 近似値を小数第二位まで求めるには，小数第三位までの値を調べて，小数第三位を四捨五入します。

答え $2^2 < 5 < 3^2$ より，$\sqrt{5}$ の整数部分は，2

次に 2.1 から 0.1 ずつ順に増やして2乗の値を計算すると，

$2.1^2 = 4.41$, $2.2^2 = 4.84$, $2.3^2 = 5.29$

$2.2 < \sqrt{5} < 2.3$ だから，$\sqrt{5}$ の小数第一位は，2

2.21 から 0.01 ずつ順に増やして2乗の値を計算すると，

$2.21^2 = 4.8841$, $2.22^2 = 4.9284$, $2.23^2 = 4.9729$, $2.24^2 = 5.0176$

$2.23 < \sqrt{5} < 2.24$ だから，$\sqrt{5}$ の小数第二位は，3

2.231 から 0.001 ずつ順に増やして2乗の値を計算すると，

$2.231^2 = 4.977361$, $2.232^2 = 4.981824$, $2.233^2 = 4.986289$, $2.234^2 = 4.990756$,

$2.235^2 = 4.995225$, $2.236^2 = 4.999696$, $2.237^2 = 5.004169$

$2.236 < \sqrt{5} < 2.237$ だから，$\sqrt{5}$ の小数第三位は，6

したがって，$\sqrt{5} = 2.236\cdots$ だから，小数第二位まで求めた $\sqrt{5}$ の近似値は，**2.24**

問3 電卓の √ キーを使って，次の数の近似値を小数第三位まで求めなさい。

(1) $\sqrt{3}$ (2) $\sqrt{7}$ (3) $\sqrt{10}$ (4) $\sqrt{30}$

2章 平方根

近似値を小数第三位まで求めるので，小数第四位を四捨五入します。

答え
- (1) $\sqrt{3} = 1.7320\cdots$ したがって，**1.732**
- (2) $\sqrt{7} = 2.6457\cdots$ したがって，**2.646**
- (3) $\sqrt{10} = 3.1622\cdots$ したがって，**3.162**
- (4) $\sqrt{30} = 5.4772\cdots$ したがって，**5.477**

◀ 2乗すると a になる数 ▶

教科書 P.48

問4 次の数の平方根を求めなさい。

(1) 1　　　(2) 16　　　(3) 81　　　(4) $\dfrac{9}{100}$　　　(5) 0.25

ガイド $x^2 = a$ となる x が，a の平方根です。
$a > 0$ のとき，2乗して a になる数は，正の数と負の数の2つがあります。

答え
- (1) $1^2 = 1$，$(-1)^2 = 1$ なので，**1 と $-$ 1**
- (2) $4^2 = 16$，$(-4)^2 = 16$ なので，**4 と $-$ 4**
- (3) $9^2 = 81$，$(-9)^2 = 81$ なので，**9 と $-$ 9**
- (4) $\left(\dfrac{3}{10}\right)^2 = \dfrac{9}{100}$，$\left(-\dfrac{3}{10}\right)^2 = \dfrac{9}{100}$ なので，$\dfrac{3}{10}$ **と** $-\dfrac{3}{10}$
- (5) $0.5^2 = 0.25$，$(-0.5)^2 = 0.25$ なので，**0.5 と $-$ 0.5**

【参考】
$1^2 = 1$，$(-1)^2 = 1$，$2^2 = 4$，$(-2)^2 = 4$，$3^2 = 9$，$(-3)^2 = 9$，…から，
1 の平方根は 1 と $-$ 1，
4 の平方根は 2 と $-$ 2，
9 の平方根は 3 と $-$ 3，…となります。
小数については，$0.1^2 = 0.01$，$(-0.1)^2 = 0.01$，$0.2^2 = 0.04$，$(-0.2)^2 = 0.04$，…から，
0.01 の平方根は 0.1 と $-$ 0.1，
0.04 の平方根は 0.2 と $-$ 0.2，…となります。
分数についても，$\left(\dfrac{1}{2}\right)^2 = \dfrac{1}{4}$，$\left(-\dfrac{1}{2}\right)^2 = \dfrac{1}{4}$，$\left(\dfrac{1}{3}\right)^2 = \dfrac{1}{9}$，$\left(-\dfrac{1}{3}\right)^2 = \dfrac{1}{9}$，…から，
$\dfrac{1}{4}$ の平方根は $\dfrac{1}{2}$ と $-\dfrac{1}{2}$，
$\dfrac{1}{9}$ の平方根は $\dfrac{1}{3}$ と $-\dfrac{1}{3}$，…となります。
したがって，$a \geqq 0$ とすると，
　$a > 1$ のとき，a の平方根の絶対値は a より小さい
　$0 < a < 1$ のとき，a の平方根の絶対値は a より大きい
ということがわかります。
$a = 0$ のとき，a の平方根は 0，$a = 1$ のとき，a の平方根は ± 1 より，a の平方根の絶対値は a と等しくなります。

問 5 次の数の平方根を，根号を使って表しなさい。

(1) 3　　　　　(2) 7　　　　　(3) 0.8　　　　　(4) $\dfrac{5}{3}$

ガイド 記号±を使うと，正の平方根と負の平方根をまとめて表すことができます。

答え (1) $\pm\sqrt{3}$　　(2) $\pm\sqrt{7}$　　(3) $\pm\sqrt{0.8}$　　(4) $\pm\sqrt{\dfrac{5}{3}}$

問 6 次の数を，根号を使わずに表しなさい。

(1) $\sqrt{4}$　　　　(2) $-\sqrt{64}$　　　　(3) $\sqrt{\dfrac{4}{9}}$　　　　(4) $\sqrt{(-5)^2}$

2章 平方根

ガイド 根号の中をある数の2乗の形で表すことができる場合，根号を使わずに表すことができます。

たとえば，$\sqrt{9}=\sqrt{3^2}=3$，$\sqrt{16}=\sqrt{4^2}=4$であり，aが正の数の場合，$\sqrt{a^2}=a$となります。

ただし，根号の中が負の数の2乗の場合は，$\sqrt{(-3)^2}=3$であり，-3ではないので注意しましょう。

負の数も2乗すれば正の数なので，$\sqrt{(-3)^2}=\sqrt{9}=\sqrt{3^2}=3$となります。

答え (1) $\sqrt{4}=\sqrt{2^2}=2$　　　　　　(2) $-\sqrt{64}=-\sqrt{8^2}=-8$

(3) $\sqrt{\dfrac{4}{9}}=\sqrt{\left(\dfrac{2}{3}\right)^2}=\dfrac{2}{3}$　　　　(4) $\sqrt{(-5)^2}=\sqrt{25}=\sqrt{5^2}=5$

問 7 次の数を求めなさい。

(1) $(\sqrt{7})^2$　　　(2) $(-\sqrt{10})^2$　　　(3) $(\sqrt{0.5})^2$　　　(4) $\left(-\sqrt{\dfrac{5}{6}}\right)^2$

ガイド $(\sqrt{2})^2=2$，$(-\sqrt{2})^2=2$のように，aが正の数のとき，$\sqrt{a}$と$-\sqrt{a}$はaの平方根なので，どちらも2乗するとaになります。

答え (1) $(\sqrt{7})^2=7$　　　　　　(2) $(-\sqrt{10})^2=10$

(3) $(\sqrt{0.5})^2=0.5$　　　　(4) $\left(-\sqrt{\dfrac{5}{6}}\right)^2=\dfrac{5}{6}$

2 平方根の大小

教科書 P.50

Q 右の図㋐は，面積 2 の正方形で，図㋑は，面積 5 の正方形です。この図について，次のことを調べてみましょう。

(1) 上(右)の 2 つの正方形㋐，㋑の 1 辺の長さをもとにして，$\sqrt{2}$，$\sqrt{5}$ に対応する点を上(右)の数直線上にとりましょう。また，$\sqrt{2}$ と $\sqrt{5}$ どちらが大きいか比べましょう。

(2) $-\sqrt{2}$，$-\sqrt{5}$ に対応する点はどこでしょうか。上(右)の数直線上にとりましょう。

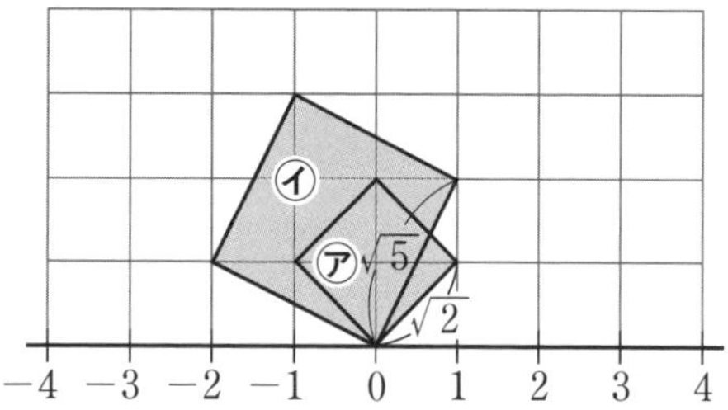

[ガイド] 正方形㋐，㋑の 1 辺の長さを，コンパスを使って数直線上にうつします。

[答え] (1) 数直線上にうつしとると，右の図のようになる。
したがって，$\sqrt{2}<\sqrt{5}$

(2) 右の図のようになる。

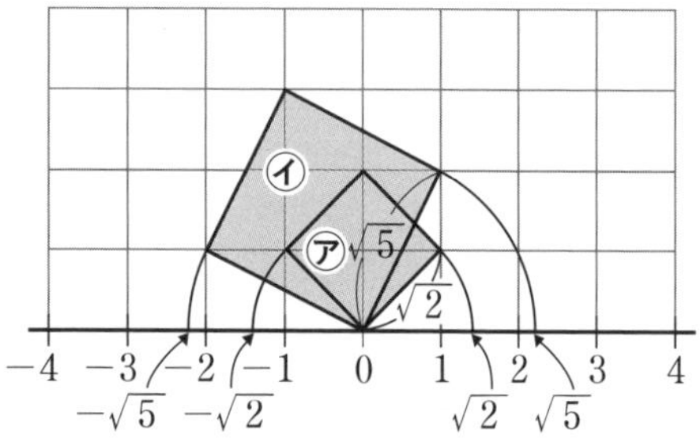

教科書 P.51

[問 1] 次の各組の数の大小を，不等号を使って表しなさい。

(1) $\sqrt{17}$，$\sqrt{12}$ (2) 6，$\sqrt{32}$

(3) $\sqrt{120}$，11 (4) $-\sqrt{6}$，$-\sqrt{7}$

(5) − 3，$-\sqrt{8}$ (6) 4，$\sqrt{14}$，$\sqrt{19}$

[ガイド] a，b が正の数のとき，$a<b$ ならば，$\sqrt{a}<\sqrt{b}$ です。
(2)では 6 を，(3)では 11 を，(6)では 4 を，根号を使って表します。
a が正の数のとき，$a=\sqrt{a^2}$ になります。
(4) 負の数は，絶対値が大きいほど小さくなります。まず絶対値を比べましょう。

[答え]

(1) $17>12$ であるから，
$\sqrt{17}>\sqrt{12}$

(2) $6=\sqrt{6^2}=\sqrt{36}$
$36>32$ であるから，$\sqrt{36}>\sqrt{32}$
したがって，**$6>\sqrt{32}$**

(3) $11=\sqrt{11^2}=\sqrt{121}$
$120<121$ であるから，
$\sqrt{120}<\sqrt{121}$
したがって，**$\sqrt{120}<11$**

(4) $6<7$ であるから，
$\sqrt{6}<\sqrt{7}$
したがって，**$-\sqrt{6}>-\sqrt{7}$**

(5) $3=\sqrt{3^2}=\sqrt{9}$
$9>8$ であるから，$\sqrt{9}>\sqrt{8}$
したがって，$-\sqrt{9}<-\sqrt{8}$
つまり，**$-3<-\sqrt{8}$**

(6) $4=\sqrt{4^2}=\sqrt{16}$
$14<16<19$ であるから，
$\sqrt{14}<\sqrt{16}<\sqrt{19}$
したがって，**$\sqrt{14}<4<\sqrt{19}$**

教科書 P.52

| 問 1 | 次の数を分数で表してみましょう。

(1) 3　　　　　　　(2) − 5　　　　　　(3) 0.25　　　　　　(4) − 1.7

ガイド　整数は分母が1の分数で表すことができます。

答え
(1) $3 = \dfrac{3}{1}$　　　　　　　　　　　(2) $-5 = -\dfrac{5}{1}$

(3) $0.25 = \dfrac{25}{100} = \dfrac{1}{4}$　　　　　(4) $-1.7 = -\dfrac{17}{10}$

教科書 P.52

| 問 2 | 次の数は有理数ですか，それとも無理数ですか。

$\dfrac{12}{7}$,　　− 0.09,　　$\sqrt{6}$,　　$\sqrt{25}$,　　$-\sqrt{3}$,　　$\sqrt{\dfrac{9}{4}}$

ガイド　分数で表すことができる数が有理数，分数で表すことができない数が無理数です。
分数で表されていない数については，分数に直せるか調べましょう。
根号がついていても，根号を使わずに表すことができる数もあります。

答え
$\dfrac{12}{7}$ … **有理数である。**

$-0.09 = -\dfrac{9}{100}$ … **有理数である。**

$\sqrt{6}$ … **無理数である。**

$\sqrt{25} = \sqrt{5^2} = 5 = \dfrac{5}{1}$ … **有理数である。**

$-\sqrt{3}$ … **無理数である。**

$\sqrt{\dfrac{9}{4}} = \sqrt{\left(\dfrac{3}{2}\right)^2} = \dfrac{3}{2}$ … **有理数である。**

教科書 P.53

| 問 3 | 次の分数を，小数で表しなさい。

(1) $\dfrac{2}{5}$　　　　　(2) $\dfrac{7}{8}$　　　　　(3) $\dfrac{5}{11}$　　　　　(4) $\dfrac{4}{7}$

ガイド　分数を小数で表したとき，(1), (2)のように，小数第何位かで終わる小数になる場合と，(3), (4)のように，小数部分が限りなく続く小数になる場合があります。(3), (4)については，小数部分に同じ数の並びがくりかえし現れます。

答え
(1) $\dfrac{2}{5} = 2 \div 5 = 0.4$　　　　　(2) $\dfrac{7}{8} = 7 \div 8 = 0.875$

(3) $\dfrac{5}{11} = 5 \div 11 = 0.4545\cdots$　　　(4) $\dfrac{4}{7} = 4 \div 7 = 0.571428571428\cdots$

2章　平方根

確かめよう

1 次の数の平方根を求めなさい。

(1) 36　　　　　(2) 17　　　　　(3) $\dfrac{9}{25}$　　　　　(4) 0.6

ガイド 正，負の2つあります。根号を使わずに表せるものもあります。

答え (1) ± 6　　(2) $\pm\sqrt{17}$　　(3) $\pm\dfrac{3}{5}$　　(4) $\pm\sqrt{0.6}$

2 次の数を，根号を使わずに表しなさい。

(1) $\sqrt{81}$　　　　(2) $-\sqrt{4}$　　　　(3) $(\sqrt{5})^2$　　　　(4) $(-\sqrt{2.4})^2$

ガイド (1)，(2) 根号の中を2乗の形にして，根号をはずします。
(3)，(4) $(\sqrt{a})^2 = a$，$(-\sqrt{a})^2 = a$ となります。

答え
(1) $\sqrt{81} = \sqrt{9^2} = 9$
(2) $-\sqrt{4} = -\sqrt{2^2} = -2$
(3) $\sqrt{5}$ は5の平方根だから，2乗すると5になる。$(\sqrt{5})^2 = 5$
(4) $-\sqrt{2.4}$ は2.4の平方根だから，2乗すると2.4になる。$(-\sqrt{2.4})^2 = 2.4$

3 次の各組の数の大小を，不等号を使って表しなさい。

(1) $\sqrt{15}$，$\sqrt{14}$　　　　　(2) $-\sqrt{12}$，$-\sqrt{10}$　　　　　(3) $\sqrt{35}$，$\sqrt{37}$，6

答え
(1) $15 > 14$ だから，
　　$\sqrt{15} > \sqrt{14}$

(2) $12 > 10$ だから，$\sqrt{12} > \sqrt{10}$
　　したがって，$-\sqrt{12} < -\sqrt{10}$

(3) $6 = \sqrt{6^2} = \sqrt{36}$
　　$35 < 36 < 37$ であるから，
　　　　$\sqrt{35} < \sqrt{36} < \sqrt{37}$
　　したがって，$\sqrt{35} < 6 < \sqrt{37}$

4 次の数を，有理数と無理数に分けなさい。

$\sqrt{5}$，　　　$-\sqrt{9}$，　　　$\dfrac{3}{2}$，　　　-0.7，　　　$-\sqrt{30}$

ガイド $-\sqrt{9} = -\sqrt{3^2} = -3$，$-0.7 = -\dfrac{7}{10}$ となるので，どちらも有理数です。

答え
有理数……$-\sqrt{9}$，$\dfrac{3}{2}$，-0.7
無理数……$\sqrt{5}$，$-\sqrt{30}$

循環小数

教科書 P.54

有理数を小数で表すと，有限小数か循環小数になることを学びました。たとえば，$\frac{1}{3}$ や $\frac{4}{7}$ は，循環小数になります。循環小数は，くりかえされる並びの最初と最後の数字の上に・をつけて，次のように表すことがあります。

$$\frac{1}{3} = 0.333333\cdots = 0.\dot{3} \qquad \frac{4}{7} = 0.571428571428571428\cdots = 0.\dot{5}7142\dot{8}$$

次に，$0.\dot{2}\dot{7}$ を例として，循環小数を分数に直す方法を考えてみましょう。

$x = 0.\dot{2}\dot{7}$ とすると，　　　$x = 0.272727\cdots$ ①

両辺を 100 倍すると，$100\,x = 27.272727\cdots$ ②

②の両辺から①の両辺をそれぞれひくと，

$$99\,x = 27$$
$$x = \frac{27}{99} = \frac{3}{11}$$

$$
\begin{array}{r}
100x = 27.272727\cdots \\
-)\quad x = 0.272727\cdots \\
\hline
99x = 27
\end{array}
$$

上の方法で，循環小数 $0.\dot{1}\dot{4}$，$0.\dot{7}2\dot{9}$ を分数に直してみましょう。

 答え

$x = 0.\dot{1}\dot{4}$ とすると，　　　$x = 0.141414\cdots$ ①

両辺を 100 倍すると，$100\,x = 14.141414\cdots$ ②

②の両辺から①の両辺をそれぞれひくと，

$$99\,x = 14$$
$$x = \frac{14}{99}$$

$y = 0.\dot{7}2\dot{9}$ とすると，　　　$y = 0.729729\cdots$ ①

両辺を 1000 倍すると，$1000\,y = 729.729729\cdots$ ②

②の両辺から①の両辺をそれぞれひくと，

$$999\,y = 729$$
$$y = \frac{729}{999} = \frac{27}{37}$$

答　$0.\dot{1}\dot{4} = \dfrac{14}{99}$, $0.\dot{7}2\dot{9} = \dfrac{27}{37}$

2 根号をふくむ式の計算

✓◎ **根号をふくむ数の積や商**

一般に，根号をふくむ数の積や商について，次のことが成り立つ。

a，b が正の数のとき，次の式が成り立つ。

$$\sqrt{a} \times \sqrt{b} = \sqrt{ab}, \quad \frac{\sqrt{a}}{\sqrt{b}} = \sqrt{\frac{a}{b}}$$

覚 $\sqrt{a} \times \sqrt{b}$ は，$\sqrt{a}\sqrt{b}$ と表すこともある。

✓◎ **根号をふくむ数の変形**

平方根の積や商の性質を使って，根号をふくむ数を変形することができる。

a，b が正の数のとき，

① $a\sqrt{b} = a \times \sqrt{b} = \sqrt{a^2} \times \sqrt{b} = \sqrt{a^2 \times b}$

② $\sqrt{a^2 b} = \sqrt{a^2 \times b} = \sqrt{a^2} \times \sqrt{b} = a\sqrt{b}$

③ $\sqrt{\dfrac{a}{b^2}} = \dfrac{\sqrt{a}}{\sqrt{b^2}} = \dfrac{\sqrt{a}}{b}$

④ $\dfrac{\sqrt{a}}{\sqrt{b}} = \dfrac{\sqrt{a} \times \sqrt{b}}{\sqrt{b} \times \sqrt{b}} = \dfrac{\sqrt{ab}}{b}$ （分母に根号をふくまない形）

④のように，分母に根号をふくまない形に直すことを，分母を **有理化** するという。

例
① $2\sqrt{2} = 2 \times \sqrt{2}$
$= \sqrt{2^2} \times \sqrt{2} = \sqrt{8}$

② $\sqrt{24} = \sqrt{2^2 \times 6}$
$= \sqrt{2^2} \times \sqrt{6} = 2\sqrt{6}$

③ $\sqrt{\dfrac{3}{4}} = \dfrac{\sqrt{3}}{\sqrt{4}} = \dfrac{\sqrt{3}}{2}$

④ $\dfrac{\sqrt{3}}{\sqrt{2}} = \dfrac{\sqrt{3} \times \sqrt{2}}{\sqrt{2} \times \sqrt{2}} = \dfrac{\sqrt{6}}{2}$

✓◎ **根号をふくむ式の乗法・除法**

根号をふくむ式の乗除は，根号をふくむ数どうし，整数どうしの計算をする。

注 計算の結果は，根号の中をできるだけ小さい自然数にしておく。

分母に根号があるときは分母を有理化しておく。

✓◎ **平方根の近似値**

根号の中の数の小数点の位置が2桁移ると，その数の平方根の小数点の位置は，同じ向きに1桁移る。

この性質を利用して，平方根の近似値を求めることができる。

例 $\sqrt{0.03} = 0.1732$
$\sqrt{3} = 1.732$
$\sqrt{300} = 17.32$

✓◎ **根号をふくむ式の加法・減法**

根号の中が同じ数のときは，分配法則を使って簡単にすることができる。

分配法則や乗法公式を使って，根号をふくむ数の計算ができる。

例 $3\sqrt{2} + 4\sqrt{2}$
$= (3 + 4)\sqrt{2} = 7\sqrt{2}$
$(\sqrt{2} + \sqrt{3})^2$
$= (\sqrt{2})^2 + 2 \times \sqrt{3} \times \sqrt{2} + (\sqrt{3})^2$
$= 2 + 2\sqrt{6} + 3$
$= 5 + 2\sqrt{6}$

❶ 根号をふくむ式の乗法・除法

根号をふくむ数の積や商

教科書 P.55

 右の図は，縦 $\sqrt{2}$ cm，横 $\sqrt{5}$ cm の長方形です。$\sqrt{2}$，$\sqrt{5}$ の近似値から，およその面積を求めてみましょう。また，その値と $\sqrt{10}$ の近似値を比べてみましょう。

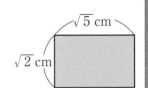

答え　小数第三位までの近似値で表すと，$\sqrt{2} = 1.414$，$\sqrt{5} = 2.236$，$\sqrt{10} = 3.162$ である。したがって，長方形のおよその面積は，$\sqrt{2} \times \sqrt{5} = 1.414 \times 2.236 = 3.161704$ (cm^2)　この値は，$\sqrt{10}$ の近似値とほぼ等しい。

　　　答　およその面積…$3.162(cm^2)$，$\sqrt{2} \times \sqrt{5}$ の値は $\sqrt{10}$ の近似値とほぼ等しい。

教科書 P.55

問 1　$\dfrac{\sqrt{2}}{\sqrt{3}} = \sqrt{\dfrac{2}{3}}$ であることを，上(教科書 P.55)と同じようにして確かめなさい。

答え
$$\left(\frac{\sqrt{2}}{\sqrt{3}}\right)^2 = \frac{\sqrt{2}}{\sqrt{3}} \times \frac{\sqrt{2}}{\sqrt{3}}$$
$$= \frac{(\sqrt{2})^2}{(\sqrt{3})^2} = \frac{2}{3}$$

したがって，$\dfrac{\sqrt{2}}{\sqrt{3}}$ は，$\dfrac{2}{3}$ の正の平方根である。

すなわち，$\dfrac{\sqrt{2}}{\sqrt{3}} = \sqrt{\dfrac{2}{3}}$

教科書 P.56

問 2　次の計算をしなさい。

(1) $\sqrt{3} \times \sqrt{5}$　　(2) $\sqrt{13} \times \sqrt{7}$　　(3) $\sqrt{6}\,\sqrt{11}$

(4) $\sqrt{6} \div \sqrt{3}$　　(5) $\sqrt{35} \div \sqrt{5}$　　(6) $\sqrt{150} \div \sqrt{30}$

ガイド　a，b が正の数のとき，$\sqrt{a} \times \sqrt{b} = \sqrt{ab}$，$\dfrac{\sqrt{a}}{\sqrt{b}} = \sqrt{\dfrac{a}{b}}$ が成り立ちます。

(3) $\sqrt{6}\,\sqrt{11}$ は $\sqrt{6} \times \sqrt{11}$ と同じ意味です。

答え

(1) $\sqrt{3} \times \sqrt{5} = \sqrt{3 \times 5} = \sqrt{15}$　　(2) $\sqrt{13} \times \sqrt{7} = \sqrt{13 \times 7} = \sqrt{91}$

(3) $\sqrt{6}\,\sqrt{11} = \sqrt{6 \times 11} = \sqrt{66}$　　(4) $\sqrt{6} \div \sqrt{3} = \dfrac{\sqrt{6}}{\sqrt{3}} = \sqrt{\dfrac{6}{3}} = \sqrt{2}$

(5) $\sqrt{35} \div \sqrt{5} = \dfrac{\sqrt{35}}{\sqrt{5}} = \sqrt{\dfrac{35}{5}} = \sqrt{7}$　(6) $\sqrt{150} \div \sqrt{30} = \dfrac{\sqrt{150}}{\sqrt{30}} = \sqrt{\dfrac{150}{30}} = \sqrt{5}$

根号をふくむ数の変形

教科書 P.56

問 3　次の数を $\sqrt{a}$ の形に直しなさい。

(1) $2\sqrt{3}$　　　(2) $3\sqrt{2}$　　　(3) $4\sqrt{5}$　　　(4) $3\sqrt{7}$

$a,\ b$ が正の数のとき, $a\sqrt{b}=\sqrt{a^2\times b}$

答え

(1) $\begin{aligned} 2\sqrt{3} &= 2\times\sqrt{3} \\ &= \sqrt{2^2}\times\sqrt{3} \\ &= \sqrt{2^2\times 3} \\ &= \sqrt{12} \end{aligned}$

(2) $\begin{aligned} 3\sqrt{2} &= 3\times\sqrt{2} \\ &= \sqrt{3^2}\times\sqrt{2} \\ &= \sqrt{3^2\times 2} \\ &= \sqrt{18} \end{aligned}$

(3) $\begin{aligned} 4\sqrt{5} &= 4\times\sqrt{5} \\ &= \sqrt{4^2}\times\sqrt{5} \\ &= \sqrt{4^2\times 5} \\ &= \sqrt{80} \end{aligned}$

(4) $\begin{aligned} 3\sqrt{7} &= 3\times\sqrt{7} \\ &= \sqrt{3^2}\times\sqrt{7} \\ &= \sqrt{3^2\times 7} \\ &= \sqrt{63} \end{aligned}$

教科書 P.57

問 4 前ページ(教科書 P.56)の例 3 にならって, 次の数を $a\sqrt{b}$ の形に直しなさい。

(1) $\sqrt{28}$ (2) $\sqrt{54}$ (3) $\sqrt{48}$ (4) $\sqrt{300}$

ガイド

根号の中の数を素因数分解して考えます。

素因数分解したとき, 2 乗の部分に注目して根号の外へ出します。

根号の中は, できるだけ小さい自然数にします。

(2) $54 = 2\times 3^3 = 2\times 3\times 3^2$ と考えます。

答え

(1) $\begin{aligned} \sqrt{28} &= \sqrt{2^2\times 7} \\ &= \sqrt{2^2}\times\sqrt{7} \\ &= 2\sqrt{7} \end{aligned}$

(2) $\begin{aligned} \sqrt{54} &= \sqrt{2\times 3^3} \\ &= \sqrt{2\times 3\times 3^2} \\ &= \sqrt{2\times 3}\times\sqrt{3^2} \\ &= \sqrt{6}\times 3 \\ &= 3\sqrt{6} \end{aligned}$

(3) $\begin{aligned} \sqrt{48} &= \sqrt{2^4\times 3} \\ &= \sqrt{2^2\times 2^2\times 3} \\ &= \sqrt{2^2}\times\sqrt{2^2}\times\sqrt{3} \\ &= 2\times 2\times\sqrt{3} \\ &= 4\sqrt{3} \end{aligned}$

(4) $\begin{aligned} \sqrt{300} &= \sqrt{2^2\times 3\times 5^2} \\ &= \sqrt{2^2}\times\sqrt{3}\times\sqrt{5^2} \\ &= 2\times\sqrt{3}\times 5 \\ &= 10\sqrt{3} \end{aligned}$

教科書 P.57

問 5 例 4(教科書 P.57)にならって, 次の数を書き直しなさい。

(1) $\sqrt{\dfrac{2}{9}}$ (2) $\sqrt{\dfrac{13}{25}}$ (3) $\sqrt{0.02}$ (4) $\sqrt{0.37}$

答え

(1) $\sqrt{\dfrac{2}{9}} = \dfrac{\sqrt{2}}{\sqrt{9}} = \dfrac{\sqrt{2}}{3}$

(2) $\sqrt{\dfrac{13}{25}} = \dfrac{\sqrt{13}}{\sqrt{25}} = \dfrac{\sqrt{13}}{5}$

(3) $\sqrt{0.02} = \sqrt{\dfrac{2}{100}} = \dfrac{\sqrt{2}}{\sqrt{100}} = \dfrac{\sqrt{2}}{10}$

(4) $\sqrt{0.37} = \sqrt{\dfrac{37}{100}} = \dfrac{\sqrt{37}}{\sqrt{100}} = \dfrac{\sqrt{37}}{10}$

◀ 分母の有理化 ▶

教科書 P.57

問 6 次の数の分母を有理化しなさい。

(1) $\dfrac{1}{\sqrt{5}}$ (2) $\dfrac{\sqrt{2}}{\sqrt{7}}$ (3) $\dfrac{6}{5\sqrt{3}}$ (4) $\dfrac{12}{\sqrt{45}}$

| ガイド | $\dfrac{\sqrt{a}}{\sqrt{b}} = \dfrac{\sqrt{a} \times \sqrt{b}}{\sqrt{b} \times \sqrt{b}} = \dfrac{\sqrt{ab}}{b}, \quad \dfrac{\sqrt{a}}{b\sqrt{c}} = \dfrac{\sqrt{a} \times \sqrt{c}}{b\sqrt{c} \times \sqrt{c}} = \dfrac{\sqrt{ac}}{bc}$ を使います。 |

答え

(1) $\dfrac{1}{\sqrt{5}} = \dfrac{1 \times \sqrt{5}}{\sqrt{5} \times \sqrt{5}} = \dfrac{\sqrt{5}}{5}$　　　　(2) $\dfrac{\sqrt{2}}{\sqrt{7}} = \dfrac{\sqrt{2} \times \sqrt{7}}{\sqrt{7} \times \sqrt{7}} = \dfrac{\sqrt{14}}{7}$

(3) $\dfrac{6}{5\sqrt{3}} = \dfrac{6 \times \sqrt{3}}{5\sqrt{3} \times \sqrt{3}} = \dfrac{6 \times \sqrt{3}}{5 \times 3} = \dfrac{2\sqrt{3}}{5}$

(4) $\dfrac{12}{\sqrt{45}} = \dfrac{12}{\sqrt{3^2 \times 5}} = \dfrac{12}{3\sqrt{5}} = \dfrac{4}{\sqrt{5}} = \dfrac{4 \times \sqrt{5}}{\sqrt{5} \times \sqrt{5}} = \dfrac{4\sqrt{5}}{5}$

― 教科書 P.57 ―

問7　$\sqrt{3} = 1.732$ として，$\dfrac{6}{\sqrt{3}}$ の値を求めなさい。

| ガイド | 分母の有理化をしてから，$\sqrt{3}$ を 1.732 におきかえます。 |

答え　$\dfrac{6}{\sqrt{3}} = \dfrac{6 \times \sqrt{3}}{\sqrt{3} \times \sqrt{3}} = \dfrac{6\sqrt{3}}{3} = 2\sqrt{3} = 2 \times 1.732 = 3.464$

答　3.464

▋ 根号をふくむ式の乗法 ▶

― 教科書 P.58 ―

問8　拓真さんは，例6（教科書 P.58）の $3\sqrt{2} \times \sqrt{6}$ の計算を，右のように行いました。拓真さんの考え方を説明しなさい。

$$\begin{aligned} 3\sqrt{2} \times \sqrt{6} &= 3 \times \sqrt{2} \times \sqrt{6} \\ &= 3 \times \sqrt{2} \times \sqrt{2} \times \sqrt{3} \\ &= 3 \times 2 \times \sqrt{3} \\ &= 6\sqrt{3} \end{aligned}$$

| ガイド | 根号の中の数が，大きくならないようにくふうしています。 |

答え

$$\begin{aligned} 3\sqrt{2} \times \sqrt{6} &= 3 \times \sqrt{2} \times \sqrt{6} \\ &= 3 \times \sqrt{2} \times \sqrt{2} \times \sqrt{3} \quad \rangle \ \sqrt{6} = \sqrt{2} \times \sqrt{3} \text{ と分解する} \\ &= 3 \times 2 \times \sqrt{3} \qquad\quad \rangle \ \sqrt{2} \times \sqrt{2} \text{ を先に計算する} \\ &= 6\sqrt{3} \qquad\qquad\quad\ \rangle \ \text{整数どうしをかける} \end{aligned}$$

― 教科書 P.58 ―

問9　次の計算をしなさい。

(1) $5\sqrt{3} \times \sqrt{5}$　　　　　　(2) $4\sqrt{2} \times 6\sqrt{7}$

(3) $\sqrt{6} \times 4\sqrt{3}$　　　　　　(4) $2\sqrt{2} \times (-3\sqrt{10})$

| ガイド | 教科書 P.58 例6のように計算します。(3)，(4)は問8も参考にできます。 |

答え

(1) $\begin{aligned}[t] 5\sqrt{3} \times \sqrt{5} &= 5 \times \sqrt{3} \times \sqrt{5} \\ &= 5 \times \sqrt{15} \\ &= 5\sqrt{15} \end{aligned}$　　(2) $\begin{aligned}[t] 4\sqrt{2} \times 6\sqrt{7} &= 4 \times \sqrt{2} \times 6 \times \sqrt{7} \\ &= 4 \times 6 \times \sqrt{2} \times \sqrt{7} \\ &= 24\sqrt{14} \end{aligned}$

(3) $\sqrt{6} \times 4\sqrt{3} = \sqrt{6} \times 4 \times \sqrt{3}$
$\qquad\qquad\quad = 4 \times \sqrt{6} \times \sqrt{3}$
$\qquad\qquad\quad = 4 \times \sqrt{18}$
$\qquad\qquad\quad = 4 \times 3\sqrt{2}$
$\qquad\qquad\quad = 12\sqrt{2}$

(4) $2\sqrt{2} \times (-3\sqrt{10}) = 2 \times \sqrt{2} \times (-3) \times \sqrt{10}$
$\qquad\qquad\qquad\qquad = 2 \times (-3) \times \sqrt{2} \times \sqrt{10}$
$\qquad\qquad\qquad\qquad = -6 \times \sqrt{20}$
$\qquad\qquad\qquad\qquad = -6 \times 2\sqrt{5}$
$\qquad\qquad\qquad\qquad = -12\sqrt{5}$

別解

(3) $\sqrt{6} \times 4\sqrt{3} = \sqrt{2} \times \sqrt{3} \times 4 \times \sqrt{3}$
$\qquad\qquad\quad = 4 \times \sqrt{3} \times \sqrt{3} \times \sqrt{2}$
$\qquad\qquad\quad = 4 \times 3 \times \sqrt{2}$
$\qquad\qquad\quad = 12\sqrt{2}$

(4) $2\sqrt{2} \times (-3\sqrt{10}) = 2 \times \sqrt{2} \times (-3) \times \sqrt{10}$
$\qquad\qquad\qquad\qquad = 2 \times (-3) \times \sqrt{2} \times \sqrt{2} \times \sqrt{5}$
$\qquad\qquad\qquad\qquad = -6 \times 2 \times \sqrt{5}$
$\qquad\qquad\qquad\qquad = -12\sqrt{5}$

根号をふくむ式の除法

教科書 P.58

問10 次の計算をしなさい。

(1) $8\sqrt{14} \div \sqrt{7}$

(2) $(-12\sqrt{6}) \div 3\sqrt{2}$

(3) $2\sqrt{10} \div \sqrt{6}$

(4) $\dfrac{3\sqrt{2}}{8} \div \dfrac{\sqrt{5}}{4}$

ガイド 教科書 P.58 例7のように計算します。
(3) 分母を有理化するのを忘れないようにしましょう。

答え

(1) $8\sqrt{14} \div \sqrt{7} = \dfrac{8\sqrt{14}}{\sqrt{7}}$
$\qquad\qquad\qquad = 8 \times \sqrt{\dfrac{14}{7}}$
$\qquad\qquad\qquad = 8\sqrt{2}$

(2) $(-12\sqrt{6}) \div 3\sqrt{2} = -\dfrac{12\sqrt{6}}{3\sqrt{2}}$
$\qquad\qquad\qquad\qquad = -4 \times \sqrt{\dfrac{6}{2}}$
$\qquad\qquad\qquad\qquad = -4\sqrt{3}$

(3) $2\sqrt{10} \div \sqrt{6} = \dfrac{2\sqrt{10}}{\sqrt{6}}$
$\qquad\qquad\qquad = 2 \times \sqrt{\dfrac{10}{6}}$
$\qquad\qquad\qquad = 2\sqrt{\dfrac{5}{3}}$
$\qquad\qquad\qquad = \dfrac{2\sqrt{5}}{\sqrt{3}}$
$\qquad\qquad\qquad = \dfrac{2\sqrt{5} \times \sqrt{3}}{\sqrt{3} \times \sqrt{3}}$
$\qquad\qquad\qquad = \dfrac{2\sqrt{15}}{3}$

(4) $\dfrac{3\sqrt{2}}{8} \div \dfrac{\sqrt{5}}{4} = \dfrac{3\sqrt{2}}{8} \times \dfrac{4}{\sqrt{5}}$
$\qquad\qquad\qquad = \dfrac{3\sqrt{2}}{2\sqrt{5}}$
$\qquad\qquad\qquad = \dfrac{3\sqrt{2} \times \sqrt{5}}{2\sqrt{5} \times \sqrt{5}}$
$\qquad\qquad\qquad = \dfrac{3\sqrt{10}}{2 \times 5}$
$\qquad\qquad\qquad = \dfrac{3\sqrt{10}}{10}$

問11 美月さんは，$6\sqrt{15} \div 2\sqrt{3}$ を右のように計算しました。
この計算は正しいですか。誤りがあれば正しく直しなさい。

正しいかな？

$$6\sqrt{15} \div 2\sqrt{3}$$
$$=6\sqrt{15} \div 2 \times \sqrt{3}$$
$$=3\sqrt{15} \times \sqrt{3}$$
$$=9\sqrt{5}$$

ガイド　1行目は，$6\sqrt{15}$ を $2\sqrt{3}$ で割るという意味です。

答え　この計算は**誤りである**。正しい計算は次のようになる。

$$6\sqrt{15} \div 2\sqrt{3}$$
$$=\frac{6\sqrt{15}}{2\sqrt{3}}$$
$$= 3\sqrt{5}$$

2章 平方根

平方根の近似値

QUESTION
Q 次の数の近似値を4桁まで求めてみましょう。また，その結果を見て気づいたことをいいましょう。

$\sqrt{0.03}$ … ☐　　　　　　　$\sqrt{0.3}$ … ☐
$\sqrt{3}$ … ☐　　　　　　　$\sqrt{30}$ … ☐
$\sqrt{300}$ … ☐　　　　　　　$\sqrt{3000}$ … ☐

答え

$\sqrt{0.03}$ … $\boxed{0.1732}$　　　　$\sqrt{0.3}$ … $\boxed{0.5477}$
$\sqrt{3}$ … $\boxed{1.732}$　　　　　$\sqrt{30}$ … $\boxed{5.477}$
$\sqrt{300}$ … $\boxed{17.32}$　　　$\sqrt{3000}$ … $\boxed{54.77}$

(例) 根号の中の数が100倍，10000倍になると，平方根の値はそれぞれ10倍，100倍になる。

問12 $\sqrt{5} = 2.236$，$\sqrt{50} = 7.071$ として，次の数の近似値を求めなさい。

(1) $\sqrt{500}$　　　(2) $\sqrt{5000}$　　　(3) $\sqrt{0.5}$　　　(4) $\sqrt{0.05}$

ガイド　根号の中の数を，小数点の位置から2けたずつ区切って，$\sqrt{5}$，$\sqrt{50}$ のどちらを使ったらいいか考えます。

答え

(1) $\sqrt{500} = \sqrt{5} \times \sqrt{100}$
　　　$= \sqrt{5} \times 10$
　　　$= 2.236 \times 10$
　　　$= 22.36$

(2) $\sqrt{5000} = \sqrt{50} \times \sqrt{100}$
　　　$= \sqrt{50} \times 10$
　　　$= 7.071 \times 10$
　　　$= 70.71$

$$(3) \quad \sqrt{0.5} = \sqrt{50} \times \sqrt{\frac{1}{100}}$$

$$= \sqrt{50} \times \frac{1}{10}$$

$$= 7.071 \times \frac{1}{10}$$

$$= 0.7071$$

$$(4) \quad \sqrt{0.05} = \sqrt{5} \times \sqrt{\frac{1}{100}}$$

$$= \sqrt{5} \times \frac{1}{10}$$

$$= 2.236 \times \frac{1}{10}$$

$$= 0.2236$$

Tea Break

陸地と海を正方形に直すと

教科書 P.59

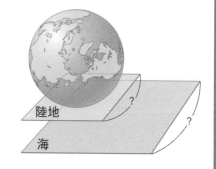

地球全体の陸地の面積は，約 147244000 km^2，海の面積は，約 362822000 km^2 で，2 つの面積の比は，およそ 1 : 2.46 です。

いま，陸地と海をそれぞれ 1 つの大きな正方形と考えると，1 辺はそれぞれ約何 km になるでしょうか。また，1 辺の長さの比も求めてみましょう。

陸地

海

答え

陸地の 1 辺は，$\sqrt{147244000} = 12134.4\cdots$ より，**約 12134 km**

海の 1 辺は，$\sqrt{362822000} = 19047.8\cdots$ より，**約 19048 km**

1 辺の長さの比は，$19048 \div 12134 = 1.569\cdots$ より，**およそ 1 : 1.57**

② 根号をふくむ式の加法・減法

教科書 P.60

QUESTION Q

$\sqrt{2}$ と $\sqrt{3}$ の和は，$\sqrt{5}$ になるといえるでしょうか。右（下）の図（図は ガイド 欄）のように，面積が 2 と 3 の正方形を並べて考えてみましょう。

ガイド

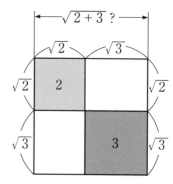

$\sqrt{2}\cdots$面積が 2 の正方形の 1 辺の長さ

$\sqrt{3}\cdots$面積が 3 の正方形の 1 辺の長さ

$\sqrt{5}\cdots$面積が 5 の正方形の 1 辺の長さ

$\sqrt{2}$ と $\sqrt{3}$ の和が $\sqrt{5}$ であれば，1 辺が $\sqrt{2} + \sqrt{3}$ の正方形の面積は 5 になります。ところが，図からわかるように 1 辺が $\sqrt{2} + \sqrt{3}$ の正方形の中に，1 辺が $\sqrt{2}$ の正方形と 1 辺が $\sqrt{3}$ の正方形以外の 2 つの長方形もふくまれています。

$\sqrt{2 + 3}$ ？

$\sqrt{2}$ 　 $\sqrt{3}$

$\sqrt{2}$ 　 2 　 $\sqrt{2}$

$\sqrt{3}$ 　 3 　 $\sqrt{3}$

答え

図で，1 辺が $\sqrt{2} + \sqrt{3}$ の正方形の面積は，5 よりも大きくなる。したがって，$\sqrt{2}$ と $\sqrt{3}$ の和は $\sqrt{5}$ にならない。

ポイント！

上で調べたように，$\sqrt{2} + \sqrt{3}$ は，根号の中の数を加えて $\sqrt{2 + 3}$ としてはいけないことがわかります。

問 1 　次の計算をしなさい。

(1) $5\sqrt{3} + 2\sqrt{3}$ 　　(2) $6\sqrt{5} - 9\sqrt{5} + 2\sqrt{5}$

(3) $\sqrt{2} + \sqrt{7} - 3\sqrt{2} + \sqrt{7}$ 　　(4) $-2\sqrt{3} + 7\sqrt{6} - 6\sqrt{6} + 4\sqrt{3}$

ガイド 　文字式の同類項をまとめる計算と同じように，根号の中が同じ数の和は，分配法則を使って簡単にすることができます。

$3\sqrt{2} + 4\sqrt{2} = 7\sqrt{2}$
$3a\ \ +4a\ \ =7a$

答え

(1) $5\sqrt{3} + 2\sqrt{3} = (5 + 2)\sqrt{3}$
$= 7\sqrt{3}$

(2) $6\sqrt{5} - 9\sqrt{5} + 2\sqrt{5} = (6 - 9 + 2)\sqrt{5}$
$= -\sqrt{5}$

(3) $\sqrt{2} + \sqrt{7} - 3\sqrt{2} + \sqrt{7}$
$= (1 - 3)\sqrt{2} + (1 + 1)\sqrt{7}$
$= -2\sqrt{2} + 2\sqrt{7}$

(4) $-2\sqrt{3} + 7\sqrt{6} - 6\sqrt{6} + 4\sqrt{3}$
$= (-2 + 4)\sqrt{3} + (7 - 6)\sqrt{6}$
$= 2\sqrt{3} + \sqrt{6}$

問 2 　次の計算をしなさい。

(1) $\sqrt{7} + \sqrt{28}$ 　　(2) $\sqrt{20} - \sqrt{45}$

(3) $\sqrt{27} - \sqrt{12} + 2\sqrt{3}$ 　　(4) $4\sqrt{6} - \sqrt{32} + \sqrt{2} - \sqrt{24}$

ガイド 　a, b が正の数のとき，$\sqrt{a^2 \times b} = a\sqrt{b}$ と変形できました。これを使って，根号の中の数をできるだけ小さくしてから計算します。

答え

(1) $\sqrt{7} + \sqrt{28} = \sqrt{7} + 2\sqrt{7}$
$= 3\sqrt{7}$

(2) $\sqrt{20} - \sqrt{45} = 2\sqrt{5} - 3\sqrt{5}$
$= -\sqrt{5}$

(3) $\sqrt{27} - \sqrt{12} + 2\sqrt{3}$
$= 3\sqrt{3} - 2\sqrt{3} + 2\sqrt{3}$
$= 3\sqrt{3}$

(4) $4\sqrt{6} - \sqrt{32} + \sqrt{2} - \sqrt{24}$
$= 4\sqrt{6} - 4\sqrt{2} + \sqrt{2} - 2\sqrt{6}$
$= 2\sqrt{6} - 3\sqrt{2}$

問 3 　次の計算をしなさい。

(1) $7\sqrt{2} + \dfrac{2}{\sqrt{2}}$ 　　(2) $\sqrt{27} - \dfrac{12}{\sqrt{3}}$

(3) $2\sqrt{5} - \dfrac{5}{\sqrt{5}} + \sqrt{45}$ 　　(4) $\dfrac{4\sqrt{6}}{3} - \sqrt{\dfrac{2}{3}}$

ガイド 　分母を有理化してから計算しましょう。

(1) $\dfrac{2}{\sqrt{2}}$ ……… 分子，分母に$\sqrt{2}$ をかけます。

(2) $\dfrac{12}{\sqrt{3}}$ ……… 分子，分母に$\sqrt{3}$ をかけます。

(3) $\dfrac{5}{\sqrt{5}}$ ……… 分子，分母に$\sqrt{5}$ をかけます。

(4) $\sqrt{\dfrac{2}{3}} = \dfrac{\sqrt{2}}{\sqrt{3}}$ ……… 分子，分母に$\sqrt{3}$ をかけます。

根号の中の数をできるだけ小さくすることを忘れないようにしましょう。

2 章　平方根

(1) $7\sqrt{2} + \dfrac{2}{\sqrt{2}} = 7\sqrt{2} + \dfrac{2 \times \sqrt{2}}{\sqrt{2} \times \sqrt{2}}$

$\qquad\qquad = 7\sqrt{2} + \dfrac{2\sqrt{2}}{2}$

$\qquad\qquad = 7\sqrt{2} + \sqrt{2}$

$\qquad\qquad = 8\sqrt{2}$

(2) $\sqrt{27} - \dfrac{12}{\sqrt{3}} = 3\sqrt{3} - \dfrac{12 \times \sqrt{3}}{\sqrt{3} \times \sqrt{3}}$

$\qquad\qquad = 3\sqrt{3} - \dfrac{12\sqrt{3}}{3}$

$\qquad\qquad = 3\sqrt{3} - 4\sqrt{3}$

$\qquad\qquad = -\sqrt{3}$

(3) $2\sqrt{5} - \dfrac{5}{\sqrt{5}} + \sqrt{45}$

$\quad = 2\sqrt{5} - \dfrac{5 \times \sqrt{5}}{\sqrt{5} \times \sqrt{5}} + 3\sqrt{5}$

$\quad = 2\sqrt{5} - \dfrac{5\sqrt{5}}{5} + 3\sqrt{5}$

$\quad = 2\sqrt{5} - \sqrt{5} + 3\sqrt{5}$

$\quad = 4\sqrt{5}$

(4) $\dfrac{4\sqrt{6}}{3} - \sqrt{\dfrac{2}{3}}$

$\quad = \dfrac{4\sqrt{6}}{3} - \dfrac{\sqrt{2} \times \sqrt{3}}{\sqrt{3} \times \sqrt{3}}$

$\quad = \dfrac{4\sqrt{6}}{3} - \dfrac{\sqrt{6}}{3}$

$\quad = \dfrac{3\sqrt{6}}{3}$

$\quad = \sqrt{6}$

いろいろな計算

教科書 P.62

問 4 ▷ 次の計算をしなさい。

(1) $\sqrt{2}(\sqrt{7} - \sqrt{3})$ 　　　　**(2)** $\sqrt{5}(3 + 2\sqrt{5})$

(3) $(\sqrt{12} - \sqrt{3}) \times \sqrt{3}$ 　　　　**(4)** $(\sqrt{18} + \sqrt{8}) \div \sqrt{2}$

分配法則を使って，かっこをはずします。
(4)は逆数をかける乗法に直して，計算します。

(1) $\sqrt{2}(\sqrt{7} - \sqrt{3})$

$= \sqrt{2} \times \sqrt{7} - \sqrt{2} \times \sqrt{3}$

$= \sqrt{14} - \sqrt{6}$

(2) $\sqrt{5}(3 + 2\sqrt{5})$

$= \sqrt{5} \times 3 + \sqrt{5} \times 2\sqrt{5}$

$= 3\sqrt{5} + 10$

(3) $(\sqrt{12} - \sqrt{3}) \times \sqrt{3}$

$= \sqrt{12} \times \sqrt{3} - \sqrt{3} \times \sqrt{3}$

$= \sqrt{36} - 3$

$= 6 - 3$

$= 3$

(4) $(\sqrt{18} + \sqrt{8}) \div \sqrt{2}$

$\quad = (\sqrt{18} + \sqrt{8}) \times \dfrac{1}{\sqrt{2}}$

$\quad = \dfrac{\sqrt{18}}{\sqrt{2}} + \dfrac{\sqrt{8}}{\sqrt{2}}$

$\quad = \sqrt{9} + \sqrt{4}$

$\quad = 3 + 2$

$\quad = 5$

(3) $(\sqrt{12} - \sqrt{3}) \times \sqrt{3}$

$= (2\sqrt{3} - \sqrt{3}) \times \sqrt{3}$

$= \sqrt{3} \times \sqrt{3}$

$= 3$

(4) $(\sqrt{18} + \sqrt{8}) \div \sqrt{2}$

$\quad = (3\sqrt{2} + 2\sqrt{2}) \div \sqrt{2}$

$\quad = 5\sqrt{2} \div \sqrt{2}$

$\quad = \dfrac{5\sqrt{2}}{\sqrt{2}}$

$\quad = 5$

問5 次の計算をしなさい。

(1) $(\sqrt{7}+2)(\sqrt{7}+4)$　　　(2) $(\sqrt{3}+1)^2$

(3) $(\sqrt{5}-\sqrt{2})^2$　　　(4) $(2+\sqrt{3})(2-\sqrt{3})$

(5) $(2\sqrt{3}-5)(2\sqrt{3}+4)$

ガイド 乗法公式を使って計算しましょう。

(1), (5) $(x+a)(x+b)=x^2+(a+b)x+ab$

(2) $(x+a)^2=x^2+2ax+a^2$

(3) $(x-a)^2=x^2-2ax+a^2$

(4) $(x+a)(x-a)=x^2-a^2$

答え

(1) $(\sqrt{7}+2)(\sqrt{7}+4)$
$=(\sqrt{7})^2+(2+4)\sqrt{7}+2\times4$
$=7+6\sqrt{7}+8$
$=15+6\sqrt{7}$

(2) $(\sqrt{3}+1)^2$
$=(\sqrt{3})^2+2\times1\times\sqrt{3}+1^2$
$=3+2\sqrt{3}+1$
$=4+2\sqrt{3}$

(3) $(\sqrt{5}-\sqrt{2})^2=(\sqrt{5})^2-2\times\sqrt{2}\times\sqrt{5}+(\sqrt{2})^2$
$=5-2\sqrt{10}+2$
$=7-2\sqrt{10}$

(4) $(2+\sqrt{3})(2-\sqrt{3})=2^2-(\sqrt{3})^2$
$=4-3$
$=1$

(5) $(2\sqrt{3}-5)(2\sqrt{3}+4)=(2\sqrt{3})^2+(-5+4)\times2\sqrt{3}+(-5)\times4$
$=12-2\sqrt{3}-20$
$=-8-2\sqrt{3}$

問6 計算の順序に注意して，次の計算をしなさい。

(1) $\sqrt{54}-\sqrt{30}\div\sqrt{5}$　　　(2) $5\sqrt{7}+\sqrt{7}(\sqrt{14}-1)$

ガイド

(1) 除法から計算します。

(2) まず，分配法則を使って，かっこをはずします。
$\sqrt{7}\times\sqrt{14}$ は，そのままかけて$\sqrt{7}\times\sqrt{14}=\sqrt{7\times14}=\sqrt{98}$ とするより，
$\sqrt{14}=\sqrt{7}\times\sqrt{2}$ と直した方が，計算が簡単になります。

答え

(1) $\sqrt{54}-\sqrt{30}\div\sqrt{5}$
$=3\sqrt{6}-\sqrt{\dfrac{30}{5}}$
$=3\sqrt{6}-\sqrt{6}$
$=2\sqrt{6}$

(2) $5\sqrt{7}+\sqrt{7}(\sqrt{14}-1)$
$=5\sqrt{7}+\sqrt{7}\times\sqrt{14}-\sqrt{7}\times1$
$=5\sqrt{7}+\sqrt{7}\times\sqrt{7}\times\sqrt{2}-\sqrt{7}$
$=5\sqrt{7}+7\sqrt{2}-\sqrt{7}$
$=4\sqrt{7}+7\sqrt{2}$

問 7 ▷ $x = \sqrt{5} + \sqrt{3}$, $y = \sqrt{5} - \sqrt{3}$ のとき，次の式の値を求めなさい。

(1) xy　　　　(2) $x^2 - y^2$　　　　(3) $x^2 + 2xy + y^2$

ガイド

(2)，(3) 問題の式を因数分解してから代入すると，計算が簡単になります。

答え

(1) $xy = (\sqrt{5} + \sqrt{3})(\sqrt{5} - \sqrt{3}) = (\sqrt{5})^2 - (\sqrt{3})^2 = 5 - 3 = \mathbf{2}$

(2) $x^2 - y^2 = (x + y)(x - y)$
$= \{(\sqrt{5} + \sqrt{3}) + (\sqrt{5} - \sqrt{3})\}\{(\sqrt{5} + \sqrt{3}) - (\sqrt{5} - \sqrt{3})\}$
$= 2\sqrt{5} \times 2\sqrt{3} = \mathbf{4\sqrt{15}}$

(3) $x^2 + 2xy + y^2 = (x + y)^2 = \{(\sqrt{5} + \sqrt{3}) + (\sqrt{5} - \sqrt{3})\}^2$
$= (2\sqrt{5})^2 = \mathbf{20}$

Tea Break

乗法公式を使った分母の有理化　発展 高等学校 教科書 P.63

　問7(1)のように，$\sqrt{5} + \sqrt{3}$ に $\sqrt{5} - \sqrt{3}$ をかけると，根号をふくまない数になります。この考え方を使うと，次のような数の分母を有理化することができます。

$$\frac{1}{\sqrt{5} + \sqrt{3}} = \frac{1 \times (\sqrt{5} - \sqrt{3})}{(\sqrt{5} + \sqrt{3}) \times (\sqrt{5} - \sqrt{3})}$$
$$= \frac{\sqrt{5} - \sqrt{3}}{(\sqrt{5})^2 - (\sqrt{3})^2}$$
$$= \frac{\sqrt{5} - \sqrt{3}}{5 - 3}$$
$$= \frac{\sqrt{5} - \sqrt{3}}{2}$$

 次の数の分母を有理化してみましょう。

(1) $\dfrac{1}{\sqrt{3} - \sqrt{2}}$　　(2) $\dfrac{2}{\sqrt{7} + 1}$

ガイド

乗法公式の和と差の積の公式を活用すると，分母を有理化することができます。
$(\sqrt{a})^2 = a$ のように，根号をふくむ数を2乗すると，根号をふくまない数になります。
a, b が正の数のとき，
$$(\sqrt{a} + \sqrt{b})(\sqrt{a} - \sqrt{b}) = (\sqrt{a})^2 - (\sqrt{b})^2 = a - b$$
となり，$\sqrt{a}$ と $\sqrt{b}$ の和と差の積は，根号をふくまない数になります。
(1) 分子と分母に $\sqrt{3} + \sqrt{2}$ をかけます。
(2) 分子と分母に $\sqrt{7} - 1$ をかけます。

答え

(1)
$$\frac{1}{\sqrt{3} - \sqrt{2}}$$

$$= \frac{1 \times (\sqrt{3} + \sqrt{2})}{(\sqrt{3} - \sqrt{2}) \times (\sqrt{3} + \sqrt{2})}$$

$$= \frac{\sqrt{3} + \sqrt{2}}{(\sqrt{3})^2 - (\sqrt{2})^2}$$

$$= \frac{\sqrt{3} + \sqrt{2}}{3 - 2}$$

$$= \sqrt{3} + \sqrt{2}$$

(2)
$$\frac{2}{\sqrt{7} + 1}$$

$$= \frac{2 \times (\sqrt{7} - 1)}{(\sqrt{7} + 1) \times (\sqrt{7} - 1)}$$

$$= \frac{2 \times (\sqrt{7} - 1)}{(\sqrt{7})^2 - 1^2}$$

$$= \frac{2 \times (\sqrt{7} - 1)}{7 - 1}$$

$$= \frac{2 \times (\sqrt{7} - 1)}{6}$$

$$= \frac{\sqrt{7} - 1}{3}$$

❸ 平方根の利用

教科書 P.64

Q 1辺1cmの正方形の対角線の長さは何cmでしょうか。また，1辺2cmの正方形の対角線の長さは何cmでしょうか。

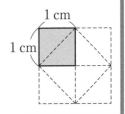

 答え

1辺1cmの正方形の対角線を1辺とする正方形の面積は，図より1辺2cmの正方形の半分になるから，$2^2 \div 2 = 2(\text{cm}^2)$

したがって，1辺1cmの正方形の対角線の長さは，$\sqrt{2}$ cm である。

同様に考えて，1辺2cmの正方形の対角線を1辺とする正方形の面積は，1辺4cmの正方形の半分になるから，$4^2 \div 2 = 8(\text{cm}^2)$

したがって，1辺2cmの正方形の対角線の長さは，$\sqrt{8} = 2\sqrt{2}$ cm である。

教科書 P.64

① この教科書の縦，横の長さを測り，縦の長さは横の長さの何倍になっているか調べましょう。また，その結果からどんなことが予想できるでしょうか。

答え

長さを測ると，縦 25.7 cm，横 18.2 cm から，$25.7 \div 18.2 = 1.412\cdots$

よって，縦の長さは横の長さのおよそ **1.41 倍**。　　$\sqrt{2} = 1.414\cdots$ であるから，

予想…この教科書の横と縦の比は $1 : \sqrt{2}$ である。

この教科書は B5 判という規格の紙を使っています。美月さんは，で調べたことを，次のように B5 判の紙を折って確かめました。実際に紙を折り，この折り方で確かめられる理由を説明してみましょう。

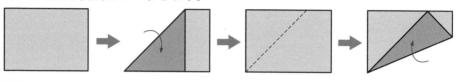

答え B5 判の紙を，短い方の辺が縦になるようにおいて，図のように折ると，折り目の線は縦の長さを 1 辺とする正方形の対角線になる。
正方形の 1 辺と対角線の長さの比は，$1 : \sqrt{2}$ であり，図の右端のように折ったとき，紙の横の辺と正方形の対角線がぴったり重なるので，横の長さは縦の長さの $\sqrt{2}$ 倍である。したがって，B5 判であるこの教科書の縦と横の比は $1 : \sqrt{2}$ であることが確かめられる。

 私たちがふだん使っている紙には，B5 判以外に B4 判，A4 判，A3 判などがあります。これらの 2 辺の長さの比についても調べてみましょう。

答え B4 判…25.7 cm，36.4 cm　　A4 判…21 cm，29.7 cm　　A3 判…29.7 cm，42 cm
2 辺の長さの比は，小数第二位まで求めると，
B4 判…1 : 1.41，A4 判…1 : 1.41，A3 判…1 : 1.41　　　**$1 : \sqrt{2}$ と考えられる。**

問 1 右の図のように，1 辺 10 cm の正方形の折り紙を，たがいに 1 つの頂点が対角線の交点に重なるように，4 枚つないでかざりをつくります。このとき，かざり全体の長さを求めなさい。

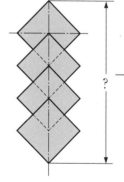

ガイド 正方形の 1 辺と対角線の長さの比は，
$1 : \sqrt{2}$ になるから，1 辺 10 cm の正方形の
対角線の長さは $10\sqrt{2}$ cm です。
かざりの長さが正方形の対角線のいくつ分に
なるのか調べましょう。

答え かざりの長さは，図より正方形の対角線の 2 倍と対角線の半分の和になるから，
$10\sqrt{2} \times 2 + 10\sqrt{2} \times \dfrac{1}{2} = 20\sqrt{2} + 5\sqrt{2} = 25\sqrt{2}$　　　**答　$25\sqrt{2}$ cm**

問 2 1 辺 3 cm の正方形と 1 辺 7 cm の正方形があります。この 2 つの正方形の面積の和に等しい面積の正方形をつくるには，1 辺を何 cm にすればよいですか。四捨五入して mm の単位まで求めなさい。

答え	2つの正方形の面積の和は，$3^2 + 7^2 = 58 (\text{cm}^2)$

したがって，1辺の長さは，$\sqrt{58} = 7.61\cdots (\text{cm})$ $\qquad$ **答 7 cm 6 mm**

② 根号をふくむ式の計算

確かめよう

教科書 P.66

1 次の数を$\sqrt{a}$ の形に直しなさい。

(1) $2\sqrt{5}$ $\qquad$ (2) $3\sqrt{6}$ $\qquad$ (3) $5\sqrt{3}$

ガイド	a, b が正の数のとき，$a\sqrt{b} = \sqrt{a^2 \times b}$ を使います。
答え	(1) $2\sqrt{5} = \sqrt{2^2 \times \sqrt{5}}$ $\quad$ (2) $3\sqrt{6} = \sqrt{3^2 \times \sqrt{6}}$ $\quad$ (3) $5\sqrt{3} = \sqrt{5^2 \times \sqrt{3}}$

$$\quad\quad = \sqrt{20} \quad\quad\quad\quad\quad = \sqrt{54} \quad\quad\quad\quad\quad = \sqrt{75}$$

2 次の数を，根号の中をできるだけ小さい自然数に直しなさい。

(1) $\sqrt{12}$ $\qquad$ (2) $\sqrt{72}$ $\qquad$ (3) $2\sqrt{50}$

ガイド	根号の中の数を，素因数分解します。
答え	

$$\begin{array}{r} 2)\,72 \\ 2)\,36 \\ 2)\,18 \\ 3)\,9 \\ \hline 3 \end{array}$$

(1) $\sqrt{12} = \sqrt{2^2 \times 3} = \sqrt{2^2} \times \sqrt{3} = 2\sqrt{3}$

(2) $\sqrt{72} = \sqrt{2^2 \times 2 \times 3^2} = \sqrt{2^2} \times \sqrt{2} \times \sqrt{3^2} = 2 \times \sqrt{2} \times 3 = 6\sqrt{2}$

(3) $2\sqrt{50} = 2\sqrt{2 \times 5^2} = 2 \times \sqrt{2} \times \sqrt{5^2} = 2 \times \sqrt{2} \times 5 = 10\sqrt{2}$

3 次の数の分母を有理化しなさい。

(1) $\dfrac{2}{\sqrt{5}}$ $\qquad$ (2) $\dfrac{\sqrt{3}}{2\sqrt{2}}$ $\qquad$ (3) $\dfrac{3}{\sqrt{6}}$

答え	(1) $\dfrac{2}{\sqrt{5}} = \dfrac{2 \times \sqrt{5}}{\sqrt{5} \times \sqrt{5}} = \dfrac{2\sqrt{5}}{5}$ $\qquad$ (2) $\dfrac{\sqrt{3}}{2\sqrt{2}} = \dfrac{\sqrt{3} \times \sqrt{2}}{2\sqrt{2} \times \sqrt{2}} = \dfrac{\sqrt{6}}{2 \times 2} = \dfrac{\sqrt{6}}{4}$
	(3) $\dfrac{3}{\sqrt{6}} = \dfrac{3 \times \sqrt{6}}{\sqrt{6} \times \sqrt{6}} = \dfrac{3\sqrt{6}}{6} = \dfrac{\sqrt{6}}{2}$

4 次の計算をしなさい。

(1) $\sqrt{3} \times \sqrt{12}$ $\qquad\qquad$ (2) $3\sqrt{2} \times (-4\sqrt{5})$

(3) $\sqrt{42} \div \sqrt{7}$ $\qquad\qquad$ (4) $6\sqrt{18} \div \sqrt{6}$

答え	(1) $\sqrt{3} \times \sqrt{12} = \sqrt{3 \times 12}$ $\qquad$ (2) $3\sqrt{2} \times (-4\sqrt{5}) = 3 \times \sqrt{2} \times (-4) \times \sqrt{5}$

$$\quad\quad\quad\quad\quad\quad = \sqrt{36} \quad\quad\quad\quad\quad\quad\quad\quad\quad\quad = 3 \times (-4) \times \sqrt{2} \times \sqrt{5}$$
$$\quad\quad\quad\quad\quad\quad = 6 \quad\quad\quad\quad\quad\quad\quad\quad\quad\quad\quad = -12\sqrt{10}$$

$$(3)\;\; \sqrt{42} \div \sqrt{7} = \sqrt{\dfrac{42}{7}} \quad\quad\quad (4)\;\; 6\sqrt{18} \div \sqrt{6} = \dfrac{6\sqrt{18}}{\sqrt{6}} = 6 \times \sqrt{\dfrac{18}{6}}$$
$$\quad\quad\quad\quad\quad = \sqrt{6} \quad\quad\quad\quad\quad\quad\quad\quad\quad\quad = 6\sqrt{3}$$

2 章 平方根

教科書 P.65 ~ 66

65

5 $\sqrt{6} = 2.449$, $\sqrt{60} = 7.746$ として，次の数の近似値を求めなさい。

(1) $\sqrt{600}$ (2) $\sqrt{0.6}$ (3) $\sqrt{24}$

答え

(1) $\sqrt{600} = \sqrt{6} \times \sqrt{100}$
$= \sqrt{6} \times 10$
$= 2.449 \times 10$
$= \mathbf{24.49}$

(2) $\sqrt{0.6} = \sqrt{60} \times \sqrt{\dfrac{1}{100}}$
$= \sqrt{60} \times \dfrac{1}{10}$
$= 7.746 \times \dfrac{1}{10}$
$= \mathbf{0.7746}$

(3) $\sqrt{24} = 2\sqrt{6}$
$= 2 \times \sqrt{6}$
$= 2 \times 2.449$
$= \mathbf{4.898}$

---

6 次の計算をしなさい。

(1) $3\sqrt{2} + 5\sqrt{2}$ (2) $2\sqrt{5} - 4\sqrt{3} + 7\sqrt{5} + 3\sqrt{3}$
(3) $\sqrt{50} - \sqrt{8}$ (4) $\sqrt{12} + \sqrt{3} - 3\sqrt{3}$

答え

(1) $3\sqrt{2} + 5\sqrt{2} = (3 + 5)\sqrt{2}$
$= \mathbf{8\sqrt{2}}$

(2) $2\sqrt{5} - 4\sqrt{3} + 7\sqrt{5} + 3\sqrt{3}$
$= (2 + 7)\sqrt{5} + \{(-4) + 3\}\sqrt{3}$
$= \mathbf{9\sqrt{5} - \sqrt{3}}$

(3) $\sqrt{50} - \sqrt{8} = 5\sqrt{2} - 2\sqrt{2}$
$= (5 - 2)\sqrt{2}$
$= \mathbf{3\sqrt{2}}$

(4) $\sqrt{12} + \sqrt{3} - 3\sqrt{3}$
$= 2\sqrt{3} + \sqrt{3} - 3\sqrt{3}$
$= (2 + 1 - 3)\sqrt{3}$
$= \mathbf{0}$

---

7 次の計算をしなさい。

(1) $\sqrt{2}(\sqrt{32} - \sqrt{2})$ (2) $(4 - \sqrt{7})(4 + \sqrt{7})$

答え

(1) $\sqrt{2}(\sqrt{32} - \sqrt{2}) = \sqrt{64} - \sqrt{4}$
$= 8 - 2$
$= \mathbf{6}$

(2) $(4 - \sqrt{7})(4 + \sqrt{7}) = 4^2 - (\sqrt{7})^2$
$= 16 - 7$
$= \mathbf{9}$

別解

(1) $\sqrt{2}(\sqrt{32} - \sqrt{2}) = \sqrt{2}(4\sqrt{2} - \sqrt{2})$
$= \sqrt{2} \times 3\sqrt{2}$
$= 3 \times \sqrt{2} \times \sqrt{2}$
$= \mathbf{6}$

> $\sqrt{32}$ の根号の中の数をできるだけ小さくして，先にかっこの中を計算する。

◆根号をふくむ式の計算　計算力を高めよう **3**

no.1 乗法・除法

(1) $\sqrt{2} \times \sqrt{13}$　　(2) $\sqrt{42} \div \sqrt{7}$　　(3) $\sqrt{24} \times \sqrt{6}$　　(4) $\sqrt{50} \div \sqrt{2}$

(5) $2\sqrt{5} \times 4\sqrt{2}$　　(6) $4\sqrt{3} \times (-\sqrt{15})$　(7) $3\sqrt{5} \times \sqrt{\dfrac{5}{2}}$　　(8) $9\sqrt{6} \div 3\sqrt{2}$

(9) $8\sqrt{15} \div 2\sqrt{10}$　(10) $\dfrac{\sqrt{21}}{3} \div \dfrac{\sqrt{7}}{6}$

答え

(1) $\sqrt{2} \times \sqrt{13} = \sqrt{26}$　　　　　(2) $\sqrt{42} \div \sqrt{7} = \sqrt{6}$

(3) $\sqrt{24} \times \sqrt{6} = 2\sqrt{6} \times \sqrt{6} = 12$　(4) $\sqrt{50} \div \sqrt{2} = \sqrt{25} = 5$

(5) $2\sqrt{5} \times 4\sqrt{2} = 8\sqrt{10}$

(6) $4\sqrt{3} \times (-\sqrt{15}) = 4 \times \sqrt{3} \times (-\sqrt{3}) \times \sqrt{5} = -12\sqrt{5}$

(7) $3\sqrt{5} \times \sqrt{\dfrac{5}{2}} = \dfrac{3\sqrt{5} \times \sqrt{5}}{\sqrt{2}} = \dfrac{15}{\sqrt{2}} = \dfrac{15 \times \sqrt{2}}{\sqrt{2} \times \sqrt{2}} = \dfrac{15\sqrt{2}}{2}$

(8) $9\sqrt{6} \div 3\sqrt{2} = \dfrac{9\sqrt{6}}{3\sqrt{2}} = 3\sqrt{3}$

(9) $8\sqrt{15} \div 2\sqrt{10} = \dfrac{8\sqrt{15}}{2\sqrt{10}} = 4\sqrt{\dfrac{15}{10}} = \dfrac{4\sqrt{3}}{\sqrt{2}} = \dfrac{4\sqrt{3} \times \sqrt{2}}{\sqrt{2} \times \sqrt{2}} = \dfrac{4\sqrt{6}}{2} = 2\sqrt{6}$

(10) $\dfrac{\sqrt{21}}{3} \div \dfrac{\sqrt{7}}{6} = \dfrac{\sqrt{21}}{3} \times \dfrac{6}{\sqrt{7}} = \dfrac{6\sqrt{21}}{3\sqrt{7}} = 2\sqrt{3}$

no.2 加法・減法

(1) $3\sqrt{5} + 4\sqrt{5}$　　　　(2) $\sqrt{7} - 6\sqrt{7}$　　　　(3) $-2\sqrt{2} + 9\sqrt{2} - 3\sqrt{2}$

(4) $5\sqrt{2} + 4\sqrt{6} - 8\sqrt{2} + \sqrt{6}$　　(5) $\sqrt{63} + \sqrt{7}$　　(6) $\sqrt{50} - \sqrt{18}$

(7) $\sqrt{18} - 7\sqrt{2} + \sqrt{32}$　　(8) $\sqrt{45} + 4\sqrt{5} - \sqrt{20}$　　(9) $\dfrac{6}{\sqrt{2}} + \sqrt{8}$

(10) $\sqrt{24} - \dfrac{18}{\sqrt{6}}$　　　　(11) $\dfrac{9\sqrt{15}}{5} + \sqrt{\dfrac{3}{5}}$　　(12) $\sqrt{32} - \dfrac{4}{\sqrt{2}} + \sqrt{50}$

答え

(1) $3\sqrt{5} + 4\sqrt{5} = 7\sqrt{5}$　　　　(2) $\sqrt{7} - 6\sqrt{7} = -5\sqrt{7}$

(3) $-2\sqrt{2} + 9\sqrt{2} - 3\sqrt{2}$　　　(4) $5\sqrt{2} + 4\sqrt{6} - 8\sqrt{2} + \sqrt{6}$
$\quad = 4\sqrt{2}$　　　　　　　　　　　　$\quad = -3\sqrt{2} + 5\sqrt{6}$

(5) $\sqrt{63} + \sqrt{7} = 3\sqrt{7} + \sqrt{7}$　　(6) $\sqrt{50} - \sqrt{18} = 5\sqrt{2} - 3\sqrt{2}$
$\quad\quad\quad\quad = 4\sqrt{7}$　　　　　　　　　　　$\quad\quad\quad\quad = 2\sqrt{2}$

(7) $\sqrt{18} - 7\sqrt{2} + \sqrt{32}$　　　　(8) $\sqrt{45} + 4\sqrt{5} - \sqrt{20}$
$\quad = 3\sqrt{2} - 7\sqrt{2} + 4\sqrt{2} = 0$　　　$\quad = 3\sqrt{5} + 4\sqrt{5} - 2\sqrt{5} = 5\sqrt{5}$

(9) $\dfrac{6}{\sqrt{2}} + \sqrt{8} = \dfrac{6\sqrt{2}}{2} + 2\sqrt{2}$　　(10) $\sqrt{24} - \dfrac{18}{\sqrt{6}} = 2\sqrt{6} - \dfrac{18\sqrt{6}}{6}$
$\quad = 3\sqrt{2} + 2\sqrt{2} = 5\sqrt{2}$　　　　$\quad = 2\sqrt{6} - 3\sqrt{6} = -\sqrt{6}$

(11) $\dfrac{9\sqrt{15}}{5} + \sqrt{\dfrac{3}{5}} = \dfrac{9\sqrt{15}}{5} + \dfrac{\sqrt{15}}{5}$　　(12) $\sqrt{32} - \dfrac{4}{\sqrt{2}} + \sqrt{50}$
$\quad = \dfrac{10\sqrt{15}}{5} = 2\sqrt{15}$　　　　　　$\quad = 4\sqrt{2} - \dfrac{4\sqrt{2}}{2} + 5\sqrt{2} = 7\sqrt{2}$

(1) $\sqrt{24} + \sqrt{2} \times \sqrt{3}$ 　(2) $\sqrt{8} \times \sqrt{6} - \sqrt{18} \div \sqrt{6}$ 　(3) $\sqrt{2}(5\sqrt{3} - \sqrt{2})$

(4) $(\sqrt{72} - \sqrt{56}) \div \sqrt{8}$ 　(5) $(\sqrt{7} + 2)(\sqrt{7} + 5)$ 　(6) $(8 - \sqrt{3})(7 + \sqrt{3})$

(7) $(\sqrt{5} - 1)(\sqrt{5} - 6)$ 　(8) $(\sqrt{10} + 9)(\sqrt{10} - 9)$ 　(9) $(\sqrt{19} - \sqrt{13})(\sqrt{19} + \sqrt{13})$

(10) $(\sqrt{5} - \sqrt{2})(\sqrt{2} + \sqrt{5})$ 　(11) $(\sqrt{7} + 3)^2$ 　(12) $(\sqrt{6} - \sqrt{2})^2$

(13) $(2\sqrt{3} - 1)(2\sqrt{3} + 4)$ 　(14) $(3\sqrt{2} - 5)^2$ 　(15) $(2\sqrt{6} + \sqrt{2})(2\sqrt{6} - \sqrt{2})$

(16) $\left(\dfrac{4}{\sqrt{3}} + \sqrt{3}\right)\left(\dfrac{4}{\sqrt{3}} - \sqrt{3}\right)$ 　(17) $(\sqrt{2} + 3)(\sqrt{2} - 1) + 1$ 　(18) $\sqrt{3}(\sqrt{6} - \sqrt{3}) - \dfrac{8}{\sqrt{2}}$

(19) $(\sqrt{5} - 1)^2 + \dfrac{10}{\sqrt{5}}$

答え

(1) $\sqrt{24} + \sqrt{2} \times \sqrt{3} = 2\sqrt{6} + \sqrt{6} = 3\sqrt{6}$

(2) $\sqrt{8} \times \sqrt{6} - \sqrt{18} \div \sqrt{6} = \sqrt{48} - \sqrt{3} = 4\sqrt{3} - \sqrt{3} = 3\sqrt{3}$

(3) $\sqrt{2}(5\sqrt{3} - \sqrt{2}) = \sqrt{2} \times 5\sqrt{3} - \sqrt{2} \times \sqrt{2} = 5\sqrt{6} - 2$

(4) $(\sqrt{72} - \sqrt{56}) \div \sqrt{8} = \sqrt{9} - \sqrt{7} = 3 - \sqrt{7}$

(5) $(\sqrt{7} + 2)(\sqrt{7} + 5) = 7 + 7\sqrt{7} + 10 = 17 + 7\sqrt{7}$

(6) $(8 - \sqrt{3})(7 + \sqrt{3}) = 56 + 8\sqrt{3} - 7\sqrt{3} - 3 = 53 + \sqrt{3}$

(7) $(\sqrt{5} - 1)(\sqrt{5} - 6) = 5 - 7\sqrt{5} + 6 = 11 - 7\sqrt{5}$

(8) $(\sqrt{10} + 9)(\sqrt{10} - 9) = 10 - 81 = -71$

(9) $(\sqrt{19} - \sqrt{13})(\sqrt{19} + \sqrt{13}) = 19 - 13 = 6$

(10) $(\sqrt{5} - \sqrt{2})(\sqrt{2} + \sqrt{5}) = (\sqrt{5} - \sqrt{2})(\sqrt{5} + \sqrt{2}) = 5 - 2 = 3$

(11) $(\sqrt{7} + 3)^2 = 7 + 6\sqrt{7} + 9 = 16 + 6\sqrt{7}$

(12) $(\sqrt{6} - \sqrt{2})^2 = 6 - 2\sqrt{12} + 2$
$= 6 - 4\sqrt{3} + 2 = 8 - 4\sqrt{3}$

(13) $(2\sqrt{3} - 1)(2\sqrt{3} + 4) = 12 + 6\sqrt{3} - 4 = 8 + 6\sqrt{3}$

(14) $(3\sqrt{2} - 5)^2 = 18 - 30\sqrt{2} + 25 = 43 - 30\sqrt{2}$

(15) $(2\sqrt{6} + \sqrt{2})(2\sqrt{6} - \sqrt{2}) = 24 - 2 = 22$

(16) $\left(\dfrac{4}{\sqrt{3}} + \sqrt{3}\right)\left(\dfrac{4}{\sqrt{3}} - \sqrt{3}\right) = \left(\dfrac{4}{\sqrt{3}}\right)^2 - (\sqrt{3})^2 = \dfrac{16}{3} - 3 = \dfrac{7}{3}$

(17) $(\sqrt{2} + 3)(\sqrt{2} - 1) + 1 = 2 + 2\sqrt{2} - 3 + 1 = 2\sqrt{2}$

(18) $\sqrt{3}(\sqrt{6} - \sqrt{3}) - \dfrac{8}{\sqrt{2}} = 3\sqrt{2} - 3 - 4\sqrt{2} = -3 - \sqrt{2}$

(19) $(\sqrt{5} - 1)^2 + \dfrac{10}{\sqrt{5}} = 5 - 2\sqrt{5} + 1 + 2\sqrt{5} = 6$

2章のまとめの問題

教科書 P.69 ~ 71

基本

1 次の数の平方根を求めなさい。

(1) 25 　　(2) 19 　　(3) 0 　　(4) 0.16

| ガ イ ド | 根号を使わずに表せるものは整数や小数で表しましょう。 |

答え | (1) ± 5　　　　(2) ± $\sqrt{19}$　　　　(3) 0　　　　(4) ± 0.4

---

2 次のことがらは正しいですか。誤りがあるものは，下線部を正しく書き直しなさい。

(1) $\sqrt{49} = \underline{\pm 7}$ である。　　　　(2) $(-\sqrt{6})^2 = \underline{6}$ である。

(3) $\sqrt{(-2)^2} = \underline{-2}$ である。　　　　(4) $-\sqrt{14}$ は $-\sqrt{15}$ より $\underline{小さい}$。

| ガ イ ド | a が正の数のとき，a の平方根の正の方を $\sqrt{a}$，負の方を $-\sqrt{a}$ と表します。 |

答え | (1) 7　　　　(2) 正しい　　　　(3) 2　　　　(4) 大きい

---

3 次の各組の数の大小を，不等号を使って表しなさい。

(1) $4\sqrt{3}$, 7　　　　　　　　　　(2) $-\sqrt{17}$, $-3\sqrt{2}$

答え

(1) $4\sqrt{3} = \sqrt{4^2 \times 3} = \sqrt{48}$
$\quad 7 = \sqrt{7^2} = \sqrt{49}$
$\quad 48 < 49$ であるから，$\sqrt{48} < \sqrt{49}$
したがって，$4\sqrt{3} < 7$

(2) $-3\sqrt{2} = -\sqrt{3^2 \times 2} = -\sqrt{18}$
$\quad 17 < 18$ であるから，$\sqrt{17} < \sqrt{18}$
これより，　$-\sqrt{17} > -\sqrt{18}$
したがって，$-\sqrt{17} > -3\sqrt{2}$

---

4 次の計算をしなさい。

(1) $3\sqrt{2} \times \sqrt{14}$　　　　　　(2) $\dfrac{\sqrt{2}}{3} \div \dfrac{\sqrt{3}}{6}$

(3) $7\sqrt{3} - \sqrt{27}$　　　　　　(4) $5\sqrt{3} + \sqrt{18} + 2\sqrt{2} - \sqrt{48}$

(5) $\dfrac{10}{\sqrt{5}} + 4\sqrt{5}$　　　　　　(6) $\sqrt{24} + \sqrt{42} \div \sqrt{7}$

(7) $(3 + \sqrt{11})^2$　　　　　　(8) $(2\sqrt{2} + 5)(5 - 2\sqrt{2})$

答え

(1) $3\sqrt{2} \times \sqrt{14} = 3 \times \sqrt{2} \times \sqrt{2} \times \sqrt{7} = 3 \times 2 \times \sqrt{7} = 6\sqrt{7}$

(2) $\dfrac{\sqrt{2}}{3} \div \dfrac{\sqrt{3}}{6} = \dfrac{\sqrt{2}}{3} \times \dfrac{6}{\sqrt{3}} = \dfrac{6\sqrt{2}}{3\sqrt{3}} = 2 \times \dfrac{\sqrt{2} \times \sqrt{3}}{\sqrt{3} \times \sqrt{3}} = \dfrac{2\sqrt{6}}{3}$

(3) $7\sqrt{3} - \sqrt{27} = 7\sqrt{3} - 3\sqrt{3} = 4\sqrt{3}$

(4) $5\sqrt{3} + \sqrt{18} + 2\sqrt{2} - \sqrt{48} = 5\sqrt{3} + 3\sqrt{2} + 2\sqrt{2} - 4\sqrt{3} = \sqrt{3} + 5\sqrt{2}$

(5) $\dfrac{10}{\sqrt{5}} + 4\sqrt{5} = \dfrac{10 \times \sqrt{5}}{\sqrt{5} \times \sqrt{5}} + 4\sqrt{5} = 2\sqrt{5} + 4\sqrt{5} = 6\sqrt{5}$

(6) $\sqrt{24} + \sqrt{42} \div \sqrt{7} = 2\sqrt{6} + \sqrt{\dfrac{42}{7}} = 2\sqrt{6} + \sqrt{6} = 3\sqrt{6}$

(7) $(3 + \sqrt{11})^2 = 3^2 + 2 \times \sqrt{11} \times 3 + (\sqrt{11})^2 = 9 + 6\sqrt{11} + 11 = 20 + 6\sqrt{11}$

(8) $(2\sqrt{2} + 5)(5 - 2\sqrt{2}) = (5 + 2\sqrt{2})(5 - 2\sqrt{2}) = 5^2 - (2\sqrt{2})^2 = 25 - 8 = 17$

5 次の問いに答えなさい。

(1) 底辺 14 cm，高さ 12 cm の三角形があります。この三角形と面積の等しい正方形の 1 辺の長さを求めなさい。

(2) $4 < \sqrt{x} < 5$ となるような，自然数 x の個数を求めなさい。

(3) $x = 2 + \sqrt{3}$，$y = 2 - \sqrt{3}$ のとき，$x^2 - y^2$ の値を求めなさい。

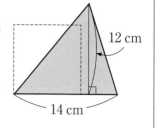

ガイド (3) 因数分解してから，代入します。

答え (1) 三角形の面積は，$\dfrac{1}{2} \times 14 \times 12 = 84 (\text{cm}^2)$

正方形の 1 辺の長さは，$\sqrt{84} = 2\sqrt{21}$ (cm)

答 $2\sqrt{21}$ cm

(2) $4 = \sqrt{4^2} = \sqrt{16}$，$5 = \sqrt{5^2} = \sqrt{25}$ より，$\sqrt{16} < \sqrt{x} < \sqrt{25}$
したがって，$16 < x < 25$
この不等式を満たす自然数 x は，17，18，19，20，21，22，23，24　　答 8個

(3) $x^2 - y^2 = (x + y)(x - y) = \{(2 + \sqrt{3}) + (2 - \sqrt{3})\}\{(2 + \sqrt{3}) - (2 - \sqrt{3})\}$
$= 4 \times 2\sqrt{3}$
$= 8\sqrt{3}$

答 $8\sqrt{3}$

応用

1 次の 4 つの数の大小を，不等号を使って表しなさい。

$\dfrac{3}{7}$,　　　　$\dfrac{\sqrt{3}}{7}$,　　　　$\dfrac{3}{\sqrt{7}}$,　　　　$\sqrt{\dfrac{3}{7}}$

答え $\dfrac{3}{\sqrt{7}} = \dfrac{3 \times \sqrt{7}}{\sqrt{7} \times \sqrt{7}} = \dfrac{3\sqrt{7}}{7}$，$\sqrt{\dfrac{3}{7}} = \dfrac{\sqrt{3}}{\sqrt{7}} = \dfrac{\sqrt{3} \times \sqrt{7}}{\sqrt{7} \times \sqrt{7}} = \dfrac{\sqrt{21}}{7}$

したがって，$\dfrac{3}{7}$，$\dfrac{\sqrt{3}}{7}$，$\dfrac{3\sqrt{7}}{7}$，$\dfrac{\sqrt{21}}{7}$ の大きさを比べればよい。

$3 = \sqrt{3^2} = \sqrt{9}$，$3\sqrt{7} = \sqrt{3^2 \times 7} = \sqrt{63}$

$3 < 9 < 21 < 63$ であるから，$\sqrt{3} < \sqrt{9} < \sqrt{21} < \sqrt{63}$

したがって，$\sqrt{3} < 3 < \sqrt{21} < 3\sqrt{7}$

答 $\dfrac{\sqrt{3}}{7} < \dfrac{3}{7} < \sqrt{\dfrac{3}{7}} < \dfrac{3}{\sqrt{7}}$

2 次の数の分母を有理化しなさい。

(1) $\dfrac{\sqrt{3} + 1}{\sqrt{2}}$

(2) $\dfrac{\sqrt{10} - \sqrt{2}}{\sqrt{5}}$

答え (1) $\dfrac{\sqrt{3} + 1}{\sqrt{2}} = \dfrac{(\sqrt{3} + 1) \times \sqrt{2}}{\sqrt{2} \times \sqrt{2}} = \dfrac{\sqrt{6} + \sqrt{2}}{2}$

(2) $\dfrac{\sqrt{10} - \sqrt{2}}{\sqrt{5}} = \dfrac{(\sqrt{10} - \sqrt{2}) \times \sqrt{5}}{\sqrt{5} \times \sqrt{5}} = \dfrac{\sqrt{50} - \sqrt{10}}{5} = \dfrac{5\sqrt{2} - \sqrt{10}}{5}$

3 次の計算をしなさい。

(1) $8\sqrt{3} - \dfrac{6}{\sqrt{3}} + \sqrt{48}$　　　　(2) $6\sqrt{15} \div \sqrt{3} \times \sqrt{5}$

(3) $3\sqrt{6} \times \sqrt{2} - \dfrac{15}{\sqrt{3}}$　　　　(4) $(\sqrt{7} + 3)(\sqrt{7} - 4) + \sqrt{63}$

(5) $(\sqrt{2} - \sqrt{6})(\sqrt{2} + \sqrt{6}) + (\sqrt{3} + 1)^2$

答え

(1) $8\sqrt{3} - \dfrac{6}{\sqrt{3}} + \sqrt{48} = 8\sqrt{3} - \dfrac{6 \times \sqrt{3}}{\sqrt{3} \times \sqrt{3}} + 4\sqrt{3}$

$\qquad = 8\sqrt{3} - 2\sqrt{3} + 4\sqrt{3} = 10\sqrt{3}$

(2) $6\sqrt{15} \div \sqrt{3} \times \sqrt{5} = \dfrac{6\sqrt{15}}{\sqrt{3}} \times \sqrt{5} = 6\sqrt{5} \times \sqrt{5} = 30$

(3) $3\sqrt{6} \times \sqrt{2} - \dfrac{15}{\sqrt{3}} = 3 \times \sqrt{3} \times \sqrt{2} \times \sqrt{2} - \dfrac{15 \times \sqrt{3}}{\sqrt{3} \times \sqrt{3}} = 6\sqrt{3} - 5\sqrt{3} = \sqrt{3}$

(4) $(\sqrt{7} + 3)(\sqrt{7} - 4) + \sqrt{63} = 7 - \sqrt{7} - 12 + 3\sqrt{7} = -5 + 2\sqrt{7}$

(5) $(\sqrt{2} - \sqrt{6})(\sqrt{2} + \sqrt{6}) + (\sqrt{3} + 1)^2 = 2 - 6 + 3 + 2\sqrt{3} + 1 = 2\sqrt{3}$

4 次の問いに答えなさい。

(1) $\sqrt{24n}$ が自然数となるような、もっとも小さい自然数 n を求めなさい。

(2) $\sqrt{180}$ を小数で表したときの整数部分の数を求めなさい。

(3) $x = \dfrac{\sqrt{5} + 1}{3}$ のとき、$9x^2 - 6x + 1$ の値を求めなさい。

(4) $\sqrt{5}$ の小数部分を a とするとき、$\dfrac{a - 3}{a + 2}$ の値を求めなさい。

答え

(1) $\sqrt{24n}$ が自然数であるためには、$24n$ がある自然数の2乗になればよい。
$\sqrt{24n} = \sqrt{(2^3 \times 3) \times n}$ だから、根号の中を2乗の積にするためには、2と3を1つずつかければよい。そうすると、
$\sqrt{(2^3 \times 3) \times 2 \times 3} = \sqrt{2^2 \times 2^2 \times 3^2} = 2 \times 2 \times 3 = 12$ となる。
よって、$n = 2 \times 3 = 6$　　　　　　　　　　　　　　　　**答　$n = 6$**

(2) $13^2 = 169$, $14^2 = 196$
よって、$13^2 < 180 < 14^2$
$13 < \sqrt{180} < 14$ より、$\sqrt{180}$ の整数部分は 13 になる。　　**答　13**

(3) $9x^2 - 6x + 1 = (3x - 1)^2 = \left(3 \times \dfrac{\sqrt{5} + 1}{3} - 1\right)^2 = (\sqrt{5})^2 = 5$　　**答　5**

(4) $2^2 = 4$, $3^2 = 9$
よって、$2^2 < 5 < 3^2$
$2 < \sqrt{5} < 3$ より、$\sqrt{5}$ の小数部分は $\sqrt{5} - 2$
$\dfrac{a - 3}{a + 2} = \dfrac{(\sqrt{5} - 2) - 3}{(\sqrt{5} - 2) + 2} = \dfrac{\sqrt{5} - 5}{\sqrt{5}} = \dfrac{5 - 5\sqrt{5}}{5} = 1 - \sqrt{5}$　　**答　$1 - \sqrt{5}$**

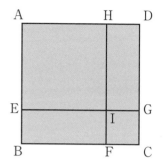

5 右の図（図は 答え 欄）で，四角形 ABCD，AEIH は，面積がそれぞれ 12 cm²，6 cm² の正方形です。このとき，正方形 IFCG の面積を求めなさい。

答え

正方形 ABCD の 1 辺の長さ…$\sqrt{12} = 2\sqrt{3}$ cm

正方形 AEIH の 1 辺の長さ…$\sqrt{6}$ cm

FC = BC − BF = BC − EI

したがって，FC = $(2\sqrt{3} - \sqrt{6})$ cm

正方形 IFCG の面積は，

$(2\sqrt{3} - \sqrt{6})^2 = (2\sqrt{3})^2 - 2 \times \sqrt{6} \times 2\sqrt{3} + (\sqrt{6})^2$

$= 12 - 4\sqrt{18} + 6 = 18 - 4 \times 3\sqrt{2}$

$= 18 - 12\sqrt{2}$ **答 $(18 - 12\sqrt{2})$ cm²**

活用　本文省略（教科書 P.71）

1 絞り値を F4 から F1.4 に 3 段小さくすると，光の入る穴の直径は何倍になりますか。

2 適正露出（ろしゅつ）が，絞り値 F4，シャッタースピード $\dfrac{1}{250}$ であるとき，シャッタースピードを $\dfrac{1}{1000}$ にすると，絞り値をいくつにすれば同じ露出になりますか。

答え

1 絞り値が 1 段小さくなるごとに，穴の直径が $\sqrt{2}$ 倍になるので，3 段小さくすると，

$(\sqrt{2})^3 = \sqrt{2} \times \sqrt{2} \times \sqrt{2} = 2\sqrt{2}$（倍）になる。   **答え $2\sqrt{2}$ 倍**

2 $\dfrac{1}{1000} \div \dfrac{1}{250} = \dfrac{1}{4}$

シャッタースピードが $\dfrac{1}{4}$ になったということは，取り込む光の量が $\dfrac{1}{4}$ になったということなので，絞り値を小さくして取り込む光の量を 4 倍にしなければいけない。

絞り値は 1 段小さくすると，取り込める光の量が 2 倍になるので，

$4 \div 2 = 2$ より，2 段小さくして，F2 にすればよいとわかる。   **答 F2**

72

深めよう！　丸太からとれる角材は？

教科書 P.73

1 右の図のような断面をもつ丸太があります。この丸太から，断面が正方形の角材をとりたいと思います。
1辺が最大何 cm の角材をとることができるでしょうか。四捨五入して，mm の単位まで求めてみましょう。

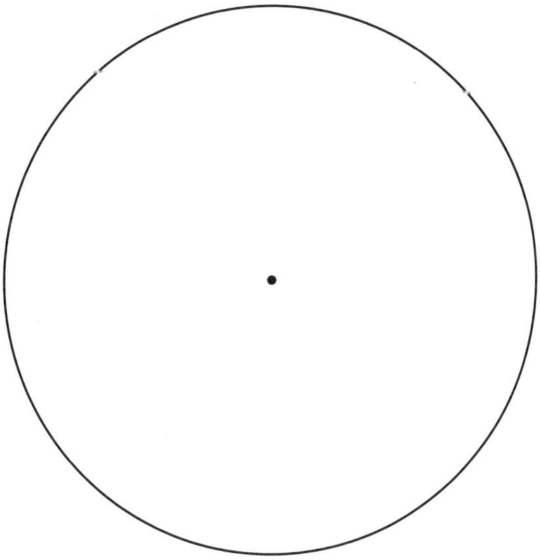

ガイド 丸太からとれる正方形の角材で，最大のものは，対角線が直径と等しくなります。

答え 直径を測ると7cmであり，この直径が正方形の対角線になる。
正方形の1辺と対角線の比は，

$1:\sqrt{2}$ だから，1辺の長さは，$\dfrac{7}{\sqrt{2}}=\dfrac{7\sqrt{2}}{2}$ (cm)

$\sqrt{2}=1.414$ とすると，

$\dfrac{7\sqrt{2}}{2}=\dfrac{7\times1.414}{2}=4.949$

答　4 cm 9 mm

本文省略（教科書 P.73）

2 曲尺の角目で丸太の直径を測って目盛りを読めば，そのまま正方形の角材の1辺の長さが求められます。その理由を，**1** と関連づけて説明してみましょう。

答え (例)角目の目盛りの値は実際の長さの $\dfrac{1}{\sqrt{2}}$ 倍であり，正方形の1辺は丸太の直径の $\dfrac{1}{\sqrt{2}}$ 倍だから，直径を測ったときの角目の目盛りの値が，そのまま正方形の1辺の長さになる。

3章 2次方程式

ある建物の屋根に太陽電池が設置されています。

この太陽電池1枚で発電できる電力は，200W(ワット)とします。この太陽電池を屋根全体に長方形にしきつめると，79800Wの電力を出力できるそうです。

 1 太陽電池は全部で何枚あるでしょうか。

答え | $79800 \div 200 = 399$

答 399枚

長方形にしきつめられている太陽電池は，横が縦より2枚多く設置されています。

 2 太陽電池は，縦に何枚しきつめてあるでしょうか。太陽電池の枚数に着目して，方程式をつくってみましょう。

ガイド 縦にしきつめる太陽電池の枚数を x 枚として，方程式をつくります。

答え 縦にしきつめる太陽電池の枚数を x 枚とすると，
横にしきつめる太陽電池の枚数は $(x + 2)$ 枚と表すことができる。
全部で399枚の太陽電池があるから，次のような方程式をつくることができる。

$$x(x + 2) = 399$$

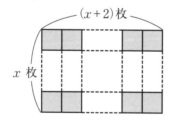

答 $x(x + 2) = 399$

[1] 2次方程式の解き方

教科書のまとめ テスト前にチェック☑

☑◎ **2次方程式**
　一般に，すべての項を左辺に移項したときに，左辺が x についての2次式，すなわち，a を0でない定数，b，c を定数として，
$$ax^2 + bx + c = 0$$
の形で表される方程式を，x についての**2次方程式**という。

☑◎ **2次方程式の解**
　2次方程式を成り立たせる x の値を，その2次方程式の**解**といい，解をすべて求めることを，その2次方程式を**解く**という。

☑◎ **数や式についての性質**
　一般に，数や式について，次のことがいえる。
　　$AB = 0$ ならば，$A = 0$ または $B = 0$

☑◎ **因数分解を使った解き方**
　方程式のすべての項を左辺に移項して整理し，左辺を因数分解することにより，解を求める。

☑◎ **平方根の考えを使った解き方**
① $ax^2 = b$ の形の方程式
　$x^2 =$ (数) の形に直し，その数の平方根を求める。
② $(x + p)^2 = q$ の形の方程式
　$x + p$ を1つの数と考えて，q の平方根を使って解を求める。
　どんな2次方程式でも，$(x + p)^2 = q$ の形に直せば解を求めることができる。

☑◎ **2次方程式の解の公式**
　2次方程式 $ax^2 + bx + c = 0$ の解は，次のようになる。
$$x = \frac{-b \pm \sqrt{b^2 - 4ac}}{2a}$$
　どんな2次方程式でも，解の公式を使えば解を求めることができる。

注 　$x^2 + 2x = x^2 + x - 6$
のような方程式は，右辺の項を左辺に移項して整理すると，
　$x + 6 = 0$
となるので，2次方程式ではない。

例 　$x^2 - 3x + 2 = 0$
　左辺を因数分解すると，
　$(x - 2)(x - 1) = 0$
　$x - 2 = 0$ または $x - 1 = 0$
　$x = 2$，$x = 1$

例 ① 　$3x^2 = 6$
　　　　$x^2 = 2$
　　　　$x = \pm\sqrt{2}$
　② 　$(x - 3)^2 = 5$
　　　　$x - 3 = \pm\sqrt{5}$
　　　　$x = 3 \pm\sqrt{5}$

例 　$x^2 + 3x - 2 = 0$
　$a = 1$，$b = 3$，$c = -2$
　だから，
$$x = \frac{-3 \pm \sqrt{3^2 - 4 \times 1 \times (-2)}}{2 \times 1}$$
$$= \frac{-3 \pm \sqrt{9 + 8}}{2}$$
$$= \frac{-3 \pm \sqrt{17}}{2}$$

1 2次方程式とその解

教科書 P.76

Q 右の図のように，長さ 20 m のロープでまわりを囲んで，面積が $24\ \mathrm{m}^2$ の長方形の花だんをつくります。縦と横の長さは，どのようにすれば求められるか考えてみましょう。

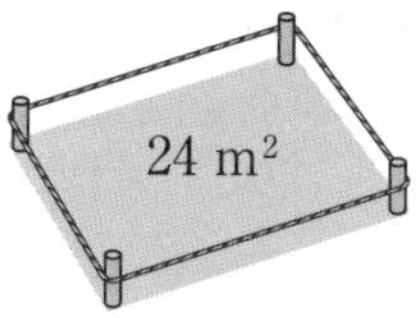

[ガイド] 縦と横の長さの和は，$20 \div 2 = 10$(m)だから，縦の長さを x m とすると，横の長さは$(10-x)$m と表すことができます。

[答え] (長方形の面積) = (縦) × (横) だから，$x(10-x)=24$
整理すると，$x^2-10x+24=0$

教科書 P.76

[問 1] 次の㋐～㋓の方程式のうち，2次方程式はどれですか。

㋐ $x^2+2x+1=0$　　㋑ $x^2-6x=0$
㋒ $4x-8=0$　　㋓ $(x+3)(x-8)=0$

[ガイド] 右辺は0になっているので，左辺が x についての2次式になっているか調べます。
㋓　$x^2-5x-24=0$

[答え] ㋐，㋑，㋓

2次方程式の解

教科書 P.77

Q 前ページ(教科書 P.76)の方程式 $x^2-10x+24=0$ の x に1から9までの整数を代入して，方程式が成り立つかどうかを調べてみましょう。(表は[答え]欄)

[答え]

x	1	2	3	4	5	6	7	8	9
左辺の式の値	15	8	3	0	−1	0	3	8	15

答　x が 4，6 のとき成り立つ。

教科書 P.77

[問 2] −2，−1，0，1，2 のうち，2次方程式 $x^2+2x=0$ の解はどれですか。

[ガイド] −2，−1，0，1，2 のうち，$x^2+2x=0$ が成り立つ値を見つけます。

[答え]
$x=-2$ のとき，左辺…$(-2)^2+2\times(-2)=0$　右辺…0　成り立つ。
$x=-1$ のとき，左辺…$(-1)^2+2\times(-1)=-1$　右辺…0　成り立たない。
$x=0$ のとき，左辺…$0^2+2\times0=0$　右辺…0　成り立つ。
$x=1$ のとき，左辺…$1^2+2\times1=3$　右辺…0　成り立たない。
$x=2$ のとき，左辺…$2^2+2\times2=8$　右辺…0　成り立たない。

答　−2と0

教科書 P.77

[問 3] 次の㋐～㋓の方程式のうち，-1と3がともに解である2次方程式はどれですか。

㋐ $x^2+2x-3=0$　　㋑ $x^2-9=0$

㋒ $x^2+6x+5=0$　　㋓ $x^2-2x-3=0$

[ガイド] $-1, 3$を左辺のxに代入して，どちらの場合も式の値が0になる式を見つけます。

[答え]

㋐ $x=-1$を代入すると，
$(-1)^2+2\times(-1)-3=-4$　より，成り立たない。

㋑ $x=-1$を代入すると，
$(-1)^2-9=-8$　より，成り立たない。

㋒ $x=-1$を代入すると，
$(-1)^2+6\times(-1)+5=0$　より，成り立つ。
また，$x=3$を代入すると，
$3^2+6\times3+5=32$　より，成り立たない。

㋓ $x=-1$を代入すると，
$(-1)^2-2\times(-1)-3=0$　より，成り立つ。
また，$x=3$を代入すると，
$3^2-2\times3-3=0$　より，成り立つ。

答　㋓

教科書 P.78

QUESTION Q 次の㋐～㋕の2次方程式を解くことができるかどうか考えてみましょう。

㋐ $x(x-8)=0$　　㋑ $x^2=4$　　㋒ $x^2-25=0$

㋓ $x^2+6x-5=0$　　㋔ $x^2+2x-15=0$　　㋕ $(x-3)^2=5$

拓真さんの考え

㋐は，$x\times(x-8)=0$のことだから，数の計算と同じように考えると，xか$(x-8)$のどちらかが0であれば，その積も0になる。すなわち，㋐の場合，左辺が，$x=0$または$x-8=0$のとき，方程式は成り立つ。このことから，右辺を0にして，左辺が因数分解できれば，方程式を解くことができる。

美月さんの考え

㋑は，平方根の考えを使うと，

$x^2=4$

$x=\pm2$

このことから，左辺が2乗の形になっていれば，方程式を解くことができる。

教科書 P.78

1 上(教科書 P.78)の拓真(たくま)さんの考えを使って，㋐の方程式の解を求めてみましょう。また，この考え方で解ける2次方程式は，ほかにもあるでしょうか。

答え $x=0$，$x=8$
ほかに㋑，㋒，㋔がある。

教科書 P.78

2 上(教科書 P.78)の美月(みつき)さんの考えを使って解ける2次方程式は，ほかにもあるでしょうか。

答え ㋒　移項すると，$x^2=25$ であるから，美月さんの考えを使って解ける。
ほかに㋒，㋕がある。

教科書 P.78

3 上(教科書 P.78)の2人の考えを使っても解くことができない2次方程式はあるでしょうか。

答え ㋓はどちらの考えを使っても解くことができない。ただし，平方根の考え方で教科書 P.84 で学習する方法を使うと㋓も解くことができる。

2 因数分解を使った解き方

教科書 P.79

QUESTION Q (教科書)76 ページの方程式 $x^2-10x+24=0$ の左辺を因数分解すると，
$(x-4)(x-6)=0$
となります。この方程式について，次のことを調べてみましょう。
(1) $x=4$ のとき，$(x-4)(x-6)$ の値はいくらでしょうか。
(2) $x=6$ のとき，$(x-4)(x-6)$ の値はいくらでしょうか。
(3) x が 4，6 以外の値をとるとき，$(x-4)(x-6)$ の値が 0 になることはあるでしょうか。

答え (1) $(4-4)\times(4-6)=0\times(-2)=0$　(2) $(6-4)\times(6-6)=2\times0=0$
(3) x が 4 と 6 以外の値のとき，$x-4$ も $x-6$ も 0 にならない。
したがって，$(x-4)(x-6)$ の値が 0 になることはない。

教科書 P.80

[問 1] 次の方程式を解きなさい。
(1) $(x-2)(x-6)=0$　(2) $(x+1)(x+9)=0$
(3) $(x-7)(x+3)=0$　(4) $x(x-5)=0$

ガイド $AB=0$ ならば，$A=0$　または　$B=0$　が成り立ちます。

(1) $(x - 2)(x - 6) = 0$ であるから，
$x - 2 = 0$ または $x - 6 = 0$
$x = 2, \ x = 6$
答 $x = 2, \ x = 6$

(2) $(x + 1)(x + 9) = 0$ であるから，
$x + 1 = 0$ または $x + 9 = 0$
$x = -1, \ x = -9$
答 $x = -1, \ x = -9$

(3) $(x - 7)(x + 3) = 0$ であるから，
$x - 7 = 0$ または $x + 3 = 0$
$x = 7, \ x = -3$
答 $x = 7, \ x = -3$

(4) $x(x - 5) = 0$ であるから，
$x = 0$ または $x - 5 = 0$
$x = 0, \ x = 5$
答 $x = 0, \ x = 5$

— 教科書 P.80 —

問 2 次の方程式を解きなさい。

(1) $x^2 + 5x + 6 = 0$

(2) $x^2 - 7x + 10 = 0$

(3) $x^2 + x - 6 = 0$

(4) $x^2 - 3x - 4 = 0$

(5) $x^2 + 6x + 8 = 0$

(6) $x^2 - 16 = 0$

ガイド 方程式の左辺を因数分解して，$AB = 0$ の形にします。

答え

(1) $x^2 + 5x + 6 = 0$
左辺を因数分解すると，
$(x + 2)(x + 3) = 0$
$x + 2 = 0$ または $x + 3 = 0$
$x = -2, \ x = -3$
答 $x = -2, \ x = -3$

(2) $x^2 - 7x + 10 = 0$
左辺を因数分解すると，
$(x - 2)(x - 5) = 0$
$x - 2 = 0$ または $x - 5 = 0$
$x = 2, \ x = 5$
答 $x = 2, \ x = 5$

(3) $x^2 + x - 6 = 0$
左辺を因数分解すると，
$(x - 2)(x + 3) = 0$
$x - 2 = 0$ または $x + 3 = 0$
$x = 2, \ x = -3$
答 $x = 2, \ x = -3$

(4) $x^2 - 3x - 4 = 0$
左辺を因数分解すると，
$(x - 4)(x + 1) = 0$
$x - 4 = 0$ または $x + 1 = 0$
$x = 4, \ x = -1$
答 $x = 4, \ x = -1$

(5) $x^2 + 6x + 8 = 0$
左辺を因数分解すると，
$(x + 2)(x + 4) = 0$
$x + 2 = 0$ または $x + 4 = 0$
$x = -2, \ x = -4$
答 $x = -2, \ x = -4$

(6) $x^2 - 16 = 0$
左辺を因数分解すると，
$(x + 4)(x - 4) = 0$
$x + 4 = 0$ または $x - 4 = 0$
$x = -4, \ x = 4$
答 $x = -4, \ x = 4$

— 教科書 P.80 —

問 3 次の方程式を解きなさい。

(1) $x^2 + 2x + 1 = 0$

(2) $x^2 - 14x + 49 = 0$

ガイド $(x - a)^2 = 0$ の解は1つになります。

答え

(1) $x^2 + 2x + 1 = 0$
　　左辺を因数分解すると，
　　　$(x + 1)^2 = 0$
　　　$x + 1 = 0$
　　　　$x = -1$

答　$x = -1$

(2) $x^2 - 14x + 49 = 0$
　　左辺を因数分解すると，
　　　$(x - 7)^2 = 0$
　　　$x - 7 = 0$
　　　　$x = 7$

答　$x = 7$

注 このように，左辺を因数分解すると和や差の平方の形になるとき，2次方程式の2つの解が一致して，解が1つになります。

--- 教科書 P.81 ---

問4 次の方程式を解きなさい。
(1) $x^2 - 8x = -16$　　　　　　(2) $x^2 - 8 = -x + 4$
(3) $(x - 1)^2 = 3x - 5$　　　　(4) $2x^2 + 8 = (x - 3)(x - 6)$

ガイド すべての項を左辺に移項して整理してから，左辺を因数分解して解きましょう。

答え

(1) 　　　$x^2 - 8x = -16$
　　-16 を移項すると，
　　$x^2 - 8x + 16 = 0$
　　左辺を因数分解すると，
　　　$(x - 4)^2 = 0$
　　　$x - 4 = 0$
　　　　$x = 4$

答　$x = 4$

(2) 　　　$x^2 - 8 = -x + 4$
　　移項して整理すると，
　　　$x^2 + x - 12 = 0$
　　左辺を因数分解すると，
　　　$(x - 3)(x + 4) = 0$
　　$x - 3 = 0$　または　$x + 4 = 0$
　　$x = 3,\ x = -4$

答　$x = 3,\ x = -4$

(3) 　　　$(x - 1)^2 = 3x - 5$
　　左辺を展開すると，
　　　$x^2 - 2x + 1 = 3x - 5$
　　移項して整理すると，
　　　$x^2 - 5x + 6 = 0$
　　左辺を因数分解すると，
　　$(x - 2)(x - 3) = 0$
　　$x - 2 = 0$　または　$x - 3 = 0$
　　$x = 2,\ x = 3$

答　$x = 2,\ x = 3$

(4) 　　　$2x^2 + 8 = (x - 3)(x - 6)$
　　右辺を展開すると，
　　　$2x^2 + 8 = x^2 - 9x + 18$
　　移項して整理すると，
　　　$x^2 + 9x - 10 = 0$
　　左辺を因数分解すると，
　　$(x - 1)(x + 10) = 0$
　　$x - 1 = 0$　または　$x + 10 = 0$
　　$x = 1,\ x = -10$

答　$x = 1,\ x = -10$

--- 教科書 P.81 ---

問5 次の方程式を解きなさい。
(1) $2x^2 + 18x + 40 = 0$　　　　(2) $-x^2 + 11x - 24 = 0$

ガイド x^2 の係数を1にしてから，因数分解しましょう。

(1)　$2x^2 + 18x + 40 = 0$
両辺を2でわると,
$$x^2 + 9x + 20 = 0$$
左辺を因数分解すると,
$$(x + 4)(x + 5) = 0$$
$x + 4 = 0$　または　$x + 5 = 0$
$x = -4,\ x = -5$
　　　　　　　答　$x = -4,\ x = -5$

(2)　$-x^2 + 11x - 24 = 0$
両辺に-1をかけると,
$$x^2 - 11x + 24 = 0$$
左辺を因数分解すると,
$$(x - 3)(x - 8) = 0$$
$x - 3 = 0$　または　$x - 8 = 0$
$x = 3,\ x = 8$
　　　　　　　答　$x = 3,\ x = 8$

— 教科書 P.81 —

問6　真央さんは,方程式 $x^2 = 5x$ を右のように
して解きました。この解き方は正しいです
か。因数分解を利用してこの方程式を解き,
真央さんの解き方と比べて考えなさい。

正しいかな？

$$x^2 = 5x$$
両辺を x でわると, $x = 5$
　　　　　　　答　$x = 5$

答え

〈因数分解を利用した解き方〉　$x^2 = 5x$
移項すると,　　　　　$x^2 - 5x = 0$
左辺を因数分解すると,　$x(x - 5) = 0$
　$x = 0$　または　$x - 5 = 0$
　$x = 0,\ x = 5$　　　　　　　　　　　　　答　$x = 0,\ x = 5$
真央さんの解き方は正しくない。
〈**理由**〉$x^2 = 5x$ の両辺を x でわっているので, 正しくない。
　　　　$x = 0$ のとき, 等式の両辺を x でわることはできない。

❸ 平方根の考えを使った解き方

— 教科書 P.82 —

　方程式 $x^2 - 25 = 0$ の解き方を考えてみましょう。

ガイド　$ax^2 + c = 0$ の形の2次方程式は, $x^2 = k$ の形にすると, 平方根の考えを使って
解くことができます。

答え

（解き方1）　　　　$x^2 - 25 = 0$　　　左辺を因数分解する
　　　　　　$(x + 5)(x - 5) = 0$　　　$AB = 0$ ならば, $A = 0$ または $B = 0$ を使う
　　$x + 5 = 0$ または $x - 5 = 0$
　　$x = -5,\ x = 5$　　　　　　　　　　　　　答　$x = -5,\ x = 5$

（解き方2）　　　$x^2 - 25 = 0$　　　-25 を右辺に移項する
　　　　　　　　$x^2 = 25$　　　25 の平方根を求める
　　　　　　　　$x = \pm 5$
　　　　　　　　　　　　　　　　　　　　　　答　$x = \pm 5$

$\boxed{問\ 1}$ 平方根の考えを使って，次の方程式を解きなさい。

(1) $x^2 = 49$　　(2) $x^2 - 36 = 0$　　(3) $x^2 - 17 = 0$

$\boxed{答\ え}$

(1) $x^2 = 49$
$x = \pm 7$

答　$x = \pm 7$

(2) $x^2 - 36 = 0$
$x^2 = 36$
$x = \pm 6$

答　$x = \pm 6$

(3) $x^2 - 17 = 0$
$x^2 = 17$
$x = \pm\sqrt{17}$　答　$x = \pm\sqrt{17}$

$\boxed{問\ 2}$ 次の方程式を解きなさい。

(1) $2x^2 = 18$　　(2) $9x^2 = 4$

(3) $5x^2 - 40 = 0$　　(4) $4x^2 - 3 = 0$

$\boxed{答\ え}$

(1) $2x^2 = 18$
両辺を2でわると，
$x^2 = 9$
$x = \pm 3$

答　$x = \pm 3$

(2) $9x^2 = 4$
両辺を9でわると，
$x^2 = \dfrac{4}{9}$
$x = \pm\dfrac{2}{3}$

答　$x = \pm\dfrac{2}{3}$

(3) $5x^2 - 40 = 0$
-40を移項すると，
$5x^2 = 40$
両辺を5でわると，
$x^2 = 8$
$x = \pm\sqrt{8}$
$= \pm 2\sqrt{2}$

答　$x = \pm 2\sqrt{2}$

(4) $4x^2 - 3 = 0$
-3を移項すると，
$4x^2 = 3$
両辺を4でわると，
$x^2 = \dfrac{3}{4}$
$x = \pm\dfrac{\sqrt{3}}{2}$

答　$x = \pm\dfrac{\sqrt{3}}{2}$

$(x + p)^2 = q$ の形の方程式

$\boxed{問\ 3}$ 次の方程式を解きなさい。

(1) $(x + 2)^2 = 7$　　(2) $(x - 5)^2 = 8$

(3) $(x - 4)^2 = 9$　　(4) $(x + 3)^2 = 49$

(5) $(x - 7)^2 - 12 = 0$　　(6) $(2x - 1)^2 = 4$

$\boxed{ガイド}$ かっこの中を1つの数と考えます。(5)は-12を移項してから解きます。

(1) $(x + 2)^2 = 7$
$x + 2 = \pm\sqrt{7}$
$x = -2 \pm\sqrt{7}$
　　　　答 $x = -2 \pm\sqrt{7}$

(2) $(x - 5)^2 = 8$
$x - 5 = \pm\sqrt{8}$
$x - 5 = \pm 2\sqrt{2}$
$x = 5 \pm 2\sqrt{2}$
　　　　答 $x = 5 \pm 2\sqrt{2}$

(3) $(x - 4)^2 = 9$
$x - 4 = \pm 3$
$x = 4 \pm 3$
$x = 4 + 3$ から, $x = 7$
$x = 4 - 3$ から, $x = 1$
　　　　答 $x = 7,\ x = 1$

(4) $(x + 3)^2 = 49$
$x + 3 = \pm 7$
$x = -3 \pm 7$
$x = -3 + 7$ から, $x = 4$
$x = -3 - 7$ から, $x = -10$
　　　　答 $x = 4,\ x = -10$

(5) $(x - 7)^2 - 12 = 0$
-12 を移項すると,
$(x - 7)^2 = 12$
$x - 7 = \pm\sqrt{12}$
$x - 7 = \pm 2\sqrt{3}$
$x = 7 \pm 2\sqrt{3}$
　　　　答 $x = 7 \pm 2\sqrt{3}$

(6) $(2x - 1)^2 = 4$
$2x - 1 = \pm 2$
$2x = 1 \pm 2$
$2x = 1 + 2$ から,
$2x = 3$　$x = \dfrac{3}{2}$
$2x = 1 - 2$ から,
$2x = -1$　$x = -\dfrac{1}{2}$

　　　　答 $x = \dfrac{3}{2},\ x = -\dfrac{1}{2}$

教科書 P.84

Q 方程式 $x^2 + 6x - 5 = 0$ を $(x + p)^2 = q$ の形に直すためにはどうすればよいか話し合ってみましょう。

ガイド　$x^2 + 2ax + a^2 = (x + a)^2$ を利用します。x の係数の $\dfrac{1}{2}$ の2乗が定数項です。

答え　$x^2 + 6x - 5 = 0$ で, -5 を移項すると,
$x^2 + 6x = 5$
$6 \times \dfrac{1}{2} = 3$　$3^2 = 9$ より, 両辺に9を加えて,
$x^2 + 6x + 9 = 5 + 9$
$(x + 3)^2 = 14$

　　　　答 $(x + 3)^2 = 14$

教科書 P.84

問4 次の方程式を解きなさい。
(1) $x^2 - 4x = 3$
(2) $x^2 + 8x = -14$
(3) $x^2 + 2x - 5 = 0$
(4) $x^2 - 6x - 3 = 0$

ガイド　例4(教科書P.84)のように, 方程式を $(x + p)^2 = q$ の形に直しましょう。

答え

(1)
$$x^2 - 4x = 3$$
両辺に 2^2 を加えると,
$$x^2 - 4x + 2^2 = 3 + 2^2$$
左辺を因数分解すると,
$$(x - 2)^2 = 7$$
$$x - 2 = \pm\sqrt{7}$$
$$x = 2 \pm\sqrt{7}$$
答 $x = 2 \pm\sqrt{7}$

(2)
$$x^2 + 8x = -14$$
両辺に 4^2 を加えると,
$$x^2 + 8x + 4^2 = -14 + 4^2$$
左辺を因数分解すると,
$$(x + 4)^2 = 2$$
$$x + 4 = \pm\sqrt{2}$$
$$x = -4 \pm\sqrt{2}$$
答 $x = -4 \pm\sqrt{2}$

(3)
$$x^2 + 2x - 5 = 0$$
-5 を移項すると,
$$x^2 + 2x = 5$$
両辺に 1^2 を加えると,
$$x^2 + 2x + 1^2 = 5 + 1^2$$
左辺を因数分解すると,
$$(x + 1)^2 = 6$$
$$x + 1 = \pm\sqrt{6}$$
$$x = -1 \pm\sqrt{6}$$
答 $x = -1 \pm\sqrt{6}$

(4)
$$x^2 - 6x - 3 = 0$$
-3 を移項すると,
$$x^2 - 6x = 3$$
両辺に 3^2 を加えると,
$$x^2 - 6x + 3^2 = 3 + 3^2$$
左辺を因数分解すると,
$$(x - 3)^2 = 12$$
$$x - 3 = \pm\sqrt{12}$$
$$x - 3 = \pm 2\sqrt{3}$$
$$x = 3 \pm 2\sqrt{3}$$
答 $x = 3 \pm 2\sqrt{3}$

教科書 P.85

方程式 $x^2 + 5x - 2 = 0$ を,$(x + p)^2 = q$ の形に直して解いてみよう。

答え

$$x^2 + 5x - 2 = 0$$
-2 を右辺に移項すると,$x^2 + 5x = 2$

両辺に x の係数 5 の $\dfrac{1}{2}$ の 2 乗,すなわち $\left(\dfrac{5}{2}\right)^2$ を加えると,

$$x^2 + 5x + \left(\frac{5}{2}\right)^2 = 2 + \left(\frac{5}{2}\right)^2$$

左辺を因数分解すると,

$$\left(x + \frac{5}{2}\right)^2 = \frac{33}{4}$$
$$x + \frac{5}{2} = \pm\sqrt{\frac{33}{4}}$$
$$x = -\frac{5}{2} \pm \frac{\sqrt{33}}{2}$$
$$= \frac{-5 \pm\sqrt{33}}{2}$$

答 $x = \dfrac{-5 \pm\sqrt{33}}{2}$

④ 2次方程式の解の公式

--- 教科書 P.87 ---

問 1 次の方程式を，解の公式を使って解きなさい。

(1) $x^2 + x - 3 = 0$ (2) $x^2 - 3x - 2 = 0$

(3) $2x^2 - 7x + 1 = 0$ (4) $3x^2 - 5x - 1 = 0$

ガイド 2次方程式 $ax^2 + bx + c = 0$ の解は，$x = \dfrac{-b \pm \sqrt{b^2 - 4ac}}{2a}$ となります。

答え

(1) $a = 1$, $b = 1$, $c = -3$ を
解の公式に代入すると，

$x = \dfrac{-1 \pm \sqrt{1^2 - 4 \times 1 \times (-3)}}{2 \times 1}$

$= \dfrac{-1 \pm \sqrt{1 + 12}}{2}$

$= \dfrac{-1 \pm \sqrt{13}}{2}$ 答 $x = \dfrac{-1 \pm \sqrt{13}}{2}$

(2) $a = 1$, $b = -3$, $c = -2$ を
解の公式に代入すると，

$x = \dfrac{-(-3) \pm \sqrt{(-3)^2 - 4 \times 1 \times (-2)}}{2 \times 1}$

$= \dfrac{3 \pm \sqrt{9 + 8}}{2}$

$= \dfrac{3 \pm \sqrt{17}}{2}$ 答 $x = \dfrac{3 \pm \sqrt{17}}{2}$

(3) $a = 2$, $b = -7$, $c = 1$ を
解の公式に代入すると，

$x = \dfrac{-(-7) \pm \sqrt{(-7)^2 - 4 \times 2 \times 1}}{2 \times 2}$

$= \dfrac{7 \pm \sqrt{49 - 8}}{4}$

$= \dfrac{7 \pm \sqrt{41}}{4}$ 答 $x = \dfrac{7 \pm \sqrt{41}}{4}$

(4) $a = 3$, $b = -5$, $c = -1$ を
解の公式に代入すると，

$x = \dfrac{-(-5) \pm \sqrt{(-5)^2 - 4 \times 3 \times (-1)}}{2 \times 3}$

$= \dfrac{5 \pm \sqrt{25 + 12}}{6}$

$= \dfrac{5 \pm \sqrt{37}}{6}$ 答 $x = \dfrac{5 \pm \sqrt{37}}{6}$

--- 教科書 P.88 ---

問 2 次の方程式を，解の公式を使って解きなさい。

(1) $x^2 + 2x - 2 = 0$ (2) $2x^2 - 8x - 3 = 0$

ガイド 約分できるときは約分します。

答え

(1) $x = \dfrac{-2 \pm \sqrt{2^2 - 4 \times 1 \times (-2)}}{2 \times 1}$

$= \dfrac{-2 \pm \sqrt{12}}{2}$

$= \dfrac{-2 \pm 2\sqrt{3}}{2}$

$= -1 \pm \sqrt{3}$ 答 $x = -1 \pm \sqrt{3}$

(2) $x = \dfrac{-(-8) \pm \sqrt{(-8)^2 - 4 \times 2 \times (-3)}}{2 \times 2}$

$= \dfrac{8 \pm \sqrt{88}}{4}$

$= \dfrac{8 \pm 2\sqrt{22}}{4}$

$= \dfrac{4 \pm \sqrt{22}}{2}$ 答 $x = \dfrac{4 \pm \sqrt{22}}{2}$

--- 教科書 P.88 ---

問 3 次の方程式を，解の公式を使って解きなさい。

(1) $3x^2 + 4x + 1 = 0$ (2) $2x^2 = 7x + 4$

3章 2次方程式

教科書 P.87 〜 88

85

(1) $x = \dfrac{-4 \pm \sqrt{4^2 - 4 \times 3 \times 1}}{2 \times 3}$

$= \dfrac{-4 \pm \sqrt{4}}{6} = \dfrac{-4 \pm 2}{6}$

$x = \dfrac{-4 + 2}{6}$ から，$x = -\dfrac{1}{3}$

$x = \dfrac{-4 - 2}{6}$ から，$x = -1$

答 $x = -\dfrac{1}{3}$, $x = -1$

(2) 右辺の項を左辺に移項すると，

$2x^2 - 7x - 4 = 0$

$x = \dfrac{-(-7) \pm \sqrt{(-7)^2 - 4 \times 2 \times (-4)}}{2 \times 2}$

$= \dfrac{7 \pm \sqrt{81}}{4} = \dfrac{7 \pm 9}{4}$

$x = \dfrac{7 + 9}{4}$ から，$x = 4$

$x = \dfrac{7 - 9}{4}$ から，$x = -\dfrac{1}{2}$

答 $x = 4$, $x = -\dfrac{1}{2}$

教科書 P.89

問 4 ▷ 次の方程式を，左辺を因数分解して解きなさい。また，解の公式を使って解きなさい。

(1) $x^2 + 3x - 4 = 0$　　　　(2) $x^2 - 10x + 25 = 0$

(1) 因数分解

$x^2 + 3x - 4 = 0$

左辺を因数分解すると，

$(x - 1)(x + 4) = 0$

$x - 1 = 0$ または $x + 4 = 0$

$x = 1$, $x = 4$

答 $x = 1$, $x = -4$

解の公式

$x^2 + 3x - 4 = 0$

$a = 1$, $b = 3$, $c = -4$ を解の公式に代入すると，

$x = \dfrac{-3 \pm \sqrt{3^2 - 4 \times 1 \times (-4)}}{2 \times 1}$

$= \dfrac{-3 \pm \sqrt{25}}{2} = \dfrac{-3 \pm 5}{2}$

$x = \dfrac{-3 + 5}{2}$ から，$x = 1$

$x = \dfrac{-3 - 5}{2}$ から，$x = -4$

答 $x = 1$, $x = -4$

(2) 因数分解

$x^2 - 10x + 25 = 0$

左辺を因数分解すると，

$(x - 5)^2 = 0$

$x - 5 = 0$

$x = 0$

答 $x = 5$

解の公式

$x^2 - 10x + 25 = 0$

$a = 1$, $b = -10$, $c = 25$ を解の公式に代入すると，

$x = \dfrac{-(-10) \pm \sqrt{(-10)^2 - 4 \times 1 \times 25}}{2 \times 1}$

$= \dfrac{10 \pm \sqrt{0}}{2}$

$= 5$

答 $x = 5$

教科書 P.89

2次方程式には，問4(2)(教科書 P.89)のように，解が1つになるものがあります。解の公式を使って解いたとき，どんな場合に解が1つになるのかを説明してみよう。

問4(2)(教科書 P.89)を解の公式を使って解いたとき，根号の中の値に注目しましょう。

[答え] 解の公式を使って解いたとき，根号の中の式 b^2-4ac の値が0であれば，

$x=\dfrac{-b\pm\sqrt{b^2-4ac}}{2a}=\dfrac{-b\pm\sqrt{0}}{2a}=-\dfrac{b}{2a}$ だから，解は1つだけである。

したがって，**$b^2-4ac=0$ になる場合，解が1つになる。**

1 2次方程式の解き方

確かめよう

教科書 P.89

1 次の㋐～㋓の方程式のうち，解の1つが3であるものはどれですか。

㋐ $x^2+2x=16$　　㋑ $x^2=5x-6$

㋒ $(x+1)(x-3)=5$　　㋓ $\dfrac{1}{3}x^2=x$

[ガイド] もとの方程式に，$x=3$ を代入して確かめましょう。

[答え]

㋐ 左辺… $3^2+2\times3=15$　　右辺…16　　成り立たない

㋑ 左辺… $3^2=9$　　右辺… $5\times3-6=9$　　成り立つ

㋒ 左辺… $(3+1)\times(3-3)=0$　　右辺…5　　成り立たない

㋓ 左辺… $\dfrac{1}{3}\times3^2=3$　　右辺…3　　成り立つ

答 ㋑，㋓

2 次の方程式を解きなさい。

(1) $(x+5)(x-8)=0$　　(2) $x^2+11x+30=0$

(3) $x^2+4x-12=0$　　(4) $x^2-2x+1=0$

(5) $x^2-9x=0$　　(6) $x^2+9x=-18$

[ガイド] 左辺を因数分解して解きましょう。(6)は -18 を移項して因数分解します。

[答え]

(1) $(x+5)(x-8)=0$

$x+5=0$ または $x-8=0$

$x=-5,\ x=8$

答 $x=-5,\ x=8$

(2) $x^2+11x+30=0$

左辺を因数分解すると，

$(x+5)(x+6)=0$

$x+5=0$ または $x+6=0$

$x=-5,\ x=-6$

答 $x=-5,\ x=-6$

(3) $x^2+4x-12=0$

左辺を因数分解すると，

$(x+6)(x-2)=0$

$x+6=0$ または $x-2=0$

$x=-6,\ x=2$

答 $x=-6,\ x=2$

(4) $x^2-2x+1=0$

左辺を因数分解すると，

$(x-1)^2=0$

$x-1=0$

$x=1$

答 $x=1$

(5)　$x^2 - 9x = 0$
　　左辺を因数分解すると，
　　$x(x - 9) = 0$
　　$x = 0$ または $x - 9 = 0$
　　$x = 0,\ x = 9$
　　　　　　　答　$x = 0,\ x = 9$

(6)　　　　　$x^2 + 9x = -18$
　　-18 を移項すると，
　　$x^2 + 9x + 18 = 0$
　　左辺を因数分解すると，
　　$(x + 3)(x + 6) = 0$
　　$x + 3 = 0$ または $x + 6 = 0$
　　$x = -3,\ x = -6$
　　　　　　　答　$x = -3,\ x = -6$

---

3 次の方程式を解きなさい。
(1)　$2x^2 = 14$
(2)　$4x^2 - 15 = 0$
(3)　$(x + 6)^2 = 2$
(4)　$(x - 1)^2 = 49$

ガイド
答え

平方根の考えを使って解きましょう。(3),(4)はかっこの中を1つの数と考えます。

(1)　　$2x^2 = 14$
　　両辺を2でわると，
　　　$x^2 = 7$
　　　$x = \pm\sqrt{7}$
　　　　　　答　$x = \pm\sqrt{7}$

(2)　　$4x^2 - 15 = 0$
　　-15 を移項すると，
　　　　$4x^2 = 15$
　　両辺を4でわると，
　　　　$x^2 = \dfrac{15}{4}$
　　　　$x = \pm\dfrac{\sqrt{15}}{2}$
　　　　　　答　$x = \pm\dfrac{\sqrt{15}}{2}$

(3)　$(x + 6)^2 = 2$
　　　$x + 6 = \pm\sqrt{2}$
　　　$x = -6 \pm\sqrt{2}$
　　　　　答　$x = -6 \pm\sqrt{2}$

(4)　　$(x - 1)^2 = 49$
　　　$x - 1 = \pm 7$
　　　　$x = 1 \pm 7$
　　$x = 1 + 7$ から，$x = 8$
　　$x = 1 - 7$ から，$x = -6$
　　　　　答　$x = 8,\ x = -6$

---

4 次の方程式を，解の公式を使って解きなさい。
(1)　$x^2 + 5x + 3 = 0$
(2)　$x^2 - 6x + 4 = 0$
(3)　$4x^2 + 8x + 1 = 0$
(4)　$3x^2 + 2x - 1 = 0$

答え

(1)　$a = 1,\ b = 5,\ c = 3$ を解の公式に代入すると，
$$x = \frac{-5 \pm\sqrt{5^2 - 4 \times 1 \times 3}}{2 \times 1}$$
$$= \frac{-5 \pm\sqrt{25 - 12}}{2}$$
$$= \frac{-5 \pm\sqrt{13}}{2}$$
　　　　　答　$x = \dfrac{-5 \pm\sqrt{13}}{2}$

(2)　$a = 1,\ b = -6,\ c = 4$ を解の公式に代入すると，
$$x = \frac{-(-6) \pm\sqrt{(-6)^2 - 4 \times 1 \times 4}}{2 \times 1}$$
$$= \frac{6 \pm\sqrt{20}}{2}$$
$$= \frac{6 \pm 2\sqrt{5}}{2}$$
$$= 3 \pm\sqrt{5}$$
　　　　　答　$x = 3 \pm\sqrt{5}$

教科書 P.89

(3)　$a = 4$, $b = 8$, $c = 1$ を解の公式に代入すると,

$$x = \frac{-8 \pm \sqrt{8^2 - 4 \times 4 \times 1}}{2 \times 4}$$

$$= \frac{-8 \pm \sqrt{64 - 16}}{8}$$

$$= \frac{-8 \pm \sqrt{48}}{8}$$

$$= \frac{-8 \pm 4\sqrt{3}}{8}$$

$$= \frac{-2 \pm \sqrt{3}}{2}$$

答　$x = \dfrac{-2 \pm \sqrt{3}}{2}$

(4)　$a = 3$, $b = 2$, $c = -1$ を解の公式に代入すると,

$$x = \frac{-2 \pm \sqrt{2^2 - 4 \times 3 \times (-1)}}{2 \times 3}$$

$$= \frac{-2 \pm \sqrt{16}}{6}$$

$$= \frac{-2 \pm 4}{6}$$

$x = \dfrac{-2 + 4}{6}$ から, $x = \dfrac{1}{3}$　　$x = \dfrac{-2 - 4}{6}$ から, $x = -1$

答　$x = \dfrac{1}{3}$, $x = -1$

● 2次方程式の解き方

計算力を高めよう 4

教科書 P.90

no.1　因数分解を使った解き方

(1)　$(x + 9)(x - 3) = 0$　　(2)　$(x + 5)(x + 1) = 0$　　(3)　$x^2 + 5x - 24 = 0$

(4)　$x^2 + 11x + 24 = 0$　　(5)　$x^2 - 8x + 15 = 0$　　(6)　$x^2 + 8x + 16 = 0$

(7)　$x^2 - 12x + 36 = 0$　　(8)　$x^2 - x - 42 = 0$　　(9)　$x^2 + x = 0$

(10)　$x^2 - 36 = 0$　　(11)　$x^2 - 18 = 2x + 17$　　(12)　$2x^2 - 20x + 50 = 0$

(13)　$-3x^2 + 15x - 18 = 0$　(14)　$(x - 2)(x + 2) = 3x$　(15)　$(x - 3)^2 = -x + 15$

(16)　$x(x - 4) = 7(x - 4)$　(17)　$(x + 1)(x + 4) - 5x - 5 = 0$　(18)　$\dfrac{1}{2}x(x + 1) = 21$

答え

(1)　$(x + 9)(x - 3) = 0$
答　$x = -9$, $x = 3$

(2)　$(x + 5)(x + 1) = 0$
答　$x = -5$, $x = -1$

(3)　$x^2 + 5x - 24 = 0$
$(x - 3)(x + 8) = 0$
答　$x = 3$, $x = -8$

(4)　$x^2 + 11x + 24 = 0$
$(x + 3)(x + 8) = 0$
答　$x = -3$, $x = -8$

(5)　$x^2 - 8x + 15 = 0$
$(x - 3)(x - 5) = 0$
答　$x = 3$, $x = 5$

(6)　$x^2 + 8x + 16 = 0$
$(x + 4)^2 = 0$
答　$x = -4$

(7)　$x^2 - 12x + 36 = 0$
$(x - 6)^2 = 0$
答　$x = 6$

(8)　$x^2 - x - 42 = 0$
$(x - 7)(x + 6) = 0$
答　$x = 7$, $x = -6$

(9)　$x^2 + x = 0$
$x(x + 1) = 0$
答　$x = 0$, $x = -1$

(10) $x^2 - 36 = 0$
$(x + 6)(x - 6) = 0$
答 $x = \pm 6$

(11) $x^2 - 18 = 2x + 17$
$x^2 - 2x - 35 = 0$
$(x - 7)(x + 5) = 0$
答 $x = 7, \ x = -5$

(12) $2x^2 - 20x + 50 = 0$
$x^2 - 10x + 25 = 0$
$(x - 5)^2 = 0$
答 $x = 5$

(13) $-3x^2 + 15x - 18 = 0$
$x^2 - 5x + 6 = 0$
$(x - 2)(x - 3) = 0$
答 $x = 2, \ x = 3$

(14) $(x - 2)(x + 2) = 3x$
$x^2 - 3x - 4 = 0$
$(x - 4)(x + 1) = 0$
答 $x = 4, \ x = -1$

(15) $(x - 3)^2 = -x + 15$
$x^2 - 5x - 6 = 0$
$(x - 6)(x + 1) = 0$
答 $x = 6, \ x = -1$

(16) $x(x - 4) = 7(x - 4)$
$x(x - 4) - 7(x - 4) = 0$
$(x - 4)(x - 7) = 0$
答 $x = 4, \ x = 7$

(17) $(x + 1)(x + 4) - 5x - 5 = 0$
$(x + 1)(x + 4) - 5(x + 1) = 0$
$(x + 1)(x + 4 - 5) = 0$
$(x + 1)(x - 1) = 0$
答 $x = 1, \ x = -1$
$(x = \pm 1)$

(18) $\dfrac{1}{2} x(x + 1) = 21$
$x^2 + x - 42 = 0$
$(x - 6)(x + 7) = 0$
答 $x = 6, \ x = -7$

---

no. 2 平方根の考えを使った解き方

(1) $3x^2 = 36$

(2) $4x^2 = 81$

(3) $x^2 - 7 = 0$

(4) $3x^2 - 27 = 0$

(5) $\dfrac{1}{4} x^2 = 5$

(6) $(x + 6)^2 = 11$

(7) $(x - 9)^2 = 16$

(8) $(x - 3)^2 - 18 = 0$

(9) $(2x + 5)^2 = 9$

(10) $(6 - 3x)^2 = 81$

答え

(1) $3x^2 = 36$
$x^2 = 12$
答 $x = \pm 2\sqrt{3}$

(2) $4x^2 = 81$
$x^2 = \dfrac{81}{4}$
答 $x = \pm \dfrac{9}{2}$

(3) $x^2 - 7 = 0$
$x^2 = 7$
答 $x = \pm\sqrt{7}$

(4) $3x^2 - 27 = 0$
$x^2 = 9$
答 $x = \pm 3$

(5) $\dfrac{1}{4} x^2 = 5$
$x^2 = 20$
答 $x = \pm 2\sqrt{5}$

(6) $(x + 6)^2 = 11$
$x + 6 = \pm\sqrt{11}$
答 $x = -6 \pm\sqrt{11}$

(7) $(x - 9)^2 = 16$
$x - 9 = \pm 4$
答 $x = 5, \ x = 13$

(8) $(x - 3)^2 - 18 = 0$
$(x - 3)^2 = 18$
$x - 3 = \pm 3\sqrt{2}$
答 $x = 3 \pm 3\sqrt{2}$

(9) $(2x + 5)^2 = 9$
$2x + 5 = \pm 3$
$2x = -5 \pm 3$
答 $x = -4, \ x = -1$

(10) $(6 - 3x)^2 = 81$
$6 - 3x = \pm 9$
$-3x = -6 \pm 9$
答 $x = 5, \ x = -1$

---

no. 3 解の公式を使った解き方

(1) $x^2 + 7x + 2 = 0$

(2) $2x^2 - 5x + 1 = 0$

(3) $3x^2 - 5x - 2 = 0$

(4) $4x^2 + 8x - 5 = 0$

(5) $x^2 + 2x - 4 = 0$

(6) $x^2 + 6x + 1 = 0$

(7) $x^2 + x = 1$

(8) $3x^2 + 2 = 8x$

(9) $6x^2 = x + 4$

(10) $x(6x - 1) = 1$

(11) $5x^2 - 4 = 6x$

(12) $\dfrac{x^2}{5} + \dfrac{x}{10} = 1$

(1) $x = \dfrac{-7 \pm \sqrt{7^2 - 4 \times 1 \times 2}}{2 \times 1}$

$= \dfrac{-7 \pm \sqrt{41}}{2}$

答 $x = \dfrac{-7 \pm \sqrt{41}}{2}$

(2) $x = \dfrac{-(-5) \pm \sqrt{(-5)^2 - 4 \times 2 \times 1}}{2 \times 2}$

$= \dfrac{5 \pm \sqrt{17}}{4}$

答 $x = \dfrac{5 \pm \sqrt{17}}{4}$

(3) $x = \dfrac{-(-5) \pm \sqrt{(-5)^2 - 4 \times 3 \times (-2)}}{2 \times 3}$

$= \dfrac{5 \pm \sqrt{49}}{6}$

$= \dfrac{5 \pm 7}{6}$ 答 $x = 2,\ x = -\dfrac{1}{3}$

(4) $x = \dfrac{-8 \pm \sqrt{8^2 - 4 \times 4 \times (-5)}}{2 \times 4}$

$= \dfrac{-8 \pm \sqrt{64 + 80}}{8}$

$= \dfrac{-8 \pm 12}{8}$ 答 $x = \dfrac{1}{2},\ -\dfrac{5}{2}$

(5) $x = \dfrac{-2 \pm \sqrt{2^2 - 4 \times 1 \times (-4)}}{2 \times 1}$

$= \dfrac{-2 \pm \sqrt{20}}{2}$

$= \dfrac{-2 \pm 2\sqrt{5}}{2} = -1 \pm \sqrt{5}$

答 $x = -1 \pm \sqrt{5}$

(6) $x = \dfrac{-6 \pm \sqrt{6^2 - 4 \times 1 \times 1}}{2 \times 1}$

$= \dfrac{-6 \pm 4\sqrt{2}}{2}$

$= -3 \pm 2\sqrt{2}$

答 $x = -3 \pm 2\sqrt{2}$

(7) 移項すると，$x^2 + x - 1 = 0$

$x = \dfrac{-1 \pm \sqrt{1^2 - 4 \times 1 \times (-1)}}{2 \times 1}$

$= \dfrac{-1 \pm \sqrt{1 + 4}}{2}$

$= \dfrac{-1 \pm \sqrt{5}}{2}$ 答 $x = \dfrac{-1 \pm \sqrt{5}}{2}$

(8) 移項すると，$3x^2 - 8x + 2 = 0$

$x = \dfrac{-(-8) \pm \sqrt{(-8)^2 - 4 \times 3 \times 2}}{2 \times 3}$

$= \dfrac{8 \pm \sqrt{40}}{6}$

$= \dfrac{4 \pm \sqrt{10}}{3}$ 答 $x = \dfrac{4 \pm \sqrt{10}}{3}$

(9) 移項すると，$6x^2 - x - 4 = 0$

$x = \dfrac{-(-1) \pm \sqrt{(-1)^2 - 4 \times 6 \times (-4)}}{2 \times 6}$

$= \dfrac{1 \pm \sqrt{97}}{12}$

答 $x = \dfrac{1 \pm \sqrt{97}}{12}$

(10) 展開して整理すると，

$6x^2 - x - 1 = 0$

$x = \dfrac{-(-1) \pm \sqrt{(-1)^2 - 4 \times 6 \times (-1)}}{2 \times 6}$

$= \dfrac{1 \pm \sqrt{1 + 24}}{12}$

$= \dfrac{1 \pm 5}{12}$ 答 $x = \dfrac{1}{2},\ -\dfrac{1}{3}$

(11) 移項すると，$5x^2 - 6x - 4 = 0$

$x = \dfrac{-(-6) \pm \sqrt{(-6)^2 - 4 \times 5 \times (-4)}}{2 \times 5}$

$= \dfrac{6 \pm \sqrt{116}}{10} = \dfrac{6 \pm 2\sqrt{29}}{10}$

$= \dfrac{3 \pm \sqrt{29}}{5}$

答 $x = \dfrac{3 \pm \sqrt{29}}{5}$

(12) 両辺を10倍して整理すると，

$2x^2 + x - 10 = 0$

$x = \dfrac{-1 \pm \sqrt{1^2 - 4 \times 2 \times (-10)}}{2 \times 2}$

$= \dfrac{-1 \pm \sqrt{81}}{4} = \dfrac{-1 \pm 9}{4}$

答 $x = 2,\ -\dfrac{5}{2}$

2 2次方程式の利用

☑ ◎ 2次方程式を使って問題を解く手順

　2次方程式を利用して，いろいろな問題を解くには，次の手順で考える。

① 問題の中にある数量の関係を見つけ，図や表，ことばの式で表す。

② わかっている数量，わからない数量をはっきりさせ，文字を使って方程式をつくる。

③ 方程式を解く。

④ 方程式の解が問題に適しているかどうかを確かめ，適していれば問題の答えとする。

注 2次方程式では，一般に解が2つある。方程式の解が，そのまま問題の答えとならない場合があるので，x の変域や問題の条件を考え，解が問題の答えとして適しているかどうか調べる必要がある。

1 2次方程式の利用

--- 教科書 P.91 ---

問 1 例1(教科書P.91)で，大きい方の整数を x として方程式をつくり，答えを求めなさい。

答え

大きい方の整数を x とすると，小さい方の整数は $x-1$ と表される。

$$x^2 + (x-1)^2 = 85$$

これを解くと，

$$2x^2 - 2x - 84 = 0$$
$$x^2 - x - 42 = 0$$
$$(x-7)(x+6) = 0$$
$$x = 7, \ x = -6$$

$x = 7$ のとき，2つの整数は，6，7

$x = -6$ のとき，2つの整数は，-7，-6

これらは，どちらも問題に適している。

答 6，7と -7，-6

--- 教科書 P.91 ---

問 2 例1(教科書P.91)で，「連続する2つの整数」を「連続する2つの自然数」に変えると，答えはどうなりますか。

ガイド

自然数とは，正の整数(1，2，3，……)のことです。

答え

x は自然数でなければならないから，例1(教科書P.91)の方程式の解で，$x = 6$ は問題に適しているが，$x = -7$ は問題に適していない。

$x = 6$ のとき，6，7は連続する2つの自然数となり，問題に適している。

答 6，7

問 3 連続する 2 つの自然数があります。大きい方の数の 2 乗から，小さい方の数の 2 倍をひいた差は 26 になります。この 2 つの自然数を求めなさい。

ガイド 大きい方の自然数を x とすると，小さい方の自然数は，$x-1$ と表されます。
また，小さい方の自然数を x とすると，大きい方の自然数は，$x+1$ と表されます。どちらかの方法で解きましょう。

答え 大きい方の自然数を x とすると，小さい方の自然数は，$x-1$ と表される。
$$x^2 - 2(x-1) = 26$$
これを解くと，$x^2 - 2x - 24 = 0$
$$(x-6)(x+4) = 0$$
$$x = 6, \ x = -4$$
x は自然数でなければならないから，$x=6$ は問題に適しているが，$x=-4$ は適していない。
$x=6$ のとき，2 つの自然数は，5, 6   **答 5, 6**

別解 小さい方の自然数を x とすると，大きい方の自然数は，$x+1$ と表される。
$$(x+1)^2 - 2x = 26$$
これを解くと，$x^2 - 25 = 0$
$$(x+5)(x-5) = 0$$
$$x = -5, \ x = 5$$
x は自然数でなければならないから，$x=5$ は問題に適しているが，$x=-5$ は適していない。
$x=5$ のとき，2 つの自然数は，5, 6   **答 5, 6**

問 4 右の図のように，幅 20 cm の厚紙を左右同じ長さだけ折り曲げ，切り口の長方形の面積を 42 cm^2 にします。厚紙を左右何 cm ずつ折り曲げればよいですか。

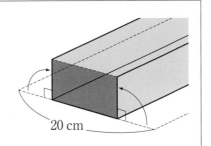

20 cm

ガイド 折り曲げる長さを x cm とすると，切り口の長方形の横の長さは，$(20-2x)$ cm になります。また，x の変域は $0 < x < 10$ です。

答え 折り曲げる長さを x cm とすると，
$$x(20-2x) = 42$$
これを解くと，$-2x^2 + 20x - 42 = 0$
$$x^2 - 10x + 21 = 0$$
$$(x-3)(x-7) = 0$$
$$x = 3, \ x = 7$$
$0 < x < 10$ より，これらは，どちらも問題に適している。   **答 3 cm または 7 cm**

（単位：cm）

3 章 2 次方程式

問 5 ▷ (教科書)75 ページの問題について，太陽電池の縦の枚数を求めなさい。また，どのように解いたか説明しなさい。

ガイド
答え

太陽電池は，縦に x 枚しきつめるとします。(長方形の面積) ＝ (縦) × (横)です。

太陽電池を縦に x 枚しきつめるとすると，

$$x(x + 2) = 399$$

これを解くと，$x^2 + 2x - 399 = 0$

$$(x + 21)(x - 19) = 0$$

$$x = -21, \ x = 19$$

$x > 0$ であるから，$x = 19$ は問題に適しているが，$x = -21$ は適していない。

答　**19 枚**

問 6 ▷ 例 3 (教科書 P.93)で，2 つの正方形の面積の和が $70 \ \text{cm}^2$ になるのは，点 P が何 cm 動いたときですか。

答え

点 P が x cm 動いたとすると，

$$x^2 + (10 - x)^2 = 70$$

これを解くと，$2x^2 - 20x + 30 = 0$

$$x^2 - 10x + 15 = 0$$

解の公式より，

$$x = \frac{-(-10) \pm \sqrt{(-10)^2 - 4 \times 1 \times 15}}{2 \times 1}$$

$$= \frac{10 \pm \sqrt{40}}{2} = 5 \pm \sqrt{10}$$

$3 < \sqrt{10} < 4$ だから，$8 < 5 + \sqrt{10} < 9$

$-4 < -\sqrt{10} < -3$ だから，$1 < 5 - \sqrt{10} < 2$

$0 \leqq x \leqq 10$ であるから，$x = 5 \pm \sqrt{10}$ はどちらも問題に適している。

答　$(5 + \sqrt{10})$cm，$(5 - \sqrt{10})$cm

② 2 次方程式の利用

確かめよう

1 ある整数を 2 乗すると，その整数を 6 倍して 27 を加えた数と等しくなります。この整数を求めなさい。

答え

ある整数を x とすると，

$$x^2 = 6x + 27$$

これを解くと，$x^2 - 6x - 27 = 0$

$$(x - 9)(x + 3) = 0$$

$$x = 9, \ x = -3$$

これらは，どちらも問題に適している。

答　**9，−3**

2 右の図のように，正方形の土地の縦を 2 m 短くし，横を 3 m 長くしたところ，その面積が 50 m^2 になりました。もとの土地の 1 辺の長さを求めなさい。

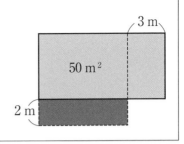

3 m
50 m^2
2 m

ガイド　もとの正方形の 1 辺を x m とすると，できた長方形の縦の長さは，$(x - 2)$m，横の長さは，$(x + 3)$m になります。

答え　もとの正方形の 1 辺の長さを x m とすると，
$$(x - 2)(x + 3) = 50$$
これを解くと，$x^2 + x - 56 = 0$
$$(x - 7)(x + 8) = 0$$
$$x = 7, \quad x = -8$$
$x > 2$ であるから，$x = 7$ は問題に適しているが，$x = -8$ は適していない。

答　7 m

3 章のまとめの問題

教科書 P.94 〜 96

基本

1 次の㋐〜㋓の方程式のうち，解の 1 つが -2 であるものはどれですか。

㋐　$x^2 - 2 = 0$
㋑　$x^2 - x = 6$
㋒　$(x - 5)(x + 2) = 0$
㋓　$(x - 2)^2 = 0$

答え　㋐〜㋓に $x = -2$ を代入すると，
㋐　左辺…$(-2)^2 - 2 = 2$　　　　右辺…0　成り立たない
㋑　左辺…$(-2)^2 - (-2) = 6$　　右辺…6　成り立つ
㋒　左辺…$(-2 - 5) \times (-2 + 2) = 0$　右辺…0　成り立つ
㋓　左辺…$(-2 - 2)^2 = 16$　　　右辺…0　成り立たない　　答　㋑, ㋒

2 次の方程式を解きなさい。
(1)　$4x^2 = 25$
(2)　$(x - 5)^2 = 6$
(3)　$(2x - 1)^2 = 64$
(4)　$x^2 + 8x + 12 = 0$
(5)　$x^2 - x - 30 = 0$
(6)　$x^2 - 7x + 1 = 0$
(7)　$4x^2 - 28x + 24 = 0$
(8)　$2x^2 - 6x + 3 = 0$
(9)　$x^2 + 5 = 10x - 20$
(10)　$21x = 3x^2$

答え
(1)　$4x^2 = 25$
$$x^2 = \frac{25}{4}$$
$$x = \pm\frac{5}{2}$$
答　$x = \pm\dfrac{5}{2}$

(2)　$(x - 5)^2 = 6$
$$x - 5 = \pm\sqrt{6}$$
$$x = 5 \pm\sqrt{6}$$
答　$x = 5 \pm\sqrt{6}$

(3)　$(2x-1)^2 = 64$

$2x - 1 = \pm 8$　　$2x = 1 \pm 8$

$2x = 1 + 8$ より，$2x = 9$，$x = \dfrac{9}{2}$

$2x = 1 - 8$ より，$2x = -7$，$x = -\dfrac{7}{2}$

答　$x = \dfrac{9}{2}$，$x = -\dfrac{7}{2}$

(4)　$x^2 + 8x + 12 = 0$

$(x + 2)(x + 6) = 0$

$x + 2 = 0$　または　$x + 6 = 0$

$x = -2$，$x = -6$

答　$x = -2$，$x = -6$

(5)　$x^2 - x - 30 = 0$

$(x - 6)(x + 5) = 0$

$x - 6 = 0$　または　$x + 5 = 0$

$x = 6$，$x = -5$

答　$x = 6$，$x = -5$

(6)　$x^2 - 7x + 1 = 0$

$x = \dfrac{-(-7) \pm \sqrt{(-7)^2 - 4 \times 1 \times 1}}{2 \times 1}$

$= \dfrac{7 \pm \sqrt{45}}{2}$

$= \dfrac{7 \pm 3\sqrt{5}}{2}$

答　$x = \dfrac{7 \pm 3\sqrt{5}}{2}$

(7)　$4x^2 - 28x + 24 = 0$

$x^2 - 7x + 6 = 0$

$(x - 1)(x - 6) = 0$

$x - 1 = 0$　または　$x - 6 = 0$

$x = 1$，$x = 6$　　答　$x = 1$，$x = 6$

(8)　$2x^2 - 6x + 3 = 0$

$x = \dfrac{-(-6) \pm \sqrt{(-6)^2 - 4 \times 2 \times 3}}{2 \times 2}$

$= \dfrac{6 \pm \sqrt{12}}{4} = \dfrac{6 \pm 2\sqrt{3}}{4}$

$= \dfrac{3 \pm \sqrt{3}}{2}$

答　$x = \dfrac{3 \pm \sqrt{3}}{2}$

(9)　　　　　$x^2 + 5 = 10x - 20$

移項して整理すると，

$x^2 - 10x + 25 = 0$

$(x - 5)^2 = 0$

$x - 5 = 0$

$x = 5$

答　$x = 5$

(10)　　　　$21x = 3x^2$

移項して，両辺をx^2の係数-3でわると，

$x^2 - 7x = 0$

$x(x - 7) = 0$

$x = 0$ または $x - 7 = 0$

$x = 0$，$x = 7$

答　$x = 0$，$x = 7$

3　2次方程式 $x^2 + ax - 15 = 0$ の解の1つが3のとき，a の値を求めなさい。また，もう1つの解を求めなさい。

答え　$x = 3$ を方程式に代入すると，$3^2 + 3a - 15 = 0$　したがって，$a = 2$

$x^2 + 2x - 15 = 0$ を解くと，$(x - 3)(x + 5) = 0$　$x = 3$，$x = -5$

答　$a = 2$，もう1つの解…$x = -5$

4　ある自然数を2乗するところを，誤って2倍してしまったため，答えが35小さくなりました。このとき，次の問いに答えなさい。

(1)　もとの自然数を x として，方程式をつくりなさい。

(2)　(1)でつくった方程式を解き，もとの自然数を求めなさい。

答え　(1)　もとの自然数を x とすると，$x^2 - 2x = 35$（または，$x^2 = 2x + 35$ でもよい）

(2)　移項すると，　　　　$x^2 - 2x - 35 = 0$

因数分解すると，$(x - 7)(x + 5) = 0$

$x = 7$　または　$x = -5$

x は自然数だから，$x = 7$ は問題に適しているが，$x = -5$ は適していない。

答　7

5 右の図のように，1辺15mの正方形の土地に，幅が一定の道と
花だんをつくります。花だんの面積を144 m^2にするには，道の
幅を何mにすればよいですか。

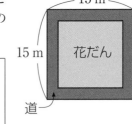

15 m

15 m 花だん

道

答え

道の幅を$x \text{ m}$とすると，$(15 - 2x)^2 = 144$

これを解くと，$15 - 2x = \pm 12$

$-2x = -15 \pm 12$

$x = \dfrac{3}{2}, \ x = \dfrac{27}{2}$

$0 < x < \dfrac{15}{2}$であるから，$x = \dfrac{3}{2}$は問題に適しているが，$x = \dfrac{27}{2}$は適していない。

答　$\dfrac{3}{2} \text{ m} (1.5 \text{m})$

応用

1 次の方程式を解きなさい。

(1)　$x^2 + 3x = 4(x + 3)$

(2)　$(x - 4)^2 = 2(x - 5) + 2$

(3)　$\dfrac{1}{3}x(x - 2) = 2$

(4)　$x^2 + \dfrac{2}{3}x + \dfrac{1}{9} = 0$

3章 2次方程式

答え

(1)　$x^2 + 3x = 4(x + 3)$

$x^2 - x - 12 = 0$

$(x - 4)(x + 3) = 0$

答　$x = 4, \ x = -3$

(2)　$(x - 4)^2 = 2(x - 5) + 2$

$x^2 - 10x + 24 = 0$

$(x - 4)(x - 6) = 0$

答　$x = 4, \ x = 6$

(3)　$\dfrac{1}{3}x(x - 2) = 2$

$x^2 - 2x = 6$

$x^2 - 2x + 1^2 = 6 + 1^2$

$(x - 1)^2 = 7$

$x - 1 = \pm\sqrt{7}$　答　$x = 1 \pm \sqrt{7}$

(4)　$x^2 + \dfrac{2}{3}x + \dfrac{1}{9} = 0$

$\left(x + \dfrac{1}{3}\right)^2 = 0$

$x + \dfrac{1}{3} = 0$　答　$x = -\dfrac{1}{3}$

2 次の㋐，㋑の2次方程式は，どちらも解の1つが2です。このとき，下の問いに答えな
さい。

㋐　$x^2 - 4ax + 3b = 0$　　㋑　$x^2 + ax - 2b = 0$

(1)　$a, \ b$の値を求めなさい。

(2)　㋐，㋑のもう1つの解を，それぞれ求めなさい。

答え

(1)　$x = 2$を㋐と㋑の方程式にそれぞれ代入すると，

$2^2 - 8a + 3b = 0 \cdots$①　　$2^2 + 2a - 2b = 0 \cdots$②

①，②を連立方程式として解くと，$a = 2, \ b = 4$

答　$a = 2, \ b = 4$

(2) $a=2$, $b=4$ を[ア]と[イ]の方程式にそれぞれ代入して解くと，

[ア] $x^2-8x+12=0$ $(x-2)(x-6)=0$ $x=2$, $x=6$

[イ] $x^2+2x-8=0$ $(x-2)(x+4)=0$ $x=2$, $x=-4$

答 [ア] $x=6$, [イ] $x=-4$

3 連続する3つの自然数があります。もっとも小さい数ともっとも大きい数の積から，中央の数の2倍をひいた差は47になります。この3つの自然数を求めなさい。

答え

連続する3つの自然数のうち，中央の数を x とすると，

$(x-1)(x+1)-2x=47$ これを解くと，$x=8$, $x=-6$

x は自然数だから，$x=8$ は問題に適しているが，$x=-6$ は適していない。

答 7, 8, 9

4 横が縦より3cm長い長方形の厚紙があります。この厚紙の4すみから，1辺2cmの正方形を切り取って，ふたのない箱をつくったところ，その容積が $80\,\text{cm}^3$ になりました。もとの厚紙の縦の長さを求めなさい。

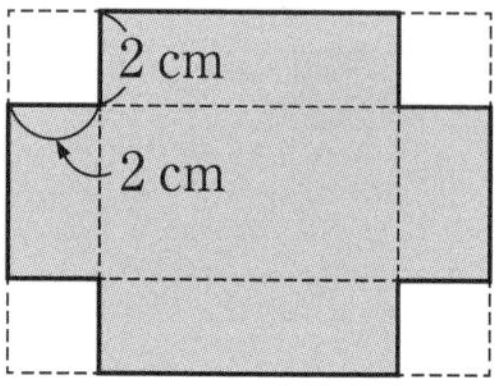

答え

もとの厚紙の縦の長さを x cmとすると，横の長さは，$(x+3)$ cmと表される。

右の図より，箱の底面の縦，横の長さはそれぞれ，

縦…$x-2\times2=x-4$(cm)

横…$(x+3)-2\times2=x-1$(cm)と表される。

容積が $80\,\text{cm}^3$ であることから，

$2(x-4)(x-1)=80$

両辺を2でわって左辺を展開すると，

$x^2-5x+4=40$

$x^2-5x-36=0$

$(x+4)(x-9)=0$

$x=-4$, $x=9$

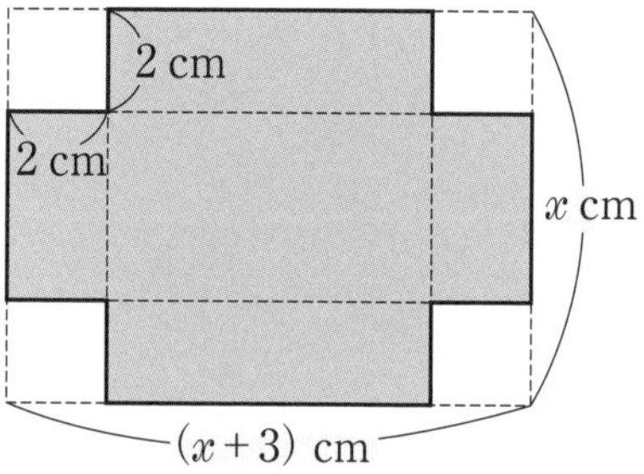

$x>4$ であるから，$x=9$ は問題に適しているが，$x=-4$ は適していない。

答 9cm

5 1辺10cmの正方形ABCDがあります。点Pは，秒速1cmで辺AB上をAからBまで動きます。また，点Qは，点Pと同時に出発して，点Pと同じ速さで辺BC上をBからCまで動きます。△PBQの面積が $8\,\text{cm}^2$ になるのは，点P，Qが出発してから何秒後ですか。

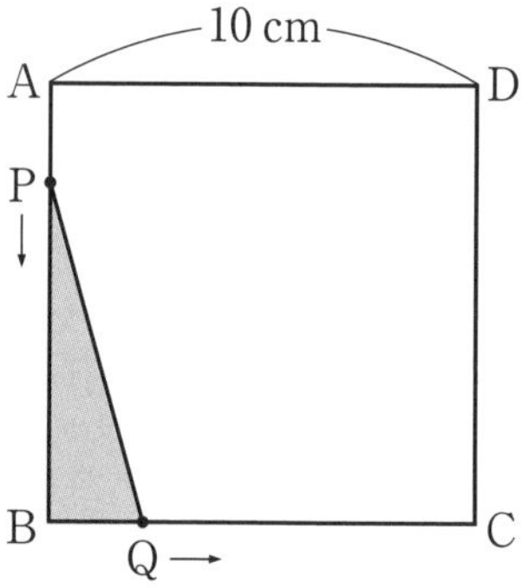

教科書 P.95

| ガイド 答え | 点Pと点Qは同時に出発して同じ速さで辺上を動くから，AP = BQ です。 |

点P，Qが出発してからx秒後に△PBQの面積が$8\,\mathrm{cm}^2$になるとすると，

PB = AB − AP = $10 − x\,(\mathrm{cm})$

BQ = $x\,\mathrm{cm}$

これより，

$$\frac{1}{2}x(10 − x) = 8$$
$$x(10 − x) = 16$$
$$x^2 − 10x + 16 = 0$$
$$(x − 2)(x − 8) = 0$$
$$x = 2,\ x = 8$$

$0 < x < 10$であるから，$x = 2,\ x = 8$は
どちらも問題に適している。

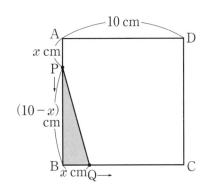

答 2秒後，8秒後

活用

1　多角形に何本の対角線が引けるか調べています。次の問いに答えなさい。

(1)　四角形，五角形，六角形，七角形は，それぞれ対角線が何本引けるか，次の図（図
は 答え 欄）を使って求めなさい。

| 答え | 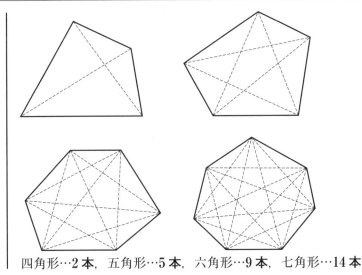 |

四角形…**2本**，五角形…**5本**，六角形…**9本**，七角形…**14本**

---

(2)　n角形では，$\frac{1}{2}n(n − 3)$本の対角線を引くことができます。1つの頂点から何本の対角
線が引けるかを考えて，この$\frac{1}{2}n(n − 3)$の式の意味を説明しなさい。

| 答え | n角形の1つの頂点から引ける対角線の本数は，それ自身ととなり合う頂点を除くから，$(n − 3)$本である。n角形の頂点はn個あるから，それらをかけると$n(n − 3)$本になるが，それぞれ2回重複して数えることになるので，それに$\frac{1}{2}$をかけて，$\frac{1}{2}n(n − 3)$本の対角線を引くことができる。 |

(3) 八角形では，対角線が何本引けますか。また，対角線が 35 本引けるのは何角形ですか。
(2)の式を使って求めなさい。

答 え

- 八角形の対角線の本数は，$\frac{1}{2}n(n-3)$ に $n=8$ を代入すると，

  $\frac{1}{2} \times 8 \times (8-3) = 20$　よって，20 本

- 対角線が 35 本引けるとき，

  $\frac{1}{2}n(n-3) = 35$　これを解くと，$n = 10$，$n = -7$

  $n \geqq 3$ であるから，$n = 10$

  答　20 本，十角形

役立つ数学

小学生のガウス

　ドイツの数学者ガウスには，小学生のとき，先生から出された「1 から 100 までのすべての自然数の和はいくつか」という問題を，次のような計算ですぐに解いてしまったというエピソードが残っています。

$$
\begin{array}{l}
\ \ 1 + \ \ 2 + \ \ 3 + \cdots\cdots\cdots\cdots\cdots + \ 98 + \ 99 + 100 \\
+)\ \ 100 + 99 + 98 + \cdots\cdots\cdots\cdots\cdots + \ \ 3 + \ \ 2 + \ \ 1 \\
\hline
101 + 101 + 101 + \cdots\cdots\cdots\cdots\cdots + 101 + 101 + 101
\end{array}
$$

$$\underbrace{}_{100\ 個}$$

$$101 \times 100 \div 2 = 5050 \qquad \text{答}\quad 5050$$

(1) 1 から n までの自然数の和はいくつでしょうか。この計算方法を使って求めてみましょう。

(2) 1 から n までの自然数の和が 78 になるのは，n がいくつのときでしょうか。

ガイド

$$
\begin{array}{l}
\ \ 1 + \ \ \ \ 2 + \ \ \ \ 3 + \cdots\cdots\cdots\cdots + (n-2) + (n-1) + n \\
+)\ \ \ \ n + (n-1) + (n-2) + \cdots\cdots\cdots\cdots + \ \ \ \ 3 + \ \ \ \ 2 + 1 \\
\hline
(n+1) + (n+1) + (n+1) + \cdots\cdots\cdots\cdots + (n+1) + (n+1) + (n+1)
\end{array}
$$

$$\underbrace{}_{n\ 個}$$

答 え

(1) 1 から n までの自然数の和の 2 つ分は，$n+1$（最初の数 1 と最後の数 n の和）の n 個分である。

したがって，1 から n までの自然数の和は，

$(n+1) \times n \div 2 = \frac{1}{2}n(n+1)$　　　　　　　　**答　$\frac{1}{2}n(n+1)$**

(2) $\frac{1}{2}n(n+1) = 78$　これを解くと，$n = 12$，$n = -13$

n は自然数だから，$n = 12$　　　　　　　　　　**答　$n = 12$**

100

教科書 P.96 〜 97

 **総当たり戦の試合数は？** 発展 高等学校

教科書 P.98

　1つのチームがほかのすべての参加チームと1回ずつ試合を行い，その勝敗で優勝チーム
を決める方法を，総当たり戦といいます。
　総当たり戦の試合数について考えてみましょう。

1 参加チームがA～Fの6チームだったとき，試合数は全部で何試合になるでしょうか。
　次の表や図を見て説明してみましょう。

	A	B	C	D	E	F
A		●	●	●	●	●
B			●	●	●	●
C				●	●	●
D					●	●
E						●
F						

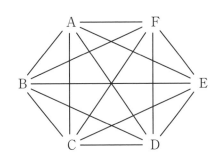

答え 6チームがそれぞれ自分のチーム以外の5チームと試合をするから，
$6 \times 5 = 30$ より 30 試合であるが，2回重複して数えていることになるので，
$30 \times \dfrac{1}{2} = 15$ より，15 試合になる。

　　　　　　　　　　　　　　　　　　　　　　　　　　　　　答　**15 試合**

2 参加チームが n チームあるとき，試合数は全部で何試合になるでしょうか。n を用いて
　表してみましょう。

答え $n \times (n-1) \times \dfrac{1}{2} = \dfrac{n(n-1)}{2}$ 　　　　　答　$\dfrac{n(n-1)}{2}$ 試合

3 総当たり戦で行われたある大会では，試合数が全部で 45 試合ありました。この大会の
　参加チームは何チームでしょうか。

答え $\dfrac{n(n-1)}{2} = 45$
これを解くと，$n = 10$，$n = -9$
$n \geqq 2$ であるから，$n = 10$ 　　　　　　　　　　　答　**10 チーム**

4章 関数 $y = ax^2$

1 下の図(教科書 P.101)は，ジャンパーが斜面を滑り降りたとき，スタートしてから1秒ごとの位置を示したものとします。次の問いを考えてみましょう。

(1) 滑り始めてから x 秒間に滑り降りた距離を y m として，x と y の関係を表すと，次の表のようになりました。対応する x, y の値の組を座標とする点を，右の図(図は 答え 欄)にかき入れてみましょう。また，グラフはどんな形になるでしょうか。

x(秒)	0	1	2	3	4
y(m)	0	6	24	54	96

(2) y は x に比例する，または，y は x に反比例するといえるでしょうか。その理由も説明しましょう。

ガイド (2) y が x に比例するときは $y = ax$，反比例するときは $y = \dfrac{a}{x}$ の式で表されます。

答え (1) 右の図
(例)右上がりの曲線。

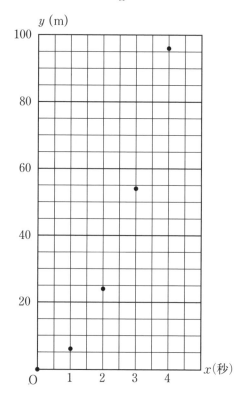

(2) 比例するとも，反比例するともいえない。

(理由)・x と y の関係は，$y = ax$（a は比例定数）の式でも，$y = \dfrac{a}{x}$（a は比例定数）の式でも表せないから。

・グラフの形が直線(比例)でも，双曲線(反比例)でもないから。

$\boxed{.1}$ 関数 $y = ax^2$

☑◎ 2乗に比例する関数

　y が x の関数であり，次のような式で表せるとき，y は x の2乗に比例するという。

　　$y = ax^2$

ただし，a は0でない定数で，この a を比例定数という。

☑◎ 関数 $y = ax^2$ のグラフ

　関数 $y = ax^2$ のグラフには，次の特徴がある。

① 原点を通り，y 軸について対称な曲線である。

② $a > 0$ のとき，上に開いている。
　$a < 0$ のとき，下に開いている。

③ a の絶対値が大きいほど，グラフの開き方は小さい。

④ $y = ax^2$ のグラフと $y = -ax^2$ のグラフは，x 軸について対称である。

　関数 $y = ax^2$ のグラフの曲線は，放物線と呼ばれる。

☑◎ 関数 $y = ax^2$ の値の変化

　$y = ax^2$ では，x の値が増加するにつれて，それに対応する y の値は次のように変化する。

$a > 0$ のとき	$a < 0$ のとき
(1) $x < 0$ のとき，y の値は減少する。	(1) $x < 0$ のとき，y の値は増加する。
(2) $x > 0$ のとき，y の値は増加する。	(2) $x > 0$ のとき，y の値は減少する。
(3) $x = 0$ のとき，$y = 0$ となり，y の値は減少から増加に変わる。このとき，y は最小値0をとる。	(3) $x = 0$ のとき，$y = 0$ となり，y の値は増加から減少に変わる。このとき，y は最大値0をとる。

☑◎ 関数 $y = ax^2$ の利用

　スタート直後の短距離走で，時間と進む距離，自動車の時速と制動距離(ブレーキがきき始めてから止まるまでに進む距離)などは，2乗に比例する関数といえる。

☑◎ いろいろな関数

　グラフが階段状になる関数や，x の変域によって異なる式で表される関数がある。

覚 $y = ax^2$ のグラフ

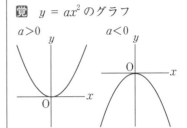
$a > 0$　　　$a < 0$

覚

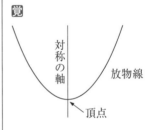
対称の軸　放物線　頂点

覚 関数 $y = ax^2$

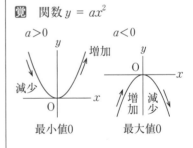
$a > 0$　　　$a < 0$
増加　減少
減少　増加
最小値0　　最大値0

注 関数 $y = ax^2$ の変化の割合は，1次関数とは異なり，一定ではない。

❶ 2乗に比例する関数

教科書 P.102

Q 前ページ（教科書 P.101）の ⛰ の斜面の傾斜を変え，ジャンパーを斜面を転がるボールにおきかえて実験しました。転がり始めてから x 秒間に進んだ距離を y m として，x と y の関係を表すと，次の表のようになりました。x と y の間にはどんな関係があるでしょうか。

x(秒)	0	1	2	3	4	5	…
y(m)	0	0.5	2	4.5	8	12.5	…

ガイド $x = 1$ のときの y の値と，$x = 2$ のときの y の値を比べましょう。
また，$x = 1$ のときの y の値と，$x = 3$ のときの y の値も比べましょう。

答え $x = 1$ のとき $y = 0.5$，$x = 2$ のとき $y = 2$ が対応しているから，x の値が 1 から 2 へ 2 倍になると，y の値は $2 \div 0.5 = 4$ より，4 倍になっている。

$x = 1$ のとき $y = 0.5$，$x = 3$ のとき $y = 4.5$ が対応しているから，x の値が 1 から 3 へ 3 倍になると，y の値は $4.5 \div 0.5 = 9$ より，9 倍になっている。

x の値が 2 倍になるときについては，x の値が 2 から 4 になる場合を調べてもよい。

x(秒)	0	1	2	3	4	5	…
y(m)	0	0.5	2	4.5	8	12.5	…

$x = 2$ のとき $y = 2$，$x = 4$ のとき $y = 8$ が対応しているから，y の値は $8 \div 2 = 4$ より，4 倍になっている。以上のことから，x の値が 2 倍，3 倍，…になるとき，y の値は 4 倍，9 倍，…になる。

答 x の値が 2 倍，3 倍，…になると，y の値は 4 倍，9 倍，…になる。

教科書 P.102

問 1 **Q** について，x^2 の値を求め，次の表（表は **答え** 欄）を完成させなさい。また，x^2 と y の関係を調べなさい。

ガイド y が x^2 の何倍になっているか調べましょう。

答え

x(秒)	0	1	2	3	4	5	…
x^2	0	1	4	9	16	25	…
y(m)	0	0.5	2	4.5	8	12.5	…

(例) ・y の値は，x^2 の値の 0.5 倍になっている。
・x^2 の値が 4 倍，9 倍，…になると，対応する y の値も，4 倍，9 倍，…になる。

104　　教科書 P.102

問 2 ▷ 次の(1)，(2)について，y を x の式で表しなさい。また，y は x の2
乗に比例するといえますか。

(1) 1辺 x cm の立方体の体積を y cm^3 とする。

(2) 半径 x cm の円の面積を y cm^2 とする。

ガイド　立方体の体積，円の面積を求める公式にあてはめて，y を x の式で表します。
y を x の式で表したとき，$y = ax^2$（a は0でない定数）が成り立てば，y は x の2
乗に比例するといえます。

答え　(1)　$y = x^3$　y は x の2乗に比例するといえない。

(2)　$y = \pi x^2$　$y = ax^2$ で，$a = \pi$ の場合なので，y は x の2乗に比例するといえる。

教科書 P.103

問 3 ▷ 次の関数について，表（表は **答え** 欄）を完成させなさい。また，y の値について気
づいたことをいいなさい。

(1) 関数 $y = x^2$

(2) 関数 $y = -x^2$

ガイド　x の値が増加すると，y の値がどのように変化するか調べましょう。

答え　(1)　関数 $y = x^2$

x	…	-4	-3	-2	-1	0	1	2	3	4	…
y	…	16	9	4	1	0	1	4	9	16	…

(2)　関数 $y = -x^2$

x	…	-4	-3	-2	-1	0	1	2	3	4	…
y	…	-16	-9	-4	-1	0	-1	-4	-9	-16	…

気づいたこと（例）

• $y = x^2$ は，x の絶対値が増加すると，y の値も増加するのに対し，関数 $y = -x^2$
は，x の絶対値が増加すると，y の値は減少する。

• $y = x^2$ は最小値が0，$y = -x^2$ は最大値が0である。

教科書 P.104

問 4 ▷ y が x の2乗に比例するとき，次の(1)，(2)について，y を x の式で表しなさい。また，
$x = -2$ のときの y の値を求めなさい。

(1)　$x = -4$ のとき $y = 8$

(2)　$x = 3$ のとき $y = -36$

ガイド　$y = ax^2$ とおいて，対応する x，y の値を代入して a を求めます。

答え (1) y は x の2乗に比例するから，$y = ax^2$

$x = -4$ のとき $y = 8$ であるから，これらを代入すると，

$$8 = a \times (-4)^2$$

$$a = \frac{1}{2}$$

したがって，$y = \frac{1}{2}x^2$

この式に $x = -2$ を代入すると，

$$y = \frac{1}{2} \times (-2)^2$$

$$= 2$$

答　$y = \frac{1}{2}x^2,\ y = 2$

(2) y は x の2乗に比例するから，$y = ax^2$

$x = 3$ のとき $y = -36$ であるから，これらを代入すると，

$$-36 = a \times 3^2$$

$$a = -4$$

したがって，$y = -4x^2$

この式に $x = -2$ を代入すると，

$$y = -4 \times (-2)^2$$

$$= -16$$

答　$y = -4x^2,\ y = -16$

教科書 P.104

問5 ▷ 右の図(教科書P.104)のように，同じ大きさの正方形のタイルを並べます。次の問いに答えなさい。

(1) x 段目のタイルの枚数を y 枚としたとき，y を x の式で表しなさい。また，12段目のタイルの枚数を求めなさい。

(2) x 段目までのタイルの総数を y 枚としたとき，y を x の式で表しなさい。また，12段目までのタイルの総数を求めなさい。

(3) (1)，(2)は，それぞれどんな関数といえばよいですか。

答え (1) x と y の関係は次のようになる。

x(段目)	1	2	3	4	5	…
y(枚)	1	3	5	7	9	…

この表より，x と y の間には，$y = 2x - 1$ の関係がある。

12段目のタイルの枚数は，$y = 2x - 1$ に $x = 12$ を代入すればよいので，

$$y = 2 \times 12 - 1 = 23$$

答　$y = 2x - 1$,　23枚

(2) (1)の表を利用すると，x と y の関係は次のようになる。

x(段目)	1	2	3	4	5	…
x段目の枚数	1	3	5	7	9	…
y(枚)	1	4	9	16	25	…

この表より，x と y の間には，$y = x^2$ の関係がある。($y = ax^2$ で $a = 1$)

12段目までのタイルの総数は，$y = x^2$ に $x = 12$ を代入すればよいので，

$$y = 12^2 = 144$$

答　$y = x^2$,　144枚

(3) (1)…1次関数，(2)…2乗に比例する関数

❷ 関数 $y = ax^2$ のグラフ

$y = x^2$ のグラフ

▼ 教科書 P.105

QUESTION Q 関数 $y = x^2$ について，次のような表をつくることができます。対応する x，y の値の組を座標とする点を，下の図（図は 答え 欄）にかき入れてみましょう。また，グラフがどんな形になるか考えてみましょう。

x	…	−4	−3	−2	−1	0	1	2	3	4	…
y	…	16	9	4	1	0	1	4	9	16	…

答え 右のグラフ
（例）・曲線になる。
　　　・y 軸について対称である。
　　　・x 軸の上方にあり，上に開いている。

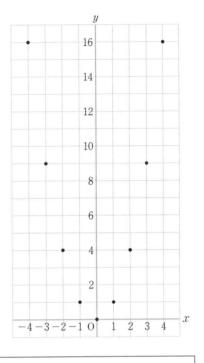

▼ 教科書 P.106

問1 $y = x^2$ で，x の値を −1 から 1 まで 0.1 おきにとって y の値を求め，下の表（表は 答え 欄）を完成させなさい。また，対応する x，y の値の組を座標とする点を，次の図（図は 答え 欄）にかき入れなさい。

答え

x	−1	−0.9	−0.8	−0.7	−0.6	−0.5	−0.4	−0.3	−0.2	−0.1
y	1	0.81	0.64	0.49	0.36	0.25	0.16	0.09	0.04	0.01

0	0.1	0.2	0.3	0.4	0.5	0.6	0.7	0.8	0.9	1
0	0.01	0.04	0.09	0.16	0.25	0.36	0.49	0.64	0.81	1

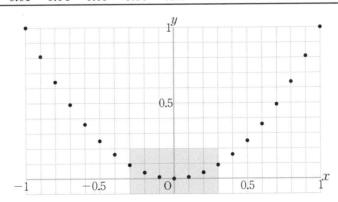

$a > 0$ のときの $y = ax^2$ のグラフ

教科書 P.108

 関数 $y = 2x^2$ について，次の問いに答えましょう。

(1) 次の表（表は 答え 欄）を完成させましょう。

(2) 上の表（表は 答え 欄）をもとに，$y = 2x^2$ のグラフを，前ページ（教科書 P.107）の図（図は 答え 欄）にかき入れ，$y = x^2$ のグラフと比べてみましょう。

ガイド

(2) 対応する x と y の組を座標とする点をとり，なめらかな曲線で結びます。

答え

(1) 下の表

(2) 右のグラフ
同じ x の値に対して，$2x^2$ の値は，x^2 の値の 2 倍になる。

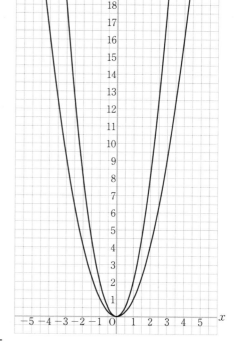

x	…	-2	-1.5	-1	-0.5	0	0.5	1	1.5	2	…
x^2	…	4	2.25	1	0.25	0	0.25	1	2.25	4	…
y	…	8	4.5	2	0.5	0	0.5	2	4.5	8	…

教科書 P.108

問2 $y = x^2$ のグラフをもとにして，次の関数のグラフを，前ページ（教科書 P.107）の図（図は 答え 欄）にかき入れなさい。

(1) $y = 3x^2$　　　(2) $y = \dfrac{1}{2}x^2$

ガイド

（教科書 P.108）で調べたことから，同じ x の値に対して，$3x^2$，$\dfrac{1}{2}x^2$ の値は，それぞれ x^2 の値の 3 倍，$\dfrac{1}{2}$ 倍になります。したがって，$y = 3x^2$ のグラフは，$y = x^2$ のグラフ上の各点の y 座標を 3 倍にした点，$y = \dfrac{1}{2}x^2$ のグラフは，$\dfrac{1}{2}$ 倍にした点をとっていきます。

答え 右のグラフ

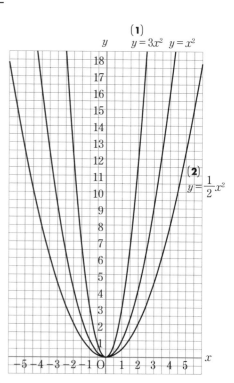

問 3 ▷ $a > 0$ のとき，関数 $y = ax^2$ のグラフにはどんな特徴があるといえるか話し合いなさい。

答え

（例）・原点を通る。　　　　　　　　・なめらかな曲線である。
　　　・y 軸について対称である。　・x 軸の上方にあり，上に開いている。
　　　・a の値が大きくなるほど，開き方が小さく，y 軸に近づいたグラフになる。

$a < 0$ のときの $y = ax^2$ のグラフ

QUESTION Q 関数 $y = -x^2$ について，次の問いに答えましょう。

(1) 次の表（表は **答え** 欄）を完成させましょう。

(2) 上（下）の表をもとに，$y = -x^2$ のグラフを，次ページ（教科書 P.110）の図（図はページの左下）にかき入れ，$y = x^2$ のグラフと比べてみましょう。

答え

(1) 右の表
(2) 左下のグラフ

x	$\cdots$	-4	-3	-2	-1	0	1	2	3	4	$\cdots$
x^2	$\cdots$	16	9	4	1	0	1	4	9	16	$\cdots$
y	$\cdots$	-16	-9	-4	-1	0	-1	-4	-9	-16	$\cdots$

問 4 ▷ $y = \dfrac{1}{2}x^2$ のグラフをもとにして，$y = -\dfrac{1}{2}x^2$ のグラフを，次ページ（教科書 P.110）の図（図はページの右下）にかき入れなさい。

ガイド $y = \dfrac{1}{2}x^2$ のグラフと $y = -\dfrac{1}{2}x^2$ のグラフは，x 軸について対称になります。

答え 右下のグラフ

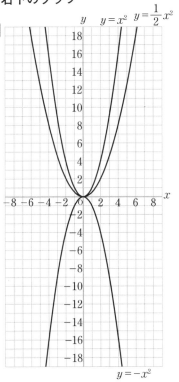

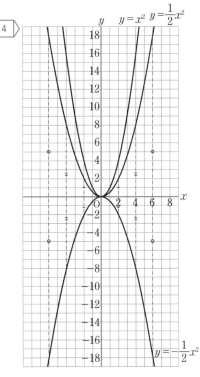

4 章 関数 $y = ax^2$

教科書 P.109

[問 5] $a<0$ のとき，関数 $y=ax^2$ のグラフにはどんな特徴があるといえるか話し合いなさい。また，$a>0$ のときのグラフと比べなさい。

[ガイド] 教科書 P.108 問 3 と同じように整理します。
$a>0$ のときのグラフとの違いや，共通な点を見つけましょう。

[答え] (例)
- 原点を通る。
- なめらかな曲線である。
- y 軸について対称である。
- x 軸の下方にあり，下に開いている。
- a の値が小さくなるほど，開き方が小さく，y 軸に近づいたグラフになる。

[コメント!] $a>0$ のとき，a の値が大きくなるほど，開き方が小さくなり，$a<0$ のとき，a の値が小さくなるほど，開き方が小さくなります。
$a>0$ のときと $a<0$ のときをまとめて，「a の絶対値が大きくなるほど，グラフの開き方が小さくなる」といえます。
$y=ax^2$ のグラフと $y=-ax^2$ のグラフは，x 軸について対称です。

教科書 P.111

[問 6] 右の図の①～④の放物線は，次の㋐～㋓の関数のグラフです。①～④は，それぞれどの関数のグラフですか。また，その理由を説明しなさい。

㋐ $y=\frac{1}{3}x^2$　　㋑ $y=-x^2$

㋒ $y=3x^2$　　㋓ $y=-\frac{1}{3}x^2$

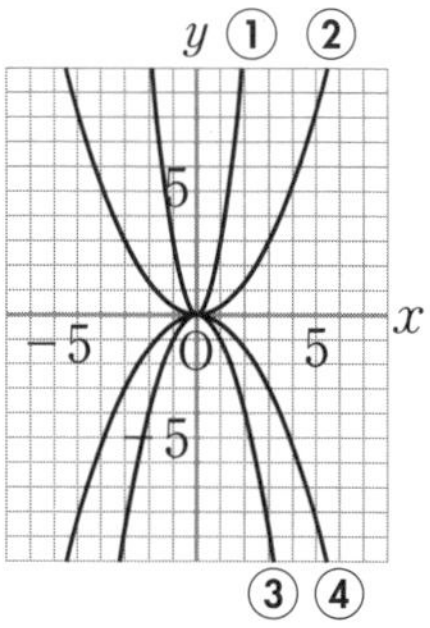

[答え] $y=ax^2$ のグラフは，$a>0$ のとき，上に開いていて，$a<0$ のとき，下に開いている。
したがって，上に開いている①，②は，$a>0$ の㋐か㋒であり，下に開いている③，④は，$a<0$ の㋑か㋓になる。また，a の絶対値が大きいほど，開き方は小さくなる。
㋐と㋒では，㋒の方が絶対値が大きいから，開き方の小さい①は㋒であり，②は㋐である。
同様に，㋑と㋓では㋑の方が絶対値が大きいから，開き方の小さい③は㋑であり，④は㋓である。

答　①…㋒，②…㋐，③…㋑，④…㋓

3 関数 $y=ax^2$ の値の変化

教科書 P.113

[Q] 関数 $y=x^2$ では，x の値が増加するにつれて，それに対応する y の値はどのように変化しているでしょうか。(教科書)107 ページのグラフを使って調べてみましょう。

[ガイド] 教科書 P.113 の [Q] のグラフを見て考えましょう。

答　え　〔1〕　$x < 0$ のとき，y の値は減少する。
　　　　　〔2〕　$x > 0$ のとき，y の値は増加する。
　　　　　〔3〕　$x = 0$ のとき，$y = 0$ となり，y の値は減少から増加に変わる。このとき，
　　　　　　　　y は最小値 0 をとる。

――― 教科書 P.113 ―――

問 1　関数 $y = \dfrac{1}{2}x^2$ では，x の値が増加するにつれて，それに対応する y の値はどのように変化しますか。(教科書)107 ページの図にかき入れたグラフを使って，調べなさい。

ガ イ ド　教科書 P.107 にかき入れたグラフを見て，x の値が増加するときの y の値の変化を確かめましょう。

答　え　〔1〕　$x < 0$ のとき，y の値は減少する。
　　　　　〔2〕　$x > 0$ のとき，y の値は増加する。
　　　　　〔3〕　$x = 0$ のとき，$y = 0$ となり，y の値は減少から増加に変わる。このとき，
　　　　　　　　y は最小値 0 をとる。

――― 教科書 P.113 ―――

問 2　関数 $y = -x^2$ では，x の値が増加するにつれて，それに対応する y の値はどのように変化しますか。

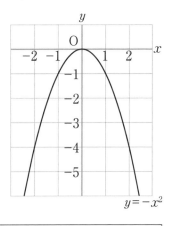

答　え　〔1〕　$x < 0$ のとき，y の値は増加する。
　　　　　〔2〕　$x > 0$ のとき，y の値は減少する。
　　　　　〔3〕　$x = 0$ のとき，$y = 0$ となり，y の値は増加から減少に変わる。このとき，y は最大値 0 をとる。

――― 教科書 P.114 ―――

問 3　$y = \dfrac{1}{4}x^2$ で，x の変域が次の(1)，(2)のときの y の変域を求めなさい。
　(1)　$-4 \leqq x \leqq 2$　　　　　　　　(2)　$2 \leqq x \leqq 6$

ガ イ ド　(1)では，$x = 0$ のときに y が最小値 0 をとることに注意しましょう。

答　え　(1)　x の変域が $-4 \leqq x \leqq 2$ のとき，
　　　　　$y = \dfrac{1}{4}x^2$ のグラフは右の図の実線の部分になる。
　　　　　$-4 \leqq x \leqq 0$ のとき，y の値は 4 から 0 まで減少する。
　　　　　$0 \leqq x \leqq 2$ のとき，y の値は 0 から 1 まで増加する。
　　　　　したがって，y の変域は，
　　　　　　　$0 \leqq y \leqq 4$

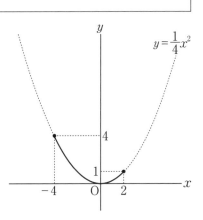

答　$0 \leqq y \leqq 4$

(2) x の変域が $2 \leqq x \leqq 6$ のとき,

$y = \dfrac{1}{4} x^2$ のグラフは右の図の実線の部

分になる。

$2 \leqq x \leqq 6$ のとき, y の値は 1 から 9 ま

で増加する。

したがって, y の変域は,

　　$1 \leqq y \leqq 9$

答　$\underline{1 \leqq y \leqq 9}$

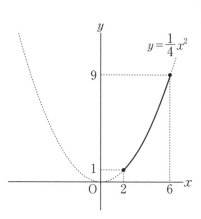

教科書 P.114

問4 次の関数で, x の変域が $-2 \leqq x \leqq 3$ のときの y の変域を求めなさい。

(1) $y = 3 x^2$ 　　　　　　　　　　(2) $y = -\dfrac{1}{2} x^2$

答え

(1) x の変域が $-2 \leqq x \leqq 3$ のとき,

$y = 3 x^2$ のグラフは右の図の実線の部分

になる。

$-2 \leqq x \leqq 0$ のとき, y の値は 12 から

0 まで減少する。

$0 \leqq x \leqq 3$ のとき, y の値は 0 から 27

まで増加する。

したがって, y の変域は,

　　$0 \leqq y \leqq 27$

答　$\underline{0 \leqq y \leqq 27}$

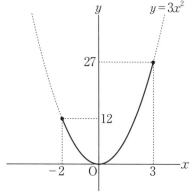

(2) x の変域が $-2 \leqq x \leqq 3$ のとき,

$y = -\dfrac{1}{2} x^2$ のグラフは右の図の実線の

部分になる。

$-2 \leqq x \leqq 0$ のとき, y の値は -2 から

0 まで増加する。

$0 \leqq x \leqq 3$ のとき, y の値は 0 から $-\dfrac{9}{2}$

まで減少する。

したがって, y の変域は,

　　$-\dfrac{9}{2} \leqq y \leqq 0$

答　$\underline{-\dfrac{9}{2} \leqq y \leqq 0}$

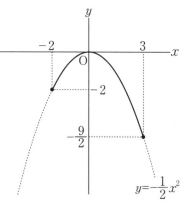

変化の割合

教科書 P.115

 1 次関数 $y = 2 x + 3$ の変化の割合は, 2 で一定でした。関数 $y = x^2$ の変化の割合について, (教科書)107 ページの図を使って調べてみましょう。

答え

関数 $y = x^2$ で，x の値が -3 から 3 まで 1 ずつ増加するとき，y の増加量は，下の表で示すように，-5, -3, -1, 1, 3, 5 となる。
したがって，**変化の割合は一定ではない**。

xの増加量	1		1		1		1		1		1	
x	-3		-2		-1		0		1		2		3
y	9		4		1		0		1		4		9
yの増加量		-5		-3		-1		1		3		5	

教科書 P.115

問 5 $y = x^2$ について，次の問いに答えなさい。

(1) $x < 0$ のときと $x > 0$ のときでは，変化の割合にどんなちがいがありますか。

(2) x の値の絶対値が大きくなるにつれて，y の値の変化のしかたはどのように変わりますか。

答え

(1) $x < 0$ のとき　x の値が増加すると，y の値は減少するので，**変化の割合は負**。
$x > 0$ のとき　x の値が増加すると，y の値は増加するので，**変化の割合は正**。

(2) x の値の絶対値が大きくなるにつれて，x の値が増加するときの y の値の**増加や減少のしかたが大きくなる**。

教科書 P.115

問 6 関数 $y = -x^2$ について対応の表をつくり，問 5（教科書 P.115）と同じことを調べなさい。

ガイド

関数 $y = -x^2$ で，x の値が -3 から 3 まで 1 ずつ増加するとき，y の増加量は，**答え** の表で示すように，5, 3, 1, -1, -3, -5 となります。
x の増加量が 1 なので，y の増加量がそのまま変化の割合を表しています。

答え

xの増加量	1		1		1		1		1		1	
x	-3		-2		-1		0		1		2		3
y	-9		-4		-1		0		-1		-4		-9
yの増加量		5		3		1		-1		-3		-5	

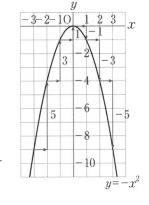

$y = -x^2$

$x < 0$ のとき，変化の割合は正であり，
$x > 0$ のとき，変化の割合は負である。
x の値の絶対値が大きくなるにつれて，x の値が増加するときの y の値の増加や減少のしかたが大きくなる。

教科書 P.116

問 7 $y = \dfrac{1}{2}x^2$ で，x の値が次のように増加するときの変化の割合を求めなさい。

(1) 4 から 6 まで　　　　(2) -4 から -2 まで

(1) $x = 4$ のとき, $y = \dfrac{1}{2} \times 4^2 = 8$

$x = 6$ のとき, $y = \dfrac{1}{2} \times 6^2 = 18$

したがって, 変化の割合は,

$$\frac{(y \text{ の増加量})}{(x \text{ の増加量})} = \frac{18 - 8}{6 - 4}$$
$$= \frac{10}{2}$$
$$= 5$$

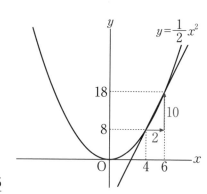

答 5

(2) $x = -4$ のとき, $y = \dfrac{1}{2} \times (-4)^2 = 8$

$x = -2$ のとき, $y = \dfrac{1}{2} \times (-2)^2 = 2$

したがって, 変化の割合は,

$$\frac{(y \text{ の増加量})}{(x \text{ の増加量})} = \frac{2 - 8}{(-2) - (-4)}$$
$$= \frac{-6}{2}$$
$$= -3$$

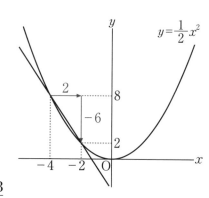

答 -3

教科書 P.116

問 8 ▷ 関数 $y = -2x^2$ で, x の値が次のように増加するときの変化の割合を求めなさい。

(1) 2 から 5 まで 　　　　 **(2)** -3 から 0 まで

(1) $x = 2$ のとき, $y = -2 \times 2^2 = -8$

$x = 5$ のとき, $y = -2 \times 5^2 = -50$

したがって, 変化の割合は,

$$\frac{(y \text{ の増加量})}{(x \text{ の増加量})} = \frac{(-50) - (-8)}{5 - 2}$$
$$= \frac{-42}{3}$$
$$= -14$$

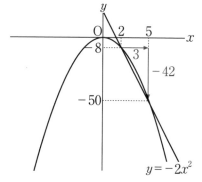

答 -14

(2) $x = -3$ のとき, $y = -2 \times (-3)^2$
$$= -18$$

$x = 0$ のとき, $y = -2 \times 0^2 = 0$

したがって, 変化の割合は,

$$\frac{(y \text{ の増加量})}{(x \text{ の増加量})} = \frac{0 - (-18)}{0 - (-3)}$$
$$= \frac{18}{3}$$
$$= 6$$

答 6

平均の速さ

教科書 P.117

Q 右の写真（教科書 P.117）のように，空中で物を落下させたとき，落下した距離は時間の2乗に比例し，落下し始めてから x 秒間に y m 落下したとすると，x と y の間には，$y = 4.9x^2$ の関係があることが知られています。次の表（表は ~~答え~~ 欄）の x の値に対応する y の値を求め，表を完成させましょう。また，変化の割合はどんなことを表しているか話し合ってみましょう。

答え

x(秒)	0	1	2	3	4	5	…
y(m)	0	4.9	19.6	44.1	78.4	122.5	…

(例)変化の割合は，1秒間に落下した距離を表している。

教科書 P.117

問 9 **Q** について，次の平均の速さを求めなさい。

(1) 2秒後〜3秒後　　(2) 3秒後〜4秒後　　(3) 4秒後〜5秒後

ガイド 物が落下するときの平均の速さは，

$$(平均の速さ) = \frac{(落下した距離)}{(落下した時間)} = \frac{(y の増加量)}{(x の増加量)}$$ で求められます。

答え

(1) $\dfrac{44.1 - 19.6}{3 - 2} = 24.5$

　　　　答　24.5 m/s

(2) $\dfrac{78.4 - 44.1}{4 - 3} = 34.3$

　　　　答　34.3 m/s

(3) $\dfrac{122.5 - 78.4}{5 - 4} = 44.1$

　　　　答　44.1 m/s

教科書 P.117

上の問題（教科書 P.117）で，1秒後〜2秒後の平均の速さは 14.7 m/s でしたが，
　　　1秒後〜1.1 秒後，1秒後〜1.01 秒後，…
と時間の幅を短くしていくと，平均の速さはどのように変化するかを調べよう。また，その結果から1秒後の瞬間の速さを予想してみよう。

答え

1秒後〜1.1 秒後　$\dfrac{5.929 - 4.9}{1.1 - 1} = 10.29$(m/s)，

1秒後〜1.01 秒後　$\dfrac{4.99849 - 4.9}{1.01 - 1} = 9.849$(m/s)，

1秒後〜1.001 秒後　$\dfrac{4.9098049 - 4.9}{1.001 - 1} = 9.8049$(m/s)

となり，時間の幅を短くしていくと，**平均の速さは 9.8 m/s に近づいていく**。
このことから，**1秒後の瞬間の速さは 9.8 m/s と考えられる**。

4章　関数 $y = ax^2$

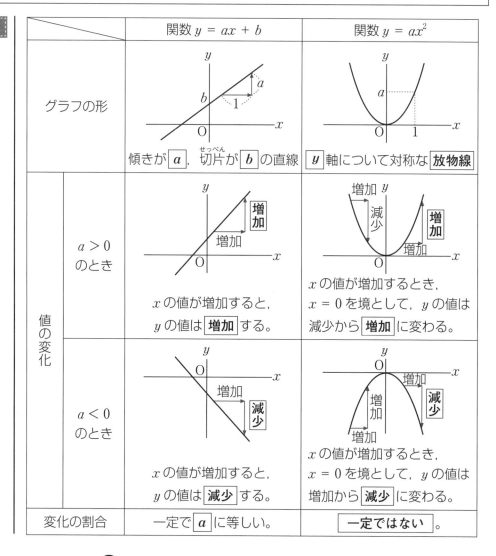

関数 $y = ax + b$ と関数 $y = ax^2$ の特徴の比較

教科書 P.118

問10 次の◯◯◯をうめて，表（表は 答え 欄）を完成させなさい。

答え

		関数 $y = ax + b$	関数 $y = ax^2$
グラフの形		傾きが a，切片が b の直線	y 軸について対称な 放物線
値の変化	$a > 0$ のとき	x の値が増加すると，y の値は 増加 する。	x の値が増加するとき，$x = 0$ を境として，y の値は減少から 増加 に変わる。
	$a < 0$ のとき	x の値が増加すると，y の値は 減少 する。	x の値が増加するとき，$x = 0$ を境として，y の値は増加から 減少 に変わる。
変化の割合		一定で a に等しい。	一定ではない 。

❹ 関数 $y = ax^2$ の利用

教科書 P.120

問1 前ページ（教科書 P.119）の例1について，グラフを前ページの図（図は 答え 欄）に表しなさい。

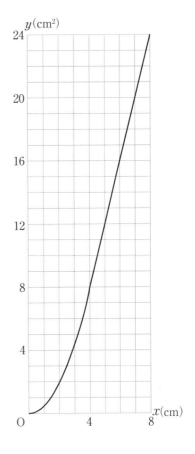

─── 教科書 P.120 ───

問2 ▷ 前ページ(教科書P.119)の例1について, 重なってできる部分の面積が, 台形 ABCD の面積の半分になるときの x の値を求めなさい。

答 え 台形 ABCD の面積は,

$$\frac{1}{2} \times (4 + 8) \times 4 = 24 (\text{cm}^2)$$

よって, 重なってできる部分の面積が,

$$\frac{1}{2} \times 24 = 12 (\text{cm}^2)$$ となればよいから, 問1でかいたグラフより, $x = 5$

答 $x = 5$

─── 教科書 P.120 ───

問3 ▷ 右の図(教科書P.120)のように, 関数 $y = -\frac{1}{2}x^2$ のグラフ上に2点P, Qがあります。P, Qの x 座標が, それぞれ -4, 2 であるとき, 次の問いに答えなさい。

(1) 2点P, Qの座標を求めなさい。
(2) 2点P, Qを通る直線の式を求めなさい。
(3) 座標軸の1目盛りを1cmとして, △OPQ の面積を求めなさい。

ガイド (3) y 軸を共通の底辺とする2つの三角形に分けて考えます。

答 え

(1) $y = -\frac{1}{2}x^2$ に $x = -4$ を代入すると, $y = -\frac{1}{2} \times (-4)^2 = -8$

$y = -\frac{1}{2}x^2$ に $x = 2$ を代入すると, $y = -\frac{1}{2} \times 2^2 = -2$

答 P$(-4, -8)$, Q$(2, -2)$

(2) 直線の式を $y = bx + c$ とすると, P$(-4, -8)$, Q$(2, -2)$ より, 直線の傾き b は,

$$b = \frac{-2 - (-8)}{2 - (-4)} = 1$$

$y = x + c$ に $x = -4, y = -8$ を代入すると,

$-8 = -4 + c$ $c = -4$

答 $y = x - 4$

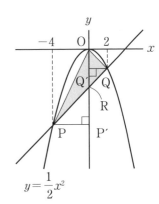

(3) (2)の直線と y 軸の交点をR, 点P, Qから y 軸に引いた垂線をPP′, QQ′ とすると,

RO $= 4$ cm, PP′ $= 4$ cm, QQ′ $= 2$ cm

$\triangle$OPQ $= \triangle$OPR $+ \triangle$OQR

$= \frac{1}{2} \times 4 \times 4 + \frac{1}{2} \times 4 \times 2$

$= 12 (\text{cm}^2)$

答 12 cm^2

短距離走で，陸さんがスタートしてから3秒間に進んだ距離を0.5秒ごとに測定しました。次の表は，陸さんがスタートしてからx秒間にym進んだとして，その結果をまとめたものです。xとyの値の変化について，どんなことが読み取れるでしょうか。

x（秒）	0	0.5	1.0	1.5	2.0	2.5	3.0
y（m）	0	0.5	1.9	4.6	8.0	12.7	17.7

① yはxの2乗に比例すると考えられるでしょうか。また，それはどんな方法で確かめればよいでしょうか。

答え

（例）$\dfrac{y}{x^2}$ の値を求めると，右のようにほぼ一定の値になるから，yはxの2乗に比例すると考えられる。

x^2	0	0.25	1.0	2.25	4.0	6.25	9.0
y	0	0.5	1.9	4.6	8.0	12.7	17.7
$\dfrac{y}{x^2}$	－	2	1.9	2.04	2	2.03	1.97

② 上の表（教科書P.121）の対応するx，yの値の組を座標とする点を，（教科書）次ページ（右）の図にかき入れてみましょう。また，点の並び方から，どんなグラフになるかを予想してみましょう。

ガイド x，yの値の組を座標とする点をかき入れると，原点を通る曲線になることがわかります。

答え （例）点の並び方から，放物線，すなわち，yはxの2乗に比例する関数$y = ax^2$のグラフになることが予想される。

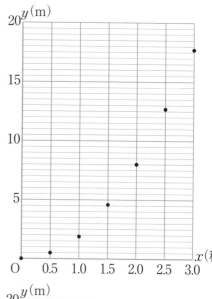

③ ①，②で調べたことから，yはxの2乗に比例すると考えられます。グラフが点(2.0，8.0)を通ると考えて比例定数を求め，yをxの式で表してみましょう。また，そのグラフを（教科書）次ページの図（図は **答え** 欄）にかき入れてみましょう。

ガイド yはxの2乗に比例すると考えると，$y = ax^2$とおくことができます。この式に$x = 2$，$y = 8$を代入して計算し，aの値を求めましょう。

答え $y = ax^2$に$x = 2$，$y = 8$を代入すると，
$$8 = a \times 2^2$$
これを解くと，$a = 2$

答 $y = 2x^2$，右のグラフ

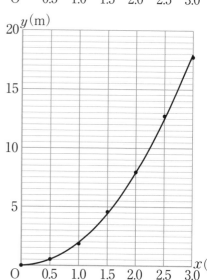

118

④ 大和さんは，秒速4mの一定の速さで走っています。陸さんがスタートするのと同時に，大和さんが同じスタート地点を通過しました。陸さんが大和さんに追いつくのは，スタート地点から何m進んだ地点でしょうか。上（教科書P.122）の図（図は 答え 欄）に，大和さんの進み方を示すグラフをかき入れ，答えを求めてみましょう。

ガイド　大和さんがスタート地点を通過してから x 秒間に y m進んだとして，y を x の式で表してグラフをかきましょう。

陸さんが大和さんに追いつくのは，2人のグラフが交わったところです。

このとき，交点の x 座標は陸さんがスタートしてから，大和さんに追いつくまでの時間であり，y 座標はスタート地点から追いつくまでに進んだ距離を表しています。

答え　大和さんは秒速4mで走っているので，x 秒間には $4x$ m進む。

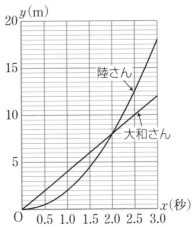

大和さんがスタート地点を通過してから，x 秒間に y m進んだとすると，

$$y = 4x$$

と表される。2人のグラフの交点を右のグラフから読み取ると，$(2.0,\ 8)$

したがって，陸さんが大和さんに追いつくまでの時間は2秒で，スタート地点から8m進んだ地点である。

答　8m

Tea Break

リレーのバトンパス

　リレーのタイムを短縮するためには，効率のよいバトンの受け渡しをすることが重要です。つまり，「前の走者がどの地点に来たとき，次の走者はスタートをすればよいか」が焦点となります。バトンの受け渡しをする2人の走力や加速のようすをあらかじめ調べておけば，関数のグラフを利用して，適切なスタートのタイミングを求めることができます。

　いま，前の走者Aは一定の速さで走り，次の走者Bはスタートして加速しながら走るものとします。Bがスタートしてから x 秒後のスタート地点からの距離を y mとし，AとBの走るようすが，それぞれ右のようなグラフになるとき，次のことが読み取れます。

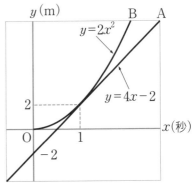

① Bがスタートしたとき，Aはスタート地点の2m手前を走っている。

② Bはスタートしてから1秒後に，2m進んだ地点でAからバトンを受け取っている。

Bがスタートしたとき，Aがスタート地点の3m手前を走っていたとすると，バトンの受け渡しはできるでしょうか。

①より，Aの進み方を表すグラフの切片が，BがスタートしたときのAの位置を表していることがわかります。

②より，AとBのグラフの交点が，バトンの受け渡し地点であることがわかります。グラフをかいて考えましょう。

答え Aの進み方は，$y = 4x - 3$の式で表される。右のグラフより，交点がないので，**バトンの受け渡しはできない。**

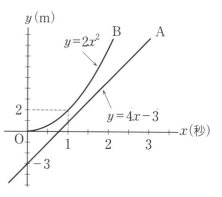

教科書 P.124

📱 問4 ▷ 例3(教科書P.124)で，ある自動車が時速40 kmで走っているとき，ブレーキがきき始めてから10 m進んで止まりました。次の問いに答えなさい。

(1) yをxの式で表しなさい。

(2) この自動車が時速80 kmで走っているとき，ブレーキがきき始めてから何m進んで止まりますか。

(3) この自動車が，ブレーキがきき始めてから5 m進んで止まるのは，時速何kmのときですか。小数第一位まで求めなさい。

ガイド
(1) $y = ax^2$とおいて，$x = 40$，$y = 10$を代入して，aの値を求めましょう。

(2) (1)で求めた式に，$x = 80$を代入して，yの値を求めます。

(3) (1)で求めた式に，$y = 5$を代入して，xの値を求めます。

答え
(1) $y = ax^2$に$x = 40$，$y = 10$を代入すると，
$$10 = a \times 40^2$$
これを解くと，$a = \dfrac{1}{160}$

答 $y = \dfrac{1}{160}x^2$

(2) $y = \dfrac{1}{160}x^2$に$x = 80$を代入すると，$y = \dfrac{1}{160} \times 80^2 = 40$

答 40 m

(3) $y = \dfrac{1}{160}x^2$に$y = 5$を代入すると，$5 = \dfrac{1}{160}x^2$より$x^2 = 800$
$x > 0$より，$x = \sqrt{800} = 20\sqrt{2}$，$\sqrt{2} = 1.414\cdots$より$x = 28.28\cdots$

答 時速28.3 km

 Tea Break

風圧ってどのくらい？

教科書 P.124

風速x m/sの風が吹くとき，風圧(風が物体にあたえる圧力)をyパスカルとすると，yはxの2乗に比例します。

1パスカルは，面積1 m²，重さ100 gの大きな紙を床に置いたときの圧力と，ほぼ等しくなります。

一般に，風速x m/sと風圧yパスカルとの関係は，$y = 0.5x^2$の式で表されます。

 東京では，風速25 m/sで暴風警報が発令されます。風速25 m/sのとき，体にかかる風圧は何パスカルでしょうか。また，このとき面積1 m²の床に何kgの重さのものを置いたときの圧力と同じと考えられるでしょうか。

関連 ▶ 理科

[答え] $y = 0.5x^2$ に $x = 25$ を代入すると，$y = 0.5 \times 25^2 = 312.5$
したがって，体にかかる風圧は 312.5 パスカルである。また，312.5 パスカルは，面積 $1\ \mathrm{m}^2$ の床に 31250 g = 31.25 kg の重さのものを置いたときの圧力とほぼ等しいと考えられる。

答　312.5 パスカル，31.25 kg

1 関数 $y = ax^2$

確かめよう

教科書 P.125

1 底辺の 1 辺が x cm，高さが 8 cm の正四角柱の体積を $y\ \mathrm{cm}^3$ とするとき，y を x の式で表しなさい。また，y は x の 2 乗に比例するといえますか。

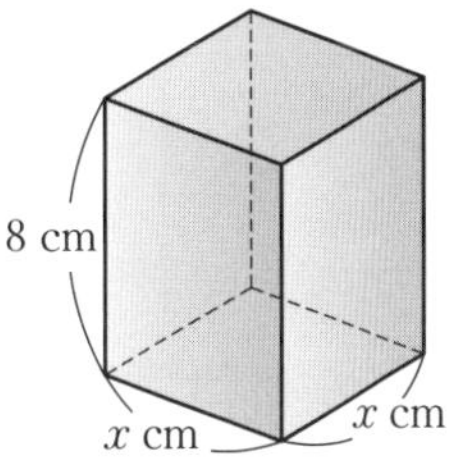

[ガイド] 立体の体積を求める公式にあてはめましょう。

[答え] 底面積は，$x^2\ \mathrm{cm}^2$ だから，体積 $y\ \mathrm{cm}^3$ は，$y = 8x^2$ と表される。

答　$y = 8x^2$，y は x の 2 乗に比例する。

2 y は x の 2 乗に比例し，$x = -3$ のとき $y = 18$ です。y を x の式で表しなさい。また，$x = -4$ のときの y の値を求めなさい。

[ガイド] $y = ax^2$ とおいて考えましょう。

[答え] $y = ax^2$ に $x = -3$，$y = 18$ を代入すると，$18 = a \times (-3)^2$
これを解くと，$a = 2$　したがって，$y = 2x^2$
この式に $x = -4$ を代入すると，$y = 2 \times (-4)^2 = 32$

答　$y = 2x^2$，$y = 32$

3 次の問いに答えなさい。

(1) 右の図の①～③の放物線は，次の㋐～㋒の関数のグラフです。①～③は，それぞれどの関数のグラフですか。

㋐ $y = -\frac{1}{2}x^2$　　㋑ $y = \frac{1}{4}x^2$

㋒ $y = 2x^2$

(2) 関数 $y = -\frac{1}{4}x^2$ のグラフを，右の図にかき入れなさい。

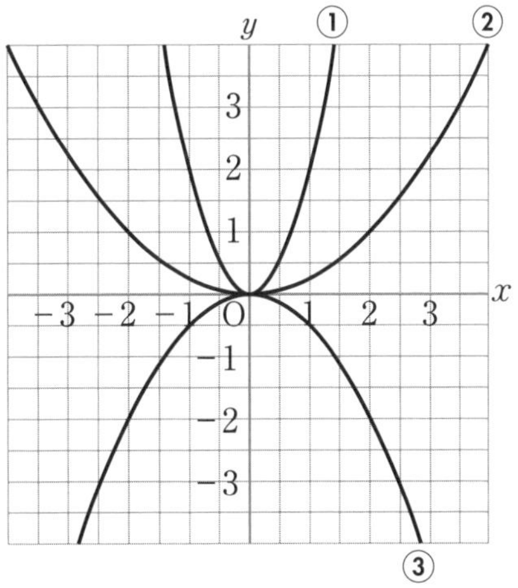

| ガイド | (1) $y = ax^2$ のグラフは，$a > 0$ のとき，上に開いていて，$a < 0$ のとき，下に開いています。a の絶対値が大きいほど，グラフの開き方は小さくなります。 |

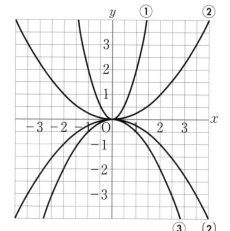

答え
(1) ①…ウ，②…イ，③…ア
(2) 右のグラフ

---

4 関数 $y = \dfrac{1}{3}x^2$ で，x の変域が $-3 \leqq x \leqq 6$ のときの y の変域を求めなさい。

ガイド グラフが原点を通ることに注意しましょう。

答え x の変域が $-3 \leqq x \leqq 6$ のとき，$y = \dfrac{1}{3}x^2$ のグラフは右の図のようになる。

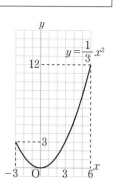

y の最小値は $x = 0$ のときで，$y = 0$
y の最大値は $x = 6$ のときで，$y = \dfrac{1}{3} \times 6^2 = 12$
したがって，y の変域は，$0 \leqq y \leqq 12$

<u>答　$0 \leqq y \leqq 12$</u>

---

5 関数 $y = 2x^2$ で，x の値が次のように増加するときの変化の割合を求めなさい。
(1) 1 から 4 まで
(2) -5 から -3 まで

答え
(1) $x = 1$ のとき，$y = 2 \times 1^2$
$\qquad\qquad\qquad = 2$
$x = 4$ のとき，$y = 2 \times 4^2$
$\qquad\qquad\qquad = 32$
したがって，変化の割合は，
$\dfrac{(y\text{の増加量})}{(x\text{の増加量})} = \dfrac{32 - 2}{4 - 1}$
$\qquad\qquad\qquad\quad = \dfrac{30}{3}$
$\qquad\qquad\qquad\quad = 10$

<u>答　10</u>

(2) $x = -5$ のとき，$y = 2 \times (-5)^2$
$\qquad\qquad\qquad\quad = 50$
$x = -3$ のとき，$y = 2 \times (-3)^2$
$\qquad\qquad\qquad\quad = 18$
したがって，変化の割合は，
$\dfrac{(y\text{の増加量})}{(x\text{の増加量})} = \dfrac{18 - 50}{(-3) - (-5)}$
$\qquad\qquad\qquad\quad = \dfrac{-32}{2}$
$\qquad\qquad\qquad\quad = -16$

<u>答　-16</u>

.2 いろいろな関数

① 身のまわりの関数

教科書 P.126

 Q 観覧車は，ふつう，一定の速度で回転しています。いま，観覧車の直径を 60 m，1回転する時間を 12 分間とします。このとき，ゴンドラがいちばん下の乗降場を出発してからの時間にともなって変わる数量を，いろいろ見つけてみましょう。

答え | **(例)** ゴンドラの回転角度，ゴンドラの高さ，ゴンドラの動いた距離

教科書 P.126

問 1 ▷ **Q**（教科書 P.126）で，$6 \leqq x \leqq 12$ のとき，この関数のグラフを，上の図（図は**答え**欄）にかき入れなさい。

ガイド 観覧車の回転を考えると，下の乗降場を出発してから最高地点までと，最高地点から下の乗降場までは対称的な動きになります。

答え 右の図

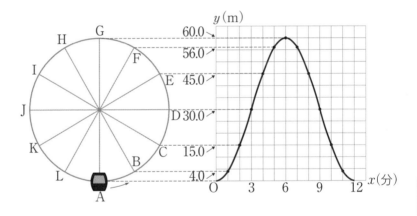

教科書 P.127

問 2 ▷ 前ページ（教科書 P.126）の **Q** で，観覧車が 1 回転するとき，ゴンドラの高さの変化についてどんなことがいえますか。グラフをもとに説明しなさい。

ガイド グラフを見て，x が 1 ずつ増加するときの y の値の増加量を調べましょう。

答え

x の値の変化	0 から 1	1 から 2	2 から 3	3 から 4	4 から 5	5 から 6
y の増加量	4	11	15	15	11	4

(例) 上の表から，ゴンドラが上昇するときは，最初は高さの変化は小さく，その後だんだん大きくなり，最高地点に近づくと小さくなる。

ゴンドラが下降するときは，上昇するときと対称的な動きになるので，最高地点から降り始めたときは高さの変化は小さく，その後だんだん大きくなり，乗降場に近づくと小さくなる。

問3 ▷ 例1(教科書 P.127)について，次の問いに答えなさい。

(1) 700 円の買い物をしたときのポイントを求めなさい。

(2) 5 ポイントをもらうためには最低いくらの買い物が必要ですか。

(3) y は x の関数といえますか。その理由も説明しなさい。

ガ イ ド

(1)，(2) 例1(教科書 P.127)の表の続きを書いてみましょう。

答 え

(1) 右の表より，700 円の買い物をしたときのポイントは 3 ポイントである。

答 3 ポイント

(2) 右の表より，5 ポイントをもらうためには最低 1000 円の買い物が必要である。

x(円)	y(ポイント)
$0 \leqq x < 200$	0
$200 \leqq x < 400$	1
$400 \leqq x < 600$	2
$600 \leqq x < 800$	3
$800 \leqq x < 1000$	4
$1000 \leqq x < 1200$	5

答 1000 円

(3) x の値(買い物の金額)を決めると，それに対応する y の値(ポイント)がただ 1 つ決まるので，**y は x の関数であるといえる。**

別 解

(1) 200 円ごとに 1 ポイント加算されるから，

$700 \div 200 = 3$ あまり 100 ←3回加算される。　　　　　　答 3 ポイント

(2) 600 円の買い物で 3 ポイント加算されるから，600 円をこえたポイントは，

$5 - 3 = 2$(ポイント)

200 円ごとに 1 ポイント加算されるから，必要な金額は，

$600 + 200 \times 2 = 1000$(円)

答 1000 円

問4 ▷ x の変域を $0 < x \leqq 5$ とし，x の値の小数点以下を切り上げた数値を y とします。このとき，次の問いに答えなさい。

(1) $x = 2.4$ のときの y の値を求めなさい。

(2) 右の図に，x と y の関係をグラフに表しなさい。

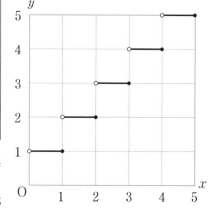

答 え

(1) 小数点以下を切り上げるから，$x = 2.4$ のとき，$y = 3$

答 $y = 3$

(2) 右のグラフ

124

ある細菌は，1分ごとに1回分裂するので，1分後には1個が2個に，さらに1分後には2個が4個になります。このような分裂のしかたで x 分経過したときの細菌の個数を y 個とします。このとき，x の値を決めると，それに対応する y の値がただ1つ決まるので，y は x の関数です。この関数について，次のことを調べてみよう。

(1) 次の表(表は 答え 欄)を完成しよう。

(2) (1)の表の対応する x と y の値の組を座標とする点を，右の図(図は 答え 欄)にかき入れてみよう。

(3) 10分間経過したときの細菌の個数を求めてみよう。

答え

(1) 右の表

x(分)	0	1	2	3	4	5
y(個)	1	2	4	8	16	32

(2) 右の図

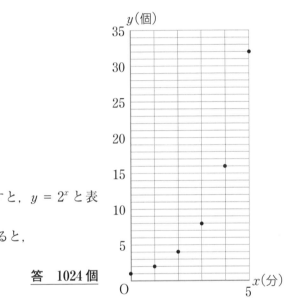

(3) 表から，y を x の式で表すと，$y = 2^x$ と表せると考えられる。
この式に $x = 10$ を代入すると，
$y = 2^{10} = 1024$

答　1024 個

② いろいろな関数

確かめよう

教科書 P.128

1 x の変域を $0 \leqq x \leqq 5$ とし，x の値の小数第一位を四捨五入した数値を y とします。このとき，次の問いに答えなさい。

(1) $x = 3.4$ のときの y の値を求めなさい。

(2) 右の図(図は次ページ 答え 欄)に，x と y の関係をグラフに表しなさい。

　(1)　3.4 の小数第一位を四捨五入した数値は 3 なので，$y = 3$

答　$y = 3$

(2)　右の図

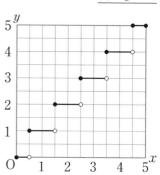

4 章のまとめの問題

教科書 P.129 ～ 131

1　次の㋐～㋕の中から，下の(1)～(3)にあてはまる関数を，それぞれ選びなさい。

㋐　$y = x^2$ 　　　　㋑　$y = -x^2$ 　　　　㋒　$y = 2x + 1$

㋓　$y = -2x$ 　　　　㋔　$y = 2x^2$ 　　　　㋕　$y = -2x^2$

(1)　y は x の 2 乗に比例する。
(2)　$x < 0$ のとき，x の値が増加すると y の値が減少する。
(3)　$x = 0$ のとき，y が最大値 0 をとる。

　(1)　$y = ax^2$ の形で表されているものはどれでしょう。
(2)，(3)　式からグラフの形を思いうかべられるように，教科書 P.118 の表を見て復習しましょう。

　(1)　㋐，㋑，㋔，㋕
(2)　㋐，㋓，㋔
(3)　㋑，㋕

2　右の図のように，同じ大きさの正三角形のタイルを並べて，大きな正三角形をつくっていきます。次の問いに答えなさい。

(1)　x 段目のタイルの数を y 枚として，y を x の式で表しなさい。
(2)　x 段目までのタイルの総数を y 枚として，y を x の式で表しなさい。
(3)　10 段目までのタイルの総数を求めなさい。

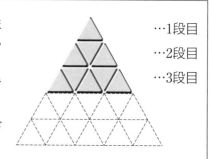

…1段目
…2段目
…3段目

教科書 P.129

ガイド

段の数とタイルの数，タイルの総数を表にすると下のようになります。これをもとに考えましょう。

段の数 x（段）	1	2	3	4	5	…
x 段目のタイルの数（枚）	1	3	5	7	9	…
x 段目までのタイルの総数（枚）	1	4	9	16	25	…

答え

(1) 表から x 段目のタイルの数は，段の数が 1 増加すると，2 増加する。変化の割合が一定だから，1 次関数である。

変化の割合が 2 だから $y = 2x + b$ とおき，$x = 1$，$y = 1$ を代入すると，
$1 = 2 + b$　これより，$b = -1$

答　$y = 2x - 1$

(2) 表から x 段目までのタイルの総数は，段の数の 2 乗になっている。

答　$y = x^2$

(3) (2)の式に $x = 10$ を代入すると，$y = 10^2 = 100$

答　100 枚

3 右の図は，関数 $y = ax^2$ のグラフです。次の問いに答えなさい。
(1) 比例定数 a の値を求めなさい。
(2) x の変域を $-4 \leqq x \leqq 2$ とするとき，y の最小値と最大値を求めなさい。
(3) x の値が 2 から 4 まで増加するときの変化の割合を求めなさい。

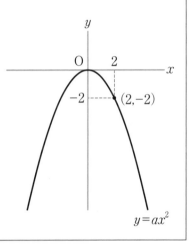

ガイド

グラフから，$x = 2$ のとき $y = -2$ であることがわかります。

答え

(1) $y = ax^2$ に $x = 2$，$y = -2$ を代入すると，$-2 = a \times 2^2$
これを解くと，$a = -\dfrac{1}{2}$

答　$a = -\dfrac{1}{2}$

(2) y の最小値は，$x = -4$ のときで，$y = -\dfrac{1}{2} \times (-4)^2 = -8$
y の最大値は，$x = 0$ のときで，$y = 0$

答　最小値…-8，最大値…0

(3) $x = 2$ のとき，$y = -2$，$x = 4$ のとき，$y = -\dfrac{1}{2} \times 4^2 = -8$
したがって，変化の割合は，$\dfrac{(-8) - (-2)}{4 - 2} = \dfrac{-6}{2} = -3$

答　-3

1 関数 $y = ax^2$ について，次の場合の a の値を求めなさい。

(1) $x = -4$ のとき $y = 4$

(2) x の値が1から4まで増加するときの変化の割合が -5

(3) x の変域が $-3 \leqq x \leqq 2$ のとき，y の最大値が3

ガ イ ド

(2) $\dfrac{a \times 4^2 - a \times 1^2}{4 - 1} = -5$ となります。

(3) x の変域が $-3 \leqq x \leqq 2$ のとき，y の最大値が0ではないので，$a > 0$ です。

答 え

(1) $y = ax^2$ に $x = -4$，$y = 4$ を代入すると，$4 = a \times (-4)^2$

これを解くと，$a = \dfrac{1}{4}$ 　　　　　　　　答　$a = \dfrac{1}{4}$

(2) $\dfrac{a \times 4^2 - a \times 1^2}{4 - 1} = -5$

$5a = -5$

$a = -1$ 　　　　答　$a = -1$

(3) x の変域が $-3 \leqq x \leqq 2$ だから，

$x = -3$ のとき y は最大値3をとる。

$y = ax^2$ に $x = -3$，$y = 3$ を代入すると，

$3 = a \times (-3)^2$

これを解くと，$a = \dfrac{1}{3}$ 　　　答　$a = \dfrac{1}{3}$

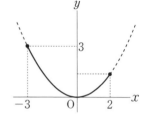

 2 底面の半径が x cm，高さが 30 cm の円錐があります。この円錐の体積を y cm^3 として，次の問いに答えなさい。

(1) y を x の式で表しなさい。

(2) この円錐の体積が 1000 cm^3 のとき，底面の半径は何 cm ですか。円周率を 3.14 として，小数第二位まで求めなさい。

ガ イ ド

(円錐の体積) $= \dfrac{1}{3} \times$ (底面積) $\times$ (高さ) です。

答 え

(1) $y = \dfrac{1}{3} \times \pi x^2 \times 30$

$= 10\pi x^2$ 　　　　答　$y = 10\pi x^2$

(2) (1)の式に $y = 1000$ を代入すると，

$1000 = 10\pi x^2$

したがって，

$x^2 = \dfrac{1000}{10\pi} = \dfrac{100}{\pi}$

$x > 0$，$\pi = 3.14$ より，$x = \dfrac{10}{\sqrt{3.14}} \fallingdotseq \dfrac{10}{1.772} = 5.643\cdots$

答　5.64 cm

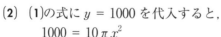

3　右の図のように，関数 $y = ax^2$ のグラフと直線 $y = x + 4$ の交点を A，B とします。点 A，B の x 座標がそれぞれ -2，4 であるとき，次の問いに答えなさい。

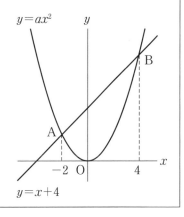

(1)　点 A の座標を求めなさい。

(2)　a の値を求めなさい。

(3)　△AOB の面積を求めなさい。

ガイド

(3)　y 軸を共通の底辺とする 2 つの三角形に分けて考えます。

答え

(1)　$y = x + 4$ に $x = -2$ を代入すると，$y = -2 + 4 = 2$

答　A $(-2, 2)$

(2)　$y = ax^2$ に $x = -2$，$y = 2$ を代入すると，$2 = a \times (-2)^2$

これを解くと，$a = \dfrac{1}{2}$

答　$a = \dfrac{1}{2}$

(3)　直線 $y = x + 4$ と y 軸の交点を C，点 A，B から y 軸に引いた垂線を AAʹ，BBʹ とすると，
CO $= 4$，AAʹ $= 2$，BBʹ $= 4$

$$\begin{aligned}
\triangle AOB &= \triangle AOC + \triangle BOC \\
&= \frac{1}{2} \times 4 \times 2 + \frac{1}{2} \times 4 \times 4 \\
&= 12
\end{aligned}$$

答　12

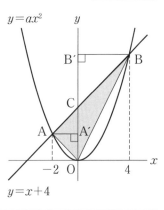

4　右の図のような 1 辺 8 cm の正方形 ABCD があります。点 P は，秒速 2 cm で周上を B から C を通って D まで動きます。点 Q は，点 P と同時に出発して，秒速 1 cm で周上を B から A まで動きます。点 P，Q が B を出発してから x 秒後の △BPQ の面積を y cm^2 とするとき，次の問いに答えなさい。

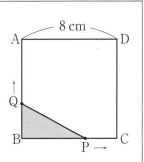

(1)　$0 \leqq x \leqq 4$ のとき，y を x の式で表しなさい。

(2)　$4 \leqq x \leqq 8$ のとき，y を x の式で表しなさい。

ガイド

(1) 右の図1のような三角形になります。

(2) 右の図2のような三角形になります。

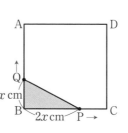

図1

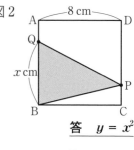

図2　8 cm

答え

(1) $\triangle BPQ = \dfrac{1}{2} \times BP \times BQ$

$y = \dfrac{1}{2} \times 2x \times x = x^2$

答　$y = x^2$

(2) $\triangle BPQ = \dfrac{1}{2} \times BQ \times 8$　　$y = \dfrac{1}{2} \times x \times 8 = 4x$

答　$y = 4x$

活用

　風力発電は，風の力で風車を回して，その力を電気エネルギーに変換しています。風力発電に使われている風車は，ブレード(羽根)が3枚のプロペラ型風車が一般的です。

　ブレードが回転してできる円の直径をローター径といい，ローター径が長くなれば，風車から得られるエネルギーは大きくなります。そのため，風車の大型化が進んでいます。

1 風力発電の風車のローター径の長さを x m，風力の定格出力(安全に出力できる電力)を y kW(キロワット)として，x と y の関係を表すと，次の表のようになります。下の問いに答えなさい。

ローター径の長さ x(m)	40	57	70	80	100
風車の定格出力　y(kW)	500	1000	1500	2000	3000

(1) ローター径の長さ x と風車の定格出力 y の間には，どんな関係がありますか。次の①〜③の中から選び，y を x の式で表しなさい。ただし，比例定数は，ローター径の長さが80 mの値をもとに，分数で求めなさい。

① y は x に比例する。　　　② y は x に反比例する。

③ y は x の2乗に比例する。

(2) ローター径の長さを2倍にすると，定格出力は何倍になりますか。

(3) 定格出力を4000 kWにするときの，ローター径の長さを求める方法を説明しなさい。また，その方法で答えを求めなさい。

答え

(1) $y = ax^2$ に $x = 80$，$y = 2000$ を代入すると，$2000 = a \times 80^2$　$a = \dfrac{5}{16}$

答　③，$y = \dfrac{5}{16}x^2$

(2) ローター径の長さを40 mから80 mにすると，定格出力は，

$2000 \div 500 = 4$(倍)になっている。

答　4倍

(3) (例)(1)で求めた $y = \dfrac{5}{16}x^2$ の式に定格出力の $y = 4000$ を代入して，ローター径の長さ x を求める。

$4000 = \dfrac{5}{16}x^2$

$x^2 = 12800$

$x > 0$ より，$x = \sqrt{12800} = 80\sqrt{2}$

$\sqrt{2} = 1.414$ とすると，$80\sqrt{2} = 80 \times 1.414 = 113.12$

答　約113 m

130

スピードと停止距離の関係は？

教科書 P.133 ～ 135

時速 100 km で走っている自動車は，運転者が危険を感じてから，何 m 走れば停止することができるでしょうか。

自動車が停止するまでに進む距離(停止距離)は，運転者が危険を感じてからブレーキを踏み，ブレーキが実際にきき始めるまでに車が進む距離(空走距離)と，ブレーキがきき始めてから車が停止するまでに進む距離(制動距離)の和で表されます。

次の表は，自動車の速度と停止距離の関係を示す１つの実験結果です。

時速(km/h)	空走距離(m)	制動距離(m)	停止距離(m)
20	6	3	9
30	8	6	14
40	11	11	22
50	14	18	32
60	17	27	44
70	19	39	58
80	22	54	76

1 はじめに，時速と空走距離の関係を調べてみましょう。

❶ 表の値から，どんなことが予想できるでしょうか。

❷ 時速 x km のときの空走距離を y m として，上の表をもとに次ページ(教科書 P.134)の図 1(図は **2** の 答え 欄)に点をかき入れ，どんなグラフになるかを調べてみましょう。

答え

(1) 時速が 2 倍，3 倍，…と変わるとき，空走距離も，ほぼ 2 倍，3 倍，…と変わる。**空走距離は時速に比例すると予想できる。**

(2) **2** の 答え の左のグラフ(図 1)

2 次に，時速と制動距離の関係を，**1** と同じようにして調べてみましょう。グラフは次ページ(教科書 P.134)の図 2(図は 答え 欄)にかき入れましょう。

それぞれの値について，$\frac{y}{x^2}$を計算すると，ほぼ一定の値になっている。したがって，**制動距離は時速の2乗に比例する**と考えられる。

右下のグラフ（図2）

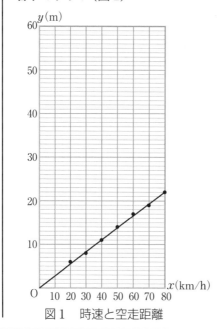

図1　時速と空走距離

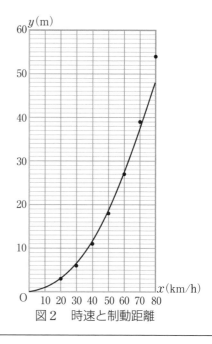

図2　時速と制動距離

---

3 上の2つのグラフを比べ，気づいたことをいいましょう。

（例）空走距離はほぼ一定の割合で増加するが，制動距離は速度が速くなるほど，増加量が大きくなっていく。

---

4 空走距離は時速に比例するとみなして，yをxの式で表してみましょう。比例定数は，グラフが点(50，14)を通ると考えて，小数第二位まで求めましょう。

yがxに比例するとき，$y = ax$と表せます。

$y = ax$に$x = 50$，$y = 14$を代入すると，
$14 = 50a$　$a = 0.28$

答　$y = 0.28x$

---

5 制動距離は時速の2乗に比例するとみなして，yをxの式で表してみましょう。
比例定数は，グラフが点(60，27)を通ると考えて，小数第四位まで求めましょう。

yがx^2に比例するとき，$y = ax^2$と表せます。

$y = ax^2$に$x = 60$，$y = 27$を代入すると，
$27 = 3600a$　$a = 0.0075$

答　$y = 0.0075x^2$

6 4, 5で求めた式を使って，自動車が時速 100 km で走っているときの空走距離，制動距離，停止距離を，それぞれ求めましょう。

答え

空走距離　$y = 0.28 \times 100 = 28$

制動距離　$y = 0.0075 \times 100^2 = 75$

停止距離　$28 + 75 = 103$

　　　　　　　答　空走距離…28 m，　制動距離…75 m，　停止距離…103 m

---

7 (教科書)133，134 ページで調べたことをもとにして，さらに次のようなことを調べてみましょう。

❶ 雨天などで路面がぬれている場合には，自動車の制動距離は，路面が乾いている場合に比べ，1.5 〜 2 倍程度に増加するといわれています。(教科書)133 ページの **2** でかいたグラフをもとにして，制動距離が 1.5 倍に増加したときのグラフを，前ページ(教科書 P.134)の図 2 (図は **答え** 欄)にかき入れてみましょう。

❷ 前ページ(教科書 P.134)の図 2 (図は **答え** 欄)にかき入れた 2 つのグラフから，どんなことが読み取れるでしょうか。

答え

❶ **右のグラフ**

❷ **(例)** 時速が増すほど，ぬれた路面と，乾いた路面の制動距離の差は，大きくなる。

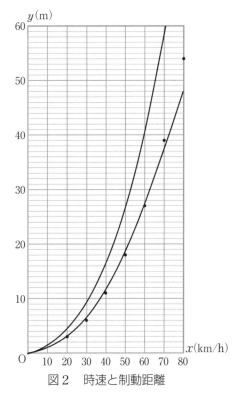

図2　時速と制動距離

5章 相似な図形

教科書 P.139

 次の図（教科書 P.139）のように，輪ゴムを使って絵をかくと，どんな図形がかける
でしょうか。

> **方法**
>
> ① 画用紙に，好きな絵をはる。
> ② 同じ大きさの輪ゴムを2本つなぐ。
> ③ 画用紙に画びょうをさし，輪ゴムの一方を画びょう
>   にかけて固定し，反対側の輪ゴムに鉛筆をかける。
> ④ 輪ゴムの結び目が絵に合うようにして，鉛筆を動か
>   していく。

ガイド もとの絵と，鉛筆でかいた絵の形や大きさを比べてみましょう。

答え もとの絵と同じ形で，2倍の大きさの図形がかける。

教科書 P.139

 ①の方法②で，つなぐ輪ゴムの本数を3本，4本，…と変えて，画びょうから1
つ目の結び目が絵に合うようにして鉛筆を動かすと，かける絵の大きさはどのよう
に変わるでしょうか。

ガイド 右の図を参考に考えてみましょう。

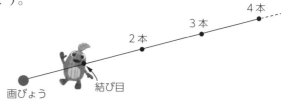

答え 輪ゴムの本数を3本，4本，…と変えると，かける絵の大きさは3倍，4倍，…
と変わる。

[.1] 相似な図形

☑◎ **相似な図形**

　拡大図，縮図の関係になっている2つの図形は**相似**であるという。

　△ABCと△A′B′C′が相似であることを，記号∽を使って，

　　　　△ABC ∽ △A′B′C′

と表し，「三角形ABC 相似 三角形A′B′C′」と読む。

注　相似の記号∽を使うときは，対応する点が同じ順序になるように表す。

☑◎ **相似の位置**

　2つの図形の対応する点を通る直線がすべて1点Oを通り，点Oから対応する点までの距離の比がすべて等しいとき，この2つの図形は**相似の位置**にあるといい，点Oを**相似の中心**という。

覚　相似の位置

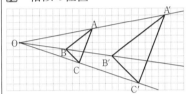

☑◎ **相似な図形の性質・相似比**

　相似な図形には，次の性質がある。

① **対応する線分の長さの比はすべて等しい。**

② **対応する角の大きさはそれぞれ等しい。**

　相似な図形で，対応する線分の長さの比を，**相似比**という。

☑◎ **三角形の相似条件**

　2つの三角形は，次のどれか1つが成り立てば相似である。

① **3組の辺の比**がすべて等しい。

　　$a:a' = b:b' = c:c'$

② **2組の辺の比とその間の角**がそれぞれ等しい。

　　$a:a' = c:c'$　$\angle B = \angle B'$

③ **2組の角**がそれぞれ等しい。

　　$\angle B = \angle B'$　$\angle C = \angle C'$

覚　三角形の相似条件

①3組の辺の比

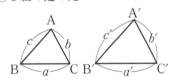

②2組の辺の比とその間の角

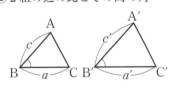

③2組の角

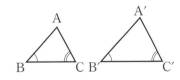

☑◎ **誤差**

　近似値から真の値をひいた差を**誤差**という。

☑◎ **有効数字**

　近似値を表す数のうち，信頼できる数字を**有効数字**という。有効数字がはっきりとわかるようにするために，

　（整数部分が1桁の小数）×（10の累乗）

　（整数部分が1桁の小数）×$\dfrac{1}{10\text{の累乗}}$

で表すことがある。

5章 相似な図形

❶ 相似な図形

━━ 教科書 P.140 ━━

QUESTION Q. 次の図（教科書 P.140）のように，△ABC があるとき，適当な点 O を決め，
OA′ = 2 OA となるように点 A′ をとり，同じ方法で，点 B′，点 C′ をとって，
△A′B′C′ をかきました。△A′B′C′ は△ABC の何倍の拡大図になっているでしょうか。

ガイド 方眼のマスを使って，対応する辺の長さと
対応する角の大きさを，それぞれ比べてみ
ましょう。
たとえば，辺 BC は，1 辺の長さが 2 目盛り
である正方形の対角線の長さ，辺 B′C′ は，1
辺の長さが 4 目盛りである正方形の対角線
の長さです。

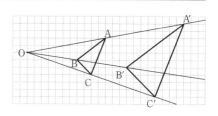

答え 対応する角の大きさはそれぞれ等しく，対応する辺の長さはそれぞれ 2 倍になっ
ているから，△A′B′C′ は△ABC の 2 倍の拡大図になっている。

━━ 教科書 P.141 ━━

問 1 次の(1)，(2)の図（図は **答え** 欄）で，点 O を相似の中心として，四角形 ABCD を
$\frac{1}{2}$ に縮小した四角形 A′B′C′D′ を完成させなさい。

ガイド OA′ = $\frac{1}{2}$ OA，OB′ = $\frac{1}{2}$ OB，OC′ = $\frac{1}{2}$ OC，OD′ = $\frac{1}{2}$ OD となるように，点 A′，
B′，C′，D′ をとります。

答え

(1) 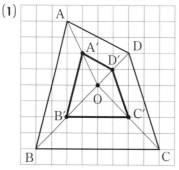　　(2)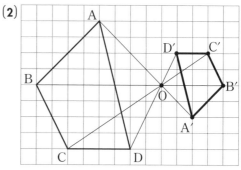

━━ 教科書 P.141 ━━

問 2 右の図（図は **答え** 欄）で，点 O を相似の中心として，△ABC を $\frac{3}{2}$ 倍に拡大した
△A′B′C′ をかきなさい。

OA′：OA ＝ OB′：OB ＝ OC′：OC ＝ 3：2 となるように点 A′，B′，C′ をとる。

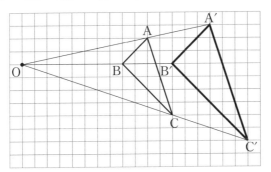

― 教科書 P.141 ―

問3 （教科書）139 ページの について，相似の中心がどこか答えなさい。

答え　画びょうをさした点

❷ 相似な図形の性質

― 教科書 P.142 ―

Q 四角形 ABCD を 3 倍に拡大した四角形 A′B′C′D′ を，次の図（図は 答え 欄）にかきましょう。また，辺の長さや角の大きさについて調べてみましょう。

ガイド　四角形 A′B′C′D′ は，四角形 ABCD を 3 倍に拡大した四角形ですから，2 つの四角形は相似です。点 B に対応する点 B′ を決めてから，辺 B′C′ をかきます。辺 BC は 4 目盛りの長さだから，辺 B′C′ は 12 目盛りの長さになります。

答え

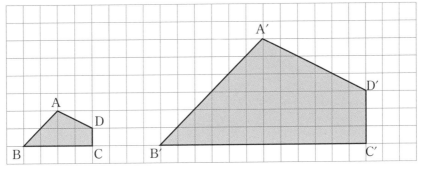

対応する辺の長さは，それぞれ 3 倍になっている。
対応する角の大きさは，それぞれ等しい。

― 教科書 P.142 ―

問1 **Q**（教科書 P.142）の 2 つの四角形で，対角線 A′C′ と AC，B′D′ と BD の長さの関係をそれぞれ調べ，記号を使って表しなさい。

答え　A′C′ ＝ 3 AC，B′D′ ＝ 3 BD
　　　または，A′C′：AC ＝ 3：1，B′D′：BD ＝ 3：1

137

教科書 P.142

[問 2] (教科書)140 ページの [Q] の△A′B′C′ と△ABC について，対応する辺の長さ，対応する角の大きさの関係を，それぞれ記号を使って表しなさい。

[ガイド] △A′B′C′ と△ABC は相似です。対応する辺の長さの比はすべて 2：1 になっています。また，対応する角の大きさはそれぞれ等しくなっています。

[答え] A′B′ = 2AB，B′C′ = 2BC，C′A′ = 2CA
または，A′B′：AB = B′C′：BC = C′A′：CA = 2：1
∠A′ = ∠A，∠B′ = ∠B，∠C′ = ∠C

教科書 P.143

[問 3] 次の図(教科書 P.143)で，三角形㋐と三角形㋑は相似である。このとき，三角形㋐と三角形㋒も相似といえますか。

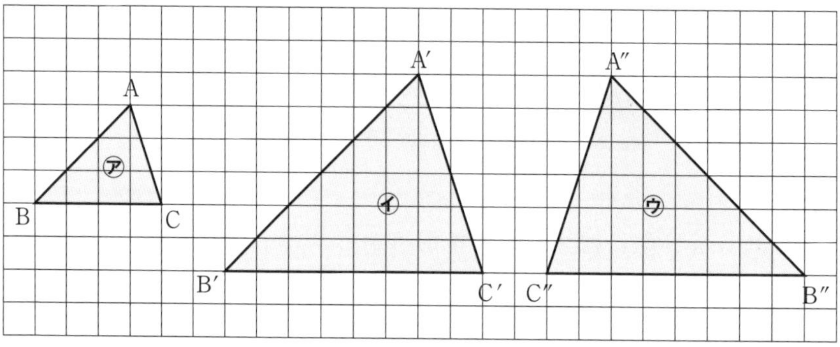

[ガイド] 三角形㋑と三角形㋒は，3 組の辺がそれぞれ等しいので合同です。

[答え] 三角形㋐と三角形㋒も**相似といえる**。

教科書 P.143

[問 4] 次の各組の図形は，つねに相似であるといえますか。
(1) 2 つの正五角形　(2) 2 つのひし形　(3) 2 つの円

[ガイド] ひし形は 4 つの辺の長さが等しい四角形ですが, 角の大きさは決まっていません。

[答え]
(1) 正五角形の 5 つの辺，5 つの角はそれぞれ等しいから，2 つの正五角形は**つねに相似であるといえる**。
(2) 右の図のように，2 つのひし形 ABCD，EFGH では，対応する角の大きさが等しいとは限らないので，**つねに相似であるとはいえない**。

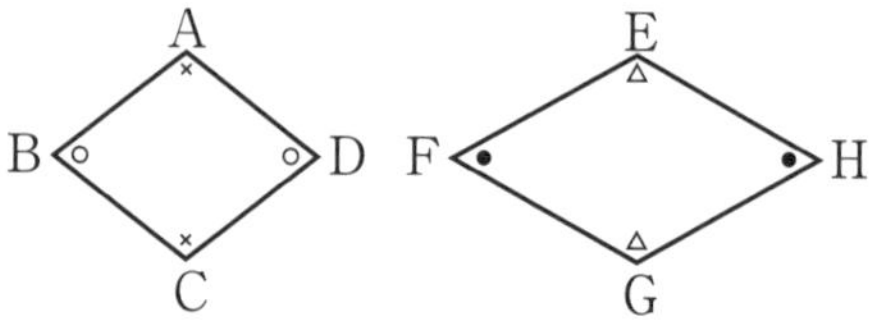

(3) 小さい方の円を拡大すると，大きい方の円にぴったり重ねることができるから，2 つの円は**つねに相似であるといえる**。

問 5 次の図で，△ABC ∽ △DEF であるとき，△ABC と △DEF の相似比を求めなさい。

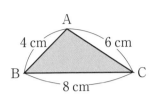 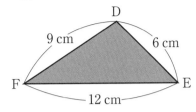

ガイド 相似な図形では，対応する辺の長さの比はすべて等しく，その比を相似比といいます。

答 え △ABC と △DEF で，対応する辺の長さの比は，
AB：DE ＝ 4：6，BC：EF ＝ 8：12，CA：FD ＝ 6：9 であり，すべて 2：3 の比になっている。

答 2：3

問 6 相似な図形で，相似比が 1：1 であるのはどんな場合ですか。

ガイド 相似比が 1：1 のとき，2 つの図形の対応する辺の長さはすべて等しくなります。また，相似な図形では対応する角の大きさもそれぞれ等しくなります。

答 え 2 つの図形が**合同な場合**

▶ 相似な図形の性質の利用 ◀

問 7 例 2（教科書 P.145）で，AC ＝ 14 cm のとき，辺 DF の長さを求めなさい。

答 え 相似な図形の対応する辺の長さの比は等しいから，

$$AC：DF ＝ BC：EF$$

DF ＝ y cm とすると，

$$14：y ＝ 8：6$$

比の性質から，$8y ＝ 84$

$$y ＝ 10.5$$

したがって，　DF ＝ 10.5 cm

答 10.5 cm

別 解 となり合う辺の長さの比に着目すると，

$$AC：BC ＝ DF：EF$$
$$14：8 ＝ y：6$$
$$8y ＝ 84$$
$$y ＝ 10.5$$

したがって，　DF ＝ 10.5 cm

問8 次の図で，四角形 ABCD ∽ 四角形 EFGH であるとき，辺 DC，EH の長さをそれぞれ求めなさい。

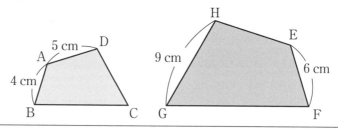

ガイド 相似な図形では，対応する辺の長さの比が等しいことを使って比例式をつくります。辺 AB と辺 EF が対応する辺で，長さもわかっています。

答え 対応する辺の長さの比は等しいから，

AB : EF = DC : HG

DC = x cm とすると，

$$4 : 6 = x : 9$$
$$6x = 36$$
$$x = 6$$

したがって，DC = 6 cm

AB : EF = AD : EH

EH = y cm とすると，

$$4 : 6 = 5 : y$$
$$4y = 30$$
$$y = 7.5$$

したがって，EH = 7.5 cm

答 DC = 6 cm，EH = 7.5 cm

別解 AB : DC = EF : HG

DC = x cm とすると，

$$4 : x = 6 : 9$$
$$6x = 36$$
$$x = 6$$

したがって DC = 6 cm

AB : AD = EF : EH

EH = y cm とすると，

$$4 : 5 = 6 : y$$
$$4y = 30$$
$$y = 7.5$$

したがって，EH = 7.5 cm

③ 三角形の相似条件

Q. 右の図（図は 答え 欄）のような△ABC があります。次のような条件で△DEF をかき，2つの図形を比べてみましょう。

$$EF = 2a, \quad FD = 2b, \quad DE = 2c$$

答え 点 E，F を中心に，半径がそれぞれ，$2c$，$2b$ である円をかき，その交点を D とする。

点 E と D，点 F と D をそれぞれ結ぶ。

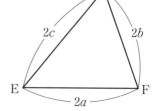

△DEF は，△ABC を2倍に拡大した図形になっている。

問1 辺の長さや角の大きさに着目して，上の方法（教科書 P.146）以外で，2 倍に拡大した図をかく方法を話し合いなさい。

ガイド
答え

△ABC を 2 倍に拡大した△A′B′C′ をかくには，他に 2 つの方法が考えられます。

・2 辺の長さをそれぞれ 2 倍にして，その間の角を等しくする。

・1 辺の長さを 2 倍にして，その両端の角をそれぞれ等しくする。

問2 上の②，③（教科書 P.146）の方法で，△A′B′C′ をかきなさい。

ガイド
答え

合同な三角形のかき方を思い出しましょう。

② B′C′ = 2a とし，∠B′ = ∠B となる半直線を引き，
その半直線上で B′A′ = 2c となる点を A′ とする。
点 C′ と A′ をそれぞれ結ぶ。

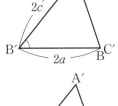

③ B′C′ = 2a とし，∠B′ = ∠B，∠C′ = ∠C となる 2 つ
の半直線を引き，その交点を A′ とする。

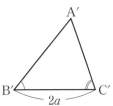

問3 次の図で，相似な三角形はどれとどれですか。また，そのときの相似条件をいいなさい。

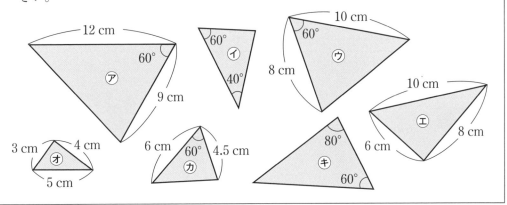

ガイド

㋑の残りの角は 180° − (60° + 40°) = 80° になります。

答え

㋐と㋙ 2 組の辺の比とその間の角がそれぞれ等しい。

㋑と㋖ 2 組の角がそれぞれ等しい。

㋓と㋗ 3 組の辺の比がすべて等しい。

問 4 ▷ 次の図で，相似な三角形を記号∽を使って表しなさい。また，そのときの相似条件をいいなさい。

(1)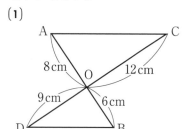

(2)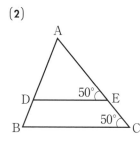

(3)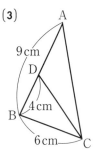

ガ イ ド 対応する点が同じ順序になるように表します。
(1) 対頂角は等しいです。
(2) ∠A は 2 つの三角形に共通です。
(3) △ABC と△CBD を同じ向きに置くと，右の図のようになります。

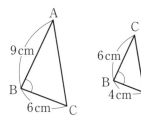

答 え (1) △AOC ∽ △BOD　（AO：BO＝CO：DO＝4：3，∠AOC＝∠BOD）
相似条件　2 組の辺の比とその間の角がそれぞれ等しい。
(2) △ADE ∽ △ABC　（∠A は共通，∠AED ＝∠ACB）
相似条件　2 組の角がそれぞれ等しい。
(3) △ABC ∽ △CBD　（AB：CB＝CB：DB＝3：2，∠B は共通）
相似条件　2 組の辺の比とその間の角がそれぞれ等しい。

三角形の相似条件を使った図形の証明

問 5 ▷ 問 4(教科書 P.148)(1)の図で，△AOC ∽△BOD であることを，次のように証明しました。□□□をうめて，証明を完成させなさい。

ガ イ ド 辺の比は簡単にしましょう。

答 え △AOC と△BOD において，
仮定から，　　　　　　　　AO：BO ＝ 8：6 ＝ 4 ： 3 　①
CO：DO ＝ 12：9 ＝ 4 ： 3 　②
①，②から，　　　　　　　AO：BO ＝ CO：DO　③
対頂角は等しいから，　 ∠AOC ＝ ∠BOD 　④
③，④より， 2 組の辺の比とその間の角 が
それぞれ等しいから，　△AOC ∽△BOD

問 6 ▷ 例 2(教科書 P.149)の図で，△ABC ∽△DAC であることを証明しなさい。

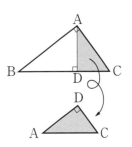

ガイド 例2(教科書 P.149)と同じように，△DAC を移動して考えましょう。

答え △ABC と△DAC において，
仮定から，∠BAC = ∠ADC = 90°　①
また，∠C は共通　　　　　　　　②
①，②より，2組の角がそれぞれ等しいから，
　　　　△ABC ∽△DAC

教科書 P.149

問 7 次の図で，線分 AC，DC の長さを求めなさい。

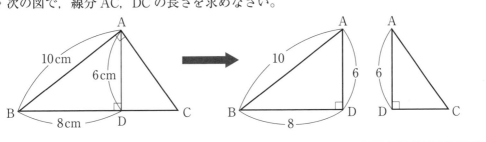

ガイド △ABD と△CAD の相似比を考えましょう。

答え

AC = x cm とすると，
$10 : x = 8 : 6$
$8x = 60$
$x = 7.5$

DC = y cm とすると，
$8 : 6 = 6 : y$
$8y = 36$
$y = 4.5$

答 AC = 7.5 cm，DC = 4.5 cm

教科書 P.149

問 8 右の図のように，△ABC の辺 BC 上に点 D をとります。
(1) △ABC ∽ △DAC であることを証明しなさい。
(2) 辺 AD の長さを求めなさい。

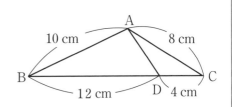

答え

(1) △ABC と△DAC において，
仮定から，　BC : AC = 16 : 8 = 2 : 1　①
　　　　　　AC : DC = 8 : 4 = 2 : 1　②
①，②から，BC : AC = AC : DC　③
また，∠C は共通　　　　　　　④
③，④より，2組の辺の比とその間の角がそれぞれ等しいから，
　　　　△ABC ∽ △DAC

(2) (1)より，BA : AD = AC : DC であるから，
　　　　10 : AD = 2 : 1
　　　　AD = 5

答 5 cm

5章 相似な図形

問 9 ▷ 次の相似の位置にある△ ABC と△ A′B′C′ について，下の問いに答えなさい。

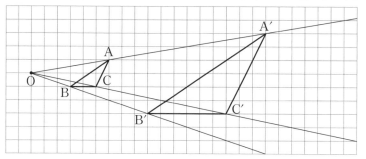

(1) △OA′B′ ∽△OAB であることを証明しなさい。

(2) A′B′ : AB = 3 : 1 である理由をいいなさい。

(3) A′B′ と AB の位置関係について，どんなことがいえますか。

(4) △ABC ∽△A′B′C′ であることを，三角形の相似条件を使って証明しなさい。

ガイド

(3) (1)で証明した△OA′B′ ∽△OAB から，∠A′B′O = ∠ABO がいえます。

答え

(1) △OA′B′ と△OAB において，

OA′ : OA = OB′ : OB = 3 : 1 　　　　①

共通な角だから，　　∠A′OB′ = ∠AOB　　②

①，②より，2組の辺の比とその間の角がそれぞれ等しいから，

△OA′B′ ∽△OAB

(2) **△OA′B′ と△OAB は相似比が 3 : 1 だから。**

(3) 錯角∠A′B′O と∠ABO が等しいから，**A′B′∥AB**

(4) △ABC と△A′B′C′ において，

(2)より，AB : A′B′ = 1 : 3 　　　　①

(1)と同様にして，△OB′C′ ∽△OBC

よって，BC : B′C′ = BO : B′O = 1 : 3 　　②

同じく，△OC′A′ ∽△OCA

よって，CA : C′A′ = CO : C′O = 1 : 3 　　③

①，②，③より，AB : A′B′ = BC : B′C′ = CA : C′A′ = 1 : 3

3組の辺の比がすべて等しいから，△ABC ∽△A′B′C′

❹ 相似の利用

問 1 ▷ 右の図(図は 答え 欄)のように，1本の棒がピラミッドの近くに立っているとき，棒の高さを1 m，影の長さを2 m，ピラミッドの影の長さを280 m とすると，ピラミッドの高さは何 m になりますか。

ガイド

同じ場所，同じ時刻では，太陽光線は平行であると考えられます。

したがって，例1（教科書 P.151）と同様に，図で△ABC と△DEF は相似と考えることができます。

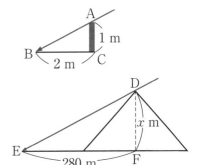

| 答 え | ピラミッドの高さを x m とすると,
AC : DF = BC : EF より,
$\qquad 1 : x = 2 : 280$
$\qquad 2x = 280$
$\qquad x = 140$ **答 140 m**

教科書 P.152

問 2 ▷ 校舎の高さを測定するために, 校舎に向かう水平な直線上で 20 m 離れた地点から校舎の頂上を見上げたところ, その角度は 40° でした。目の高さを 1.5 m として縮図をかき, 校舎の高さを求めなさい。

| ガイド | 縮尺 $\dfrac{1}{200}$ の縮図をかいて考えましょう。

| 答 え | 右のような縮図をかき,
B′C′ の長さを測ると,
約 8.4 cm となった。
△ABC ∽ △A′B′C′ で相似比は
$\qquad 200 : 1$
したがって,
BC = 8.4 × 200 = 1680(cm) = 16.8(m)
目の高さ 1.5 m を加えて, 16.8 + 1.5 = 18.3(m)

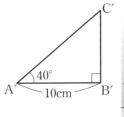 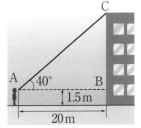

答 約 18.3 m

◀ 誤差 ▶

教科書 P.153

QUESTION
Q 前ページ(教科書 P.152)の例 2 で, 辺 A′B′ を測ると約 3.6 cm でした。このとき, この答えは正確な値といえるか話し合ってみましょう。

| 答 え | **(例)** 3.61 cm や 3.59 cm など, 3.6 cm より少し大きかったり小さかったりする可能性がある。

教科書 P.153

問 3 ▷ 前ページ(教科書 P.152)の例 2 の答えを約 18 m としてもよい理由を説明しなさい。

| 答 え | 辺 A′B′ の真の値を a cm とすると, a の範囲は, $3.55 \leqq a < 3.65$
ここで, 3.55 × 500 = 1775(cm), 3.65 × 500 = 1825(cm)
したがって, $3.55 \leqq a < 3.65$ のとき, a の値がいくらであっても, 実際の長さは約 18 m になる。

教科書 P.153

問 4 次の(1)，(2)は，四捨五入によって得られた近似値です。真の値をそれぞれ a m として，a の範囲を不等号を使って表しなさい。また，誤差の絶対値はそれぞれ何 m 以下となりますか。

(1) 25.6 m　　(2) 1.83 m

ガイド (1)は小数第二位を四捨五入して得られた近似値，(2)は小数第三位を四捨五入して得られた近似値と考えられます。

答え

(1) a の範囲は，$\mathbf{25.55 \leqq a < 25.65}$
誤差の絶対値は，$25.6 - 25.55 =$ **0.05 (m) 以下。**

(2) a の範囲は，$\mathbf{1.825 \leqq a < 1.835}$
誤差の絶対値は，$1.83 - 1.825 =$ **0.005 (m) 以下。**

有効数字

教科書 P.154

問 5 ある品物を，最小の目盛りが 10 g であるはかりで量ったところ，1260 g でした。この測定値の有効数字を答えなさい。

ガイド 一の位の数字は単に位取りを示しているだけです。

答え 1，2，6

教科書 P.154

問 6 次の値を，有効数字を 2 桁(けた)として，有効数字がはっきりわかる形で表しなさい。

(1) 250 g　　(2) 6000 km　　(3) 0.80 m

ガイド 有効数字は，近似値を表す数のうち，信頼できる数字です。
有効数字がはっきりとわかるようにするために，
(整数部分が 1 桁の小数) × (10 の累乗(るいじょう)) や，
(整数部分が 1 桁の小数) × $\dfrac{1}{10\text{の累乗}}$ の形で表します。

(例)

・1.4960×10^8 では，有効数字は，1，4，9，6，0 の 5 桁です。末位の 0 も有効数字であることを示しています。

・$4.7 \times \dfrac{1}{10^2}$ では，有効数字は，4，7 の 2 桁です。

答え

(1) 有効数字は，2，5 だから，$\mathbf{2.5 \times 10^2}$ **g**

(2) 有効数字は，6，0 だから，$\mathbf{6.0 \times 10^3}$ **km**

(3) 有効数字は，8，0 だから，$\mathbf{8.0 \times \dfrac{1}{10}}$ **m**

<table>
<tr><td>問 7</td><td>四捨五入して，近似値 3.776×10^3 m が得られました。このとき，誤差の絶対値は何 m 以下となりますか。</td></tr>
</table>

ガイド

3.776×10^3 を計算して考えます。

次に，真の値を a m として，a の範囲を不等号を使って表してみましょう。

有効数字は，3，7，7，6 の 4 桁です。

答え

3.776×10^3 m ＝ 3776 m だから，真の値を a m とすると，a の範囲は，

$3775.5 \leqq a < 3776.5$

したがって，誤差の絶対値は，$3776 - 3775.5 = 0.5$ (m) 以下。

答　**0.5m 以下**

---

1 相似な図形

確かめよう

1 右の図で，四角形 ABCD と四角形 EFCG は相似の位置にあります。次の問いに答えなさい。

(1) 相似の中心をいいなさい。

(2) 四角形 ABCD は四角形 EFCG の何倍の拡大図になっているか求めなさい。

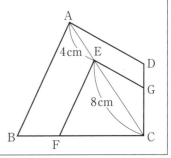

ガイド

相似の位置にあるとは，2 つの図形の対応する点を通る直線がすべて 1 点 O を通り，点 O から対応する点までの距離の比がすべて等しいことを意味しています。このとき，点 O を相似の中心といいます。

点 A と点 E，点 B と点 F，点 D と点 G がそれぞれ対応しています。点 A と点 E を通る直線 AE，点 B と点 F を通る直線 BF，点 D と点 G を通る直線 DG は，すべて点 C を通っています。

答え

(1) 対応する点を通る直線がすべて点 C を通っているので，
相似の中心は，**点 C**

(2) EC ＝ 8 cm
AC ＝ AE ＋ EC ＝ 4 ＋ 8 ＝ 12 (cm)
よって，AC : EC ＝ 12 : 8
＝ 3 : 2

四角形 ABCD は四角形 EFCG の $\dfrac{3}{2}$ **倍の拡大図になっている。**

2 右の図で，五角形 ABCDE ∽ 五角形 FGHIJ
であるとき，次の問いに答えなさい。

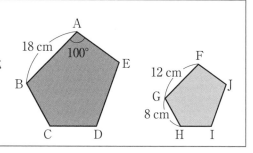

(1) 五角形 ABCDE と五角形 FGHIJ の相似比
　　を求めなさい。
(2) 辺 BC の長さを求めなさい。
(3) ∠F の大きさを求めなさい。

ガイド
(1) 辺 AB と辺 FG の長さの比から求めましょう。
(2) (1)で求めた相似比を使いましょう。
(3) 対応する角の大きさは等しいといえます。

答え
(1) AB : FG = 18 : 12 = 3 : 2 　　　　　　　　　　　　　　**答　3 : 2**
(2) BC = x cm とすると，GH = 8 cm だから，
　　　$x : 8 = 3 : 2$
　　　　$2x = 24$
　　　　　$x = 12$ 　　　　　　　　　　　　　　　　**答　12 cm**
(3) ∠F = ∠A = 100° 　　　　　　　　　　　　　　　　**答　100°**

---

3 次の図で，相似な三角形を記号∽を使って表しなさい。また，そのときの相似条件を
いいなさい。

(1)
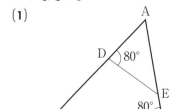

(2)
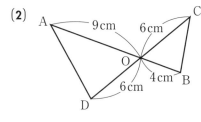

ガイド
(1) ∠A は，2つの∽三角形△ABC と△AED に共通な角です。

答え
(1) △ABC ∽ △AED
　　∠A は共通，∠ACB = ∠ADE = 80°
　　相似条件　2組の角がそれぞれ等しい。
(2) △AOD ∽ △COB
　　AO : CO = 9 : 6 = 3 : 2，DO : BO = 6 : 4 = 3 : 2
　　対頂角は等しいから，　∠AOD = ∠COB
　　相似条件　2組の辺の比とその間の角がそれぞれ等しい。

4 △ABC の頂点 A，B から辺 BC，CA に，それぞれ垂線 AD，BE を引くとき，△ADC ∽ △BEC であることを証明しなさい。

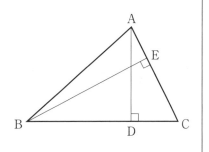

ガイド △ADC と△BEC で，2 組の等しい角を見つけます。

答え △ADC と△BEC において，
仮定から，∠ADC = ∠BEC = 90°　①
また，∠C は共通　　　　　　　　②
①，②より，2 組の角がそれぞれ等しいから，
　　　　△ADC ∽ △BEC

5 次の値を有効数字が 3 桁の近似値とするとき，有効数字がはっきりわかる形で表しなさい。また，誤差の絶対値はいくら以下と考えられますか。
(1) 3190 m　　　　　　　　(2) 0.526 kg

答え (1) 有効数字は 3，1，9 の 3 桁。　よって，3.19×10^3 m と表すことができる。
真の値を a m とすると，a の範囲は，
$3185 \leqq a < 3195$
したがって，誤差の絶対値は，3190 − 3185 = 5 (m) 以下。
　　　　　　　　　答　3.19×10^3 m，誤差の絶対値は 5m 以下

(2) 有効数字は 5，2，6 の 3 桁。　よって，$5.26 \times \dfrac{1}{10}$ kg と表すことができる。
真の値を a kg とすると，a の範囲は，
$0.5255 \leqq a < 0.5265$
したがって，誤差の絶対値は，0.526 − 0.5255 = 0.0005 (kg) 以下。

0.0005 kg = 0.5 g

　　　　　　　　答　$5.26 \times \dfrac{1}{10}$ kg，誤差の絶対値は 0.0005 kg (0.5 g) 以下

2 平行線と相似

教科書P.156～166

教科書のまとめ テスト前にチェック ☑

☑ ◎ 平行線と線分の比

定理 △ABC の辺 AB，AC 上の点をそれぞれ P，Q とするとき，

① PQ∥BC ならば，
$$AP : AB = AQ : AC$$
$$= PQ : BC$$

② PQ∥BC ならば，
$$AP : PB = AQ : QC$$

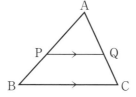

注 点 P，Q を辺 BA，CA の延長上や，辺 AB，AC の延長上にとった場合にも成り立つ。

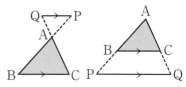

☑ ◎ 平行線で区切られた線分の比

定理 $\ell \parallel m \parallel n$ のとき，$a : b = a' : b'$

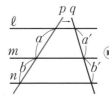 ▶ 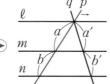 ▶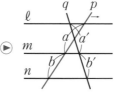

☑ ◎ 線分の比と平行線

定理 △ABC の辺 AB，AC 上の点をそれぞれ P，Q とするとき，

① AP : AB = AQ : AC ならば，
PQ∥BC

② AP : PB = AQ : QC ならば，
PQ∥BC

注 「平行線と線分の比」の定理と同様に，点 P，Q を辺 BA，CA の延長上や，辺 AB，AC の延長上にとった場合にも成り立つ。

☑ ◎ 中点連結定理

定理 △ABC の辺 AB，AC の中点をそれぞれ M，N とするとき，
$$MN \parallel BC, \quad MN = \frac{1}{2} BC$$

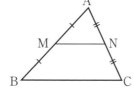

1 次（教科書 P.156）の等間隔に平行線が引かれたまな板を使って，ロールケーキを7人で等分します。まな板の上にロールケーキをどのように置けばよいでしょうか。

ガイド　ノートの罫線を使って，ひもを3等分するときと同様に考えましょう。

答え　（例）右の図のように，ロールケーキの一方の端を，いちばん下の平行線に重なるように置き，もう一方の端を，下から8本目の平行線に重なるように置く。

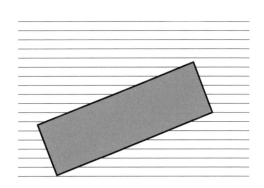

❶ 平行線と線分の比

Q 右の図（図は 答え 欄）のように，等間隔に引かれた平行線上に点 A，B をとり，2点を結びました。線分 AB は平行線によって，どのように区切られているでしょうか。また，点 B を同じ直線上で動かした場合はどうでしょうか。

答え

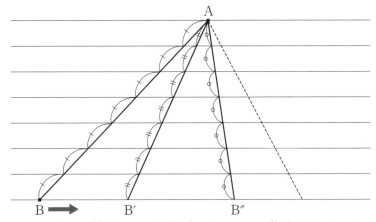

上の図のように，線分 AB は平行線によって，7等分されている。
また，点 B を同じ直線上で動かした場合も同様である。

5章　相似な図形

問 1 ▷ 右上(右)の図について、次の問いに答えなさい。
(1) △APQ ∽ △ABC であることを証明しなさい。
(2) △APQ と△ABC で、AP：AB と等しい比になる辺の組をいいなさい。

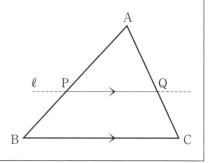

ガイド
(1) PQ∥BC で、平行線の角の性質を使いましょう。
(2) △APQ と△ABC で、対応する辺は、AP と AB、AQ と AC、PQ と BC です。

答え
(1) △APQ と△ABC において、
平行線の同位角は等しいから、PQ∥BC より、
　　∠APQ ＝ ∠ABC　①
　　∠AQP ＝ ∠ACB　②
①，②より、2 組の角がそれぞれ等しいから、△APQ ∽ △ABC
(2) 相似な三角形の対応する 3 組の辺の比は等しいから、
　　　　　AP：AB ＝ AQ：AC ＝ PQ：BC　　**答　AQ と AC、PQ と BC**

問 2 ▷ 右の図で、PQ∥BC のとき、AP：PB ＝ AQ：QC であることを、次の順に証明しなさい。
① 点 P を通り辺 AC に平行な直線を引き、辺 BC との交点を R とする。このとき、△APQ ∽ △PBR を示す。
② 四角形 PRCQ で、PR ＝ QC を示す。
③ ①，②から、AP：PB ＝ AQ：QC を導く。

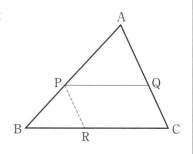

ガイド
① PQ∥BC、AC∥PR であることから、等しい角を見つけます。
② 四角形 PRCQ は、どのような四角形でしょうか。

答え
① △APQ と△PBR において、
平行線の同位角は等しいから、PQ∥BC より、
　　∠APQ ＝ ∠PBR　(1)
同様にして、AC∥PR より、
　　∠PAQ ＝ ∠BPR　(2)
(1)，(2)より、2 組の角がそれぞれ等しいから、
△APQ ∽ △PBR

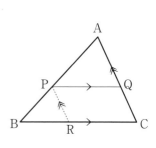

② PQ∥BC、AC∥PR より、四角形 PRCQ は平行四辺形である。
平行四辺形の対辺の長さは等しいから、PR ＝ QC

152

③ △APQ ∽ △PBR より，対応する辺の長さの比は等しいから，

$$AP : PB = AQ : PR \quad (3)$$

また，②より，　　$PR = QC$　　　(4)

(3)，(4)から，$AP : PB = AQ : QC$

教科書 P.158

問3 （教科書）156 ページののように，等間隔に引かれた平行線を使うと，ロールケーキが 7 等分できる理由を説明しなさい。

ガイド 三角形をつくり，平行線と線分の比の定理を利用します。

答え （例）

右の図のように点 A, B, C を定め，ロールケーキの厚さを上から順に a, b, c, d, e, f, g とする。

平行線は等間隔だから，線分 AC を 7 等分する。

よって，平行線と線分の比の定理により，

$a : b = 1 : 1$

すなわち，$a = b$　　①

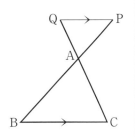

$a : (b + c) = 1 : 2$　　これと①より，$a = b = c$　　②

$a : (b + c + d) = 1 : 3$　　これと②より，$a = b = c = d$

以下，同様に考えて，

$a = b = c = d = e = f = g$

すなわち，線分 AB が 7 等分される。

教科書 P.158

問4 △ABC の辺 BA，CA の延長上に，PQ∥BC となるようにそれぞれ点 P，Q をとるとき，

$$AP : AB = AQ : AC = PQ : BC$$

であることを証明しなさい。

答え △APQ と △ABC において，

平行線の錯角は等しいから，PQ∥BC より，

∠APQ = ∠ABC　　①

∠AQP = ∠ACB　　②

①，②より，2 組の角がそれぞれ等しいから，

△APQ ∽ △ABC

相似な三角形の対応する辺の長さの比は等しいから，

$$AP : AB = AQ : AC = PQ : BC$$

5 章 相似な図形

問 5 ▷ 拓真さんは，上の図（図は 答え 欄）の y の値を右のように求めました。この求め方は正しいですか。誤りがあれば，正しく直しなさい。

答え

△APQ と△ABC において，辺 PQ と辺 BC が対応し，辺 AP と辺 AB が対応する。したがって，AP：PB は AP：AB としなければならない。

（正しい計算）

$$AP：AB = PQ：BC$$
$$6：(6 + 3) = 7：y$$
$$6：9 = 7：y$$
$$6\,y = 63$$
$$y = \frac{21}{2}$$

答　$y = \dfrac{21}{2}$

正しいかな？

PQ∥BC であるから，
$$AP：PB = PQ：BC$$
$$6：3 = 7：y$$
$$6y = 21$$
$$y = \frac{7}{2}$$

答　$y = \dfrac{7}{2}$

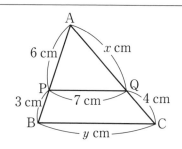

問 6 ▷ 次の図で，PQ∥BC のとき，x，y の値を求めなさい。

(1)
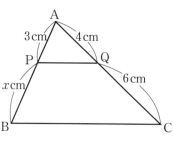

(2)
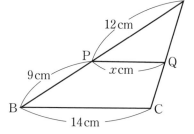

(3)
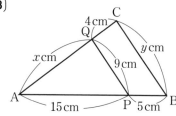

(4)
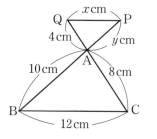

答え

(1)
$$AP：PB = AQ：QC$$
$$3：x = 4：6$$
$$4\,x = 18$$
$$x = 4.5$$

答　$x = 4.5$

(2)
$$AP：AB = PQ：BC$$
$$12：(12 + 9) = x：14$$
$$12：21 = x：14$$
$$21\,x = 168$$
$$x = 8$$

答　$x = 8$

(3)　AQ : QC = AP : PB
$$x : 4 = 15 : 5$$
$$5x = 60$$
$$x = 12$$
AP : AB = PQ : BC
$$15 : 20 = 9 : y$$
$$15y = 180$$
$$y = 12$$

答　$x = 12,\ y = 12$

(4)　AC : AQ = BC : PQ
$$8 : 4 = 12 : x$$
$$8x = 48$$
$$x = 6$$
AB : AP = AC : AQ
$$10 : y = 8 : 4$$
$$8y = 40$$
$$y = 5$$

答　$x = 6,\ y = 5$

教科書 P.159

右の図で，PQ∥BC のとき，x の長さを a を使って表してみよう。

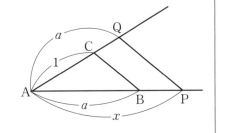

ガイド　平行線と線分の比の定理より，PQ∥BC だから，AC : AQ = AB : AP になります。比例式をつくって x を求めましょう。

答え　AC : AQ = AB : AP より，
$$1 : a = a : x$$
$$x = a^2$$

答　$x = a^2$

教科書 P.161

問 7　次の図で，$\ell \parallel m \parallel n$ のとき，$x,\ y$ の値を求めなさい。

(1)

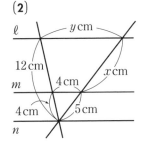

(2)

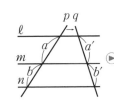

(3)

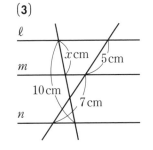

ガイド　右の図で，直線 ℓ，m，n が平行であるとき，$a : b = a' : b'$ です。このことを利用します。

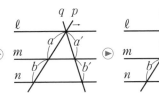

(1)　$x : 14 = 6 : 12$

$\quad\quad 12\,x = 84$

$\quad\quad\quad x = 7$

答　$x = 7$

(2)　$x : 5 = (12 - 4) : 4$ 　　　　　　$4 : y = 4 : 12$

$\quad\quad 4\,x = 40$ 　　　　　　　　　　　$4\,y = 48$

$\quad\quad\quad x = 10$ 　　　　　　　　　　　$\quad y = 12$

答　$x = 10,\ y = 12$

(3)　$x : (10 - x) = 5 : 7$

$\quad\quad\quad\quad 7\,x = 5(10 - x)$

$\quad\quad\quad\quad 7\,x = 50 - 5\,x$

$\quad\quad\quad 12\,x = 50$

$\quad\quad\quad\quad\quad x = \dfrac{25}{6}$

答　$x = \dfrac{25}{6}$

教科書 P.161

問 8 ▷ 次の①〜③は，与（あた）えられた線分 AB を 3 等分する手順を示したものです。適当な線分 AB をかき，この方法で 3 等分しなさい。また，この方法で 3 等分できる理由を説明しなさい。

① 適当な半直線 AX を引く。

② 半直線 AX 上に，点 A から等しい長さで，順に点 P，Q，R をとり，点 R と点 B を結ぶ。

③ 点 P，Q から RB に平行な直線を引き，AB との交点を，それぞれ S，T とする。

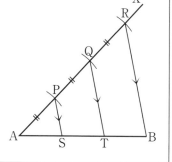

答　え

右の図　　　　　　　　　　　　　　（例）

（説明）△ATQ で，PS∥QT より，

　AS : ST = AP : PQ = 1 : 1　　①

また，PS∥QT∥RB より，

　ST : TB = PQ : QR = 1 : 1　　②

①，②から，AS = ST = TB

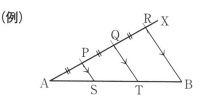

教科書 P.161

問 9 ▷ 線分 AB 上にあり，AB を 3 : 2 の比に分ける点 P を，右の図（図は 答え 欄）にかき入れなさい。

ガイド　AB を 3 : 2 に分けるためには，AB を 5 等分することを考えます。

答　え　半直線 AX 上に，点 A から等しい長さで順に点 C 〜 G をとり，点 G と点 B を結ぶ。点 E を通り GB に平行な直線を引き，AB との交点を P とする。点 P が，線分 AB を 3 : 2 の比に分ける点である。

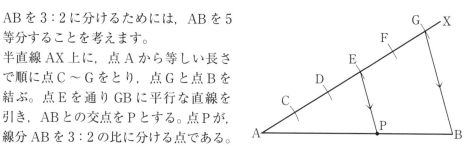

❷ 線分の比と平行線

QUESTION Q 右の図（図は 答え 欄）のように，△ABC の辺 AB，AC をそれぞれ 4 等分する点をとりました。D と G，E と H，F と I を結び，それらの線分と辺 BC との位置関係を調べてみましょう。

ガイド 辺 BC と線分 DG，EH，FI がどんな位置関係にあるかを調べます。

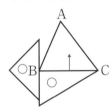

左の図のように，三角定規を辺 BC から上にすべらせて，平行かどうかを確かめてみましょう。

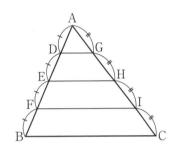

答え 右の図から，DG，EH，FI は，それぞれ辺 BC と平行になっている。

問 1 △ABC の辺 AB，AC 上に，AP：PB = AQ：QC = 3：2 となるようにそれぞれ点 P，Q をとるとき，次の問いに答えなさい。

(1) AP：AB，AQ：AC を求めなさい。

(2) (1)で調べたことを使って，PQ∥BC であることを証明しなさい。

答え (1) AP：AB = 3：5，AQ：AC = 3：5

(2) △APQ と△ABC において，

(1)より，　 AP：AB = AQ：AC　　　①

また，∠A は共通　　　　　　　　②

①，②より，2 組の辺の比とその間の角がそれぞれ等しいから，

$$△APQ ∽ △ABC$$

したがって，∠APQ = ∠ABC

同位角が等しいから，PQ∥BC

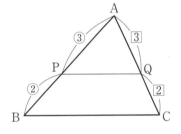

問 2 右の図で，平行な線分の組をいいなさい。

ガイド △ABC の 3 辺のうち，等しい比で区切られている 2 辺を探します。

AP：PB = 5：6

AR：RC = 5：6.5

BQ：QC = 7.2：6

辺の比を整数で表して簡単にしましょう。

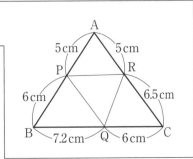

AP : PB = 5 : 6
AR : RC = 5 : 6.5 = 10 : 13
BQ : QC = 7.2 : 6 = 6 : 5
したがって，BP : PA = BQ : QC = 6 : 5 より，PQ∥AC

答　線分 PQ と線分 AC

教科書 P.163

問3　右の図のように，△ABC の辺 BA，CA の延長上に，
　　　AB : AP = AC : AQ = 2 : 1
となるように，それぞれ点 P，Q をとるとき，PQ∥BC
であることを証明しなさい。

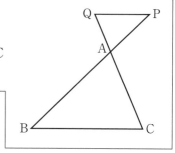

ガイド　2つの三角形，△APQ と△ABC が相似であること
を証明し，それをもとに，PQ と BC が平行である
ことを証明します。

答え　△APQ と△ABC において，
仮定から，AP : AB = AQ : AC = 1 : 2　①
対頂角は等しいから，∠PAQ = ∠BAC　②
①，②より，2組の辺の比とその間の角がそれぞれ等しいから，
　　　　　　　△APQ ∽△ABC
したがって，∠APQ = ∠ABC
錯角が等しいから，PQ∥BC

中点連結定理

教科書 P.164

Q　△ABC の辺 AB，AC の中点をそれぞれ M，N とすると，線分 MN と辺 BC の間に
はどんな関係があるでしょうか。（図は **答え** 欄）

ガイド　線分の比と平行線の定理から，MN∥BC は予想できます。点 M と N が辺 AB，
AC の中点であることから，△AMN と△ABC の相似比は 1 : 2 です。

答え　AM : MB = AN : NC = 1 : 1 より，
　MN∥BC
MN : BC = AM : AB = 1 : 2 より，
　$MN = \dfrac{1}{2} BC (BC = 2MN)$
右の図のように，点 A の位置を変え
ても，同じことがいえる。

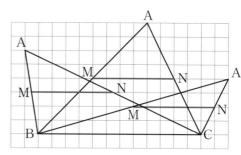

答　MN∥BC，$MN = \dfrac{1}{2} BC (BC = 2MN)$

問 4 △ABC の辺 AB, BC, CA の中点をそれぞれ D, E, F とするとき, △DEF と合同な三角形をすべていいなさい。

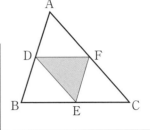

ガイド 中点連結定理より,

$$DF = \frac{1}{2}BC, \quad DE = \frac{1}{2}AC, \quad FE = \frac{1}{2}AB$$

答え △FAD, △EDB, △CFE

問 5 右の図の四角形 ABCD は, AD∥BC の台形です。辺 AB の中点 M から辺 BC に平行な直線を引き, 対角線 AC, 辺 DC との交点をそれぞれ O, N とします。このとき, 線分 MN の長さを求めなさい。

ガイド △ABC と△CDA のそれぞれで, 平行線と線分の比の定理, 中点連結定理を使います。

答え △ABC で, MO∥BC だから, 平行線と線分の比の定理より, O は AC の中点である。
△CDA で, NO∥DA だから, 平行線と比の定理より, N は CD の中点である。

△ABC で, 中点連結定理より, $MO = \frac{1}{2}BC = 5$(cm)

△CDA で, 中点連結定理より, $NO = \frac{1}{2}DA = 3$(cm)

したがって, MN = MO + NO = 8(cm)

答 8 cm

中点連結定理の利用

QUESTION Q 右(左下)の四角形の 4 つの辺の中点をとり, 順に結んでみましょう。どんな図形ができるでしょうか。また, ほかの四角形についても, 同じように調べてみましょう。(図は 答え 欄)

答え

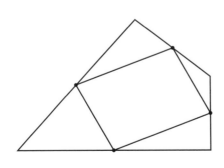

(例)

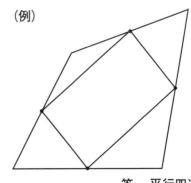

答 平行四辺形

四角形 ABCD の辺 AB，BC，CD，DA の中点をそれぞれ P，Q，R，S とするとき，四角形 PQRS が平行四辺形になる理由を，中点連結定理を使って考えてみましょう。

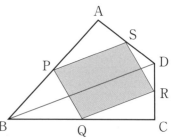

(1) 対角線 BD を引くと，△ABD の辺 BD と線分 PS の間には，どんな関係が成り立つでしょうか。また，△CDB についてはどうでしょうか。

(2) (1)をもとに，四角形 PQRS が平行四辺形になる理由を説明しましょう。

ガ イ ド　対角線 BD を引くと，△ABD，△CDB ができます。それぞれの三角形で，P，S，Q，R は辺の中点になっています。

答 え　(1) △ABD で，中点連結定理により，PS∥BD，$PS = \dfrac{1}{2} BD$

△CDB で，中点連結定理により，QR∥BD，$QR = \dfrac{1}{2} BD$

(2) (1)より，PS∥QR，PS = QR

1 組の対辺が平行で等しいから，四角形 PQRS は平行四辺形である。

別 解　教科書 P.165 のキャラクター「別の証明も考えてみよう。」

(例)

対角線 AC を引く。

△ABC において，点 P，Q はそれぞれ辺 AB，BC の中点であるから，

$PQ = \dfrac{1}{2} AC$ ①

△ADC において，点 S，R はそれぞれ辺 DA，DC の中点であるから，

$SR = \dfrac{1}{2} AC$ ②

①，②から，PQ = SR　　③

一方，(1)より，PS = QR　　④

③，④より，2 組の対辺がそれぞれ等しいから，四角形 PQRS は平行四辺形である。

 前ページ(教科書 P.165)の ❶ で，四角形 ABCD が長方形のとき，四角形 PQRS はどんな四角形になるでしょうか。また，四角形 ABCD がひし形のときはどうでしょうか。(図は **答 え** 欄)

ガ イ ド　長方形やひし形の各辺の中点をとり，直線で結んでみましょう。

答 え

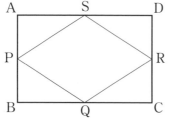

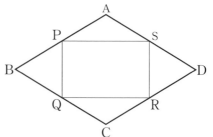

答　四角形 ABCD が長方形のとき…ひし形，ひし形のとき…長方形

❸ なぜ**❷**で調べたことがいえるのかを，説明してみましょう。

ガイド 教科書 P.166 のキャラクターの「長方形やひし形の対角線には，どんな性質があったかな。」を考えます。長方形の 2 本の対角線は同じ長さです。ひし形の 2 本の対角線は垂直に交わっています。このことを手がかりに問題を考えましょう。

答え **(例)** 四角形 ABCD が長方形のとき
△ABC で，中点連結定理により，

$$PQ = \frac{1}{2} AC$$

△CDA で，中点連結定理により，

$$SR = \frac{1}{2} AC$$

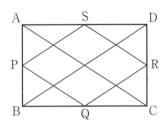

よって，$PQ = SR = \frac{1}{2} AC$

△ABD と△CDB でも同様に　$PS = QR = \frac{1}{2} BD$

長方形の 2 つの対角線は長さが等しいので，

$$AC = BD$$

したがって，$PQ = SR = PS = QR$

4 つの辺が等しいので，四角形 PQRS はひし形になる。

(例) 四角形 ABCD がひし形のとき
△ABC で，中点連結定理により，PQ∥AC，
△CDA で，中点連結定理により，SR∥AC
△ABD と△CDB でも同様に，PS∥BD，QR∥BD
ひし形の 2 つの対角線は垂直に交わるので，

$$AC \perp BD$$

よって，AC に平行な直線と BD に平行な直線も垂直に交わる。
したがって，PQ⊥PS，PQ⊥QR，PS⊥SR，QR⊥SR
すなわち，四角形 PQRS で，∠P＝∠Q＝∠R＝∠S＝90°
4 つの角が等しいから，
四角形 PQRS は長方形になる。

❹ 四角形 ABCD が長方形ではなくても，四角形 PQRS がひし形になることがあります。四角形 ABCD がどんな条件をもっていれば，四角形 PQRS がひし形になるといえるでしょうか。また，四角形 ABCD がどんな条件をもっていれば，四角形 PQRS が長方形になるといえるでしょうか。

ガイド **❸**(教科書 P.166)をもとに考えます。**❸**では長方形の対角線が等しい長さだったり，ひし形の対角線が垂直に交わったりすることから考えを進めました。対角線の長さが等しい四角形は長方形だけでしょうか。また，対角線が垂直に交わる四角形はひし形だけでしょうか。

161

図のように，**四角形 ABCD の 2 つの対角線の長さが等しければ，四角形 PQRS はひし形になる。**

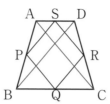 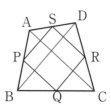

図のように，**四角形 ABCD の 2 つの対角線が垂直に交わっていれば，四角形 PQRS は長方形になる。**

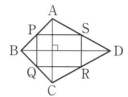 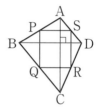

教科書 P.166

右の図のようなブーメラン形の図形でも，これまで調べたことが成り立つかどうかを調べてみよう。

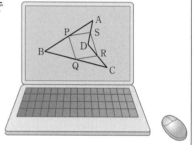

ガ イ ド これまでの四角形と同じように，線分 BD，AC を引いて考えましょう。

答 え ①（線分 BD を引く）

△ABD と△CBD で，それぞれ中点連結定理より，

$PS /\!/ BD$, $PS = \dfrac{1}{2} BD$

$QR /\!/ BD$, $QR = \dfrac{1}{2} BD$

よって，$PS /\!/ QR$, $PS = QR$

1 組の対辺が平行で等しいから，**四角形 PQRS は平行四辺形になる。**

④（線分 BD と AC を引く）

• **BD = AC のとき**

△ABD と△CBD で，中点連結定理より，

$PS = \dfrac{1}{2} BD$, $QR = \dfrac{1}{2} BD$

また，△ABC と△ADC で，中点連結定理より，

$PQ = \dfrac{1}{2} AC$, $SR = \dfrac{1}{2} AC$

BD = AC だから，

$PS = QR = PQ = SR$

4 つの辺が等しいから，

四角形 PQRS はひし形になる。

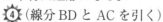 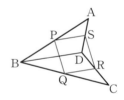

- BD ⊥ AC のとき

△ABD と△CBD で，中点連結定理より，

PS∥BD，QR∥BD

また，△ABC と△ADC で，中点連結定理
より，

PQ∥AC，SR∥AC

BD ⊥ AC だから，BD に平行な直線と AC に
平行な直線も垂直になる。

したがって，PS ⊥ PQ，PS ⊥ SR，QR ⊥ PQ，QR ⊥ SR
すなわち，四角形 PQRS で，∠P = ∠Q = ∠R = ∠S = 90°

4つの角が等しいから，

四角形 PQRS は長方形になる。

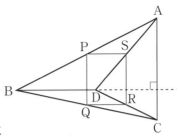

確かめよう

1 次の図で，PQ∥BC のとき，x，y の値を求めなさい。

(1)

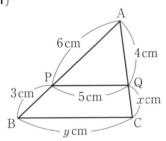

(2)

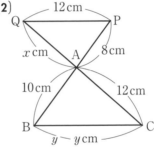

ガイド 平行線と線分の比の定理を使って，線分の長さで比例式をつくります。どの辺と
どの辺が対応しているか，対応関係に気をつけましょう。

答え (1) PQ∥BC だから，

AP : PB = AQ : QC

6 : 3 = 4 : x

6x = 12

x = 2

AP : AB = PQ : BC

6 : (6 + 3) = 5 : y

6 : 9 = 5 : y

6y = 45

y = 7.5

答 x = 2，y = 7.5

(2) PQ∥BC だから，

AP : AB = AQ : AC

8 : 10 = x : 12

10x = 96

x = 9.6

AP : AB = PQ : BC

8 : 10 = 12 : y

8y = 120

y = 15

答 x = 9.6，y = 15

5章 相似な図形

2 次の図で，$\ell /\!/ m /\!/ n$ のとき，x の値を求めなさい。

(1)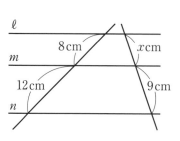

(2)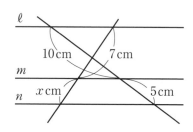

答　え

(1)　$8 : 12 = x : 9$
　　　$12 x = 72$
　　　　$x = 6$ 　　　**答　$x = 6$**

(2)　$7 : x = 10 : 5$
　　　$10 x = 35$
　　　　$x = 3.5$ 　　　**答　$x = 3.5$**

3 右の図で，平行な線分の組をいいなさい。また，その理由もいいなさい。

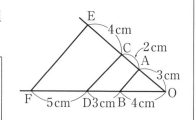

ガ イ ド　線分の比が等しくなるものを見つけます。

答　え　**線分 AB と線分 EF**

(理由)　$OA : AE = 3 : 6 = 1 : 2$
　　　　$OB : BF = 4 : 8 = 1 : 2$
　　　　よって，$OA : AE = OB : BF$
　　　　線分の比が等しいから，$AB /\!/ EF$ である。

4 右の図(図は 答え 欄)のように，$AB = DC$ である四角形 ABCD で，対角線 BD の中点を E，辺 BC，AD の中点をそれぞれ F，G とします。次の問いに答えなさい。

(1)　△EFG はどんな三角形ですか。

(2)　(1)のことがらを証明しなさい。

答　え

(1)　**EF = EG の二等辺三角形**

(2)　△DAB において，点 G，E はそれぞれ辺 DA，DB の中点だから，

$$EG = \frac{1}{2} AB \quad ①$$

　　△BDC において，同様にして，

$$EF = \frac{1}{2} DC \quad ②$$

　　仮定から，$AB = DC$ 　　③
　　①，②，③から，$EF = EG$
　　したがって，△EFG は $EF = EG$ の二等辺三角形である。

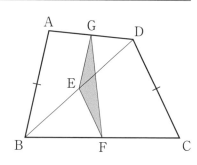

3 相似と計量

教科書のまとめ テスト前にチェック ✓

☑ ◎ **相似な図形の面積比**

　相似な図形の面積比は，相似比の2乗に等しい。すなわち，相似比が $m:n$ ならば，面積比は $m^2:n^2$ となる。

例　△ABC ∽ △A′B′C′ で，相似比が $1:k$ であるとき，
　△ABC の底辺を a，高さを h とすると，
　△A′B′C′ の底辺は ka，高さは kh
　△ABC の面積を S，△A′B′C′ の面積を S' とすると，

$$S = \frac{1}{2}ah$$
$$S' = \frac{1}{2} \times ka \times kh$$
$$\quad = k^2 \times \frac{1}{2}ah$$
$$\quad = k^2 S$$
$$S:S' = 1:k^2$$

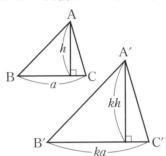

注　相似比が $1:k$ の多角形は，次の図のように三角形に分けて考えると，それぞれの三角形について例のことが成り立つから，面積比は $1:k^2$ である。

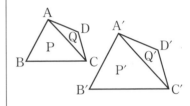

覚　2つの立方体や2つの球は，つねに相似であるといえる。

☑ ◎ **相似な立体**

　1つの立体を一定の割合で拡大または縮小して得られる立体は，もとの立体と**相似**であるという。

　相似な立体では，対応する線分の長さの比はすべて等しく，この比を**相似比**という。

☑ ◎ **相似な立体の表面積比と体積比**

　相似な立体の**表面積比**は，相似比の2乗に等しい。すなわち，相似比が $m:n$ ならば，表面積は $m^2:n^2$ となる。

　相似な立体の**体積比**は，相似比の3乗に等しい。すなわち，相似比が $m:n$ ならば，体積比は $m^3:n^3$ となる。

例　相似な2つの直方体があるとき，
　一方の縦，横，高さを a, b, c として，
　相似比を $1:k$ とすると，
　表面積 S と S' は，
$$S = 2(ab + bc + ca),$$
$$S' = 2k^2(ab + bc + ca) = k^2 S$$
$$S:S' = 1:k^2$$
　体積 V と V' は，
$$V = abc, \quad V' = k^3 abc = k^3 V$$
$$V:V' = 1:k^3$$

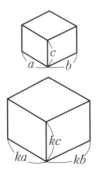

① 相似な図形の面積比

教科書 P.168

 合同な図形をしきつめた右の図について，次の問いを考えてみましょう。

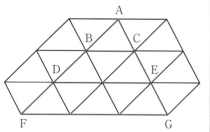

(1) △ABC と △ADE の相似比と面積比を求めましょう。

(2) △ABC と △AFG の相似比と面積比を求めましょう。

(3) (1)，(2)から，相似比と面積比の関係を予想しましょう。

ガイド 合同な三角形が何個集まって，相似な三角形ができているかを考えましょう。

答え
(1) △ABC ∽ △ADE であり，AD = 2AB であるから，相似比は 1：2
△ADE の中に △ABC と合同な三角形は 4 個あるから，面積比は 1：4

(2) △ABC ∽ △AFG であり，AF = 3AB であるから，相似比は 1：3
△AFG の中に △ABC と合同な三角形は 9 個あるから，面積比は 1：9

(3) 相似比が 1：2 のとき，面積比が 1：4 ＝ 1：2^2
相似比が 1：3 のとき，面積比が 1：9 ＝ 1：3^2
したがって，**相似比が 1：k のとき，面積比は 1：k^2 と予想できる。**

教科書 P.169

問 1 △ABC を 5 倍に拡大すると，その面積は何倍になりますか。

ガイド 2 つの三角形の面積を，a, h を用いて表してみよう。

答え △ABC，△A′B′C′ の面積をそれぞれ S, S' とすると，

$$S = \frac{1}{2}ah$$

$$S' = \frac{1}{2} \times 5a \times 5h = 25 \times \frac{1}{2}ah = 25S$$

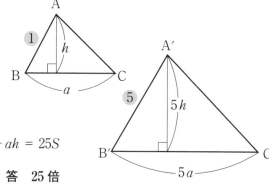

答 25 倍

教科書 P.170

問 2 2 つの円の半径が，それぞれ 6 cm，10 cm のとき，相似比，円周の長さの比，面積比を求めなさい。

ガイド 対応する線分の長さの比が相似比だから，半径の長さの比が相似比となります。

答え
相似比 6：10 ＝ 3：5
円周の長さの比 3：5
面積比 $3^2：5^2$ ＝ 9：25

問 3 ▷ 次(右)の図の△ABC で，DE∥BC，AD:DB = 2：
1 です。このとき，次の問いに答えなさい。
(1) △ADE と△ABC の面積比を求めなさい。
(2) △ABC の面積が 45 cm² のとき，四角形 DBCE
の面積を求めなさい。

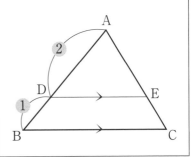

ガイド △ADE と△ABC の相似比を考えましょう。
相似比は AD：AB です。

答え (1) 相似比が 2：3 だから，
面積比は，$2^2 : 3^2 = 4 : 9$

(2) △ADE の面積を x cm² とすると，
$$x : 45 = 4 : 9$$
$$9x = 180$$
$$x = 20$$
四角形 DBCE の面積は，$45 - 20 = 25 (\text{cm}^2)$

答 25 cm²

問 4 ▷ 右の図の四角形 ABCD は，AD∥BC の台形で
す。AD:BC = 2：3，△OBC = 36 cm² のとき，
△ODA，△OAB，台形 ABCD の面積を求めな
さい。

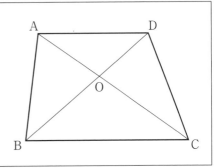

答え AD∥BC だから，△ODA ∽ △OBC
面積比は，$2^2 : 3^2 = 4 : 9$
△ODA の面積を x cm² とすると，
$$x : 36 = 4 : 9$$
$$x = 16$$
△ODA と△OAB は，DO，BO をそれぞれ底辺と考えると高さが等しく，底辺
の比は 2：3

したがって，$\triangle OAB = 16 \times \dfrac{3}{2} = 24 (\text{cm}^2)$

同様に，△ODC = 24 cm²，台形 ABCD = $16 + 24 \times 2 + 36 = 100 (\text{cm}^2)$

答 △ODA…16 cm²， △OAB…24 cm²， 台形 ABCD…100 cm²

❷ 相似な立体の表面積比と体積比

問 1 ▷ 次の各組の立体は，つねに相似であるといえますか。
(1) 2つの立方体　　　(2) 2つの直方体
(3) 2つの円錐　　　　(4) 2つの球

立体が決まるのに必要な長さを考えましょう。

(1) 立方体…1辺の長さが決まると立方体が決まります。

(2) 直方体…縦，横，高さの3つの長さが決まると直方体が決まります。

(3) 円錐…底面の半径，高さ（または母線の長さ）の2つの長さが決まると円錐が決まります。

(4) 球…半径が決まると球が決まります。

答え

(1) つねに相似であるといえる。

(2) つねに相似であるとはいえない。

(3) つねに相似であるとはいえない。

(4) つねに相似であるといえる。

教科書 P.171

 立方体の1辺の長さを2倍，3倍にすると，表面積や体積は，それぞれ何倍になるでしょうか。また，そのことから，立体の相似比と表面積比，相似比と体積比の関係を予想してみましょう。

ガイド 立方体の1辺が1cmだとすると，2倍では2cm，3倍では3cmになります。表面積は，$6\,\mathrm{cm}^2 \to 24\,\mathrm{cm}^2 \to 54\,\mathrm{cm}^2$，体積は，$1\,\mathrm{cm}^3 \to 8\,\mathrm{cm}^3 \to 27\,\mathrm{cm}^3$となります。

答え

表面積…4倍，9倍になる。

体積…8倍，27倍になる。

相似比$1:k$の2つの立体の表面積比は$1:k^2$，体積比は$1:k^3$と予想できる。

教科書 P.172

問2 2つの球の半径がそれぞれ5cm，2cmのとき，相似比，表面積比，体積比を求めなさい。

ガイド 2つの球はつねに相似で，相似比は半径の比になります。

答え 相似比　$5:2$

表面積比　$5^2:2^2 = 25:4$

体積比　$5^3:2^3 = 125:8$

<u>答　相似比…5：2，表面積比…25：4，体積比…125：8</u>

教科書 P.173

問3 相似比が3：4の四角錐㋐と四角錐㋑について，次の問いに答えなさい。

(1) ㋐の表面積が$180\,\mathrm{cm}^2$のとき，㋑の表面積を求めなさい。

(2) ㋑の体積が$256\,\mathrm{cm}^3$のとき，㋐の体積を求めなさい。

 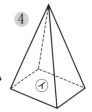

[答え]
(1) 相似比が $3:4$ だから，表面積比は $3^2:4^2$
したがって，[イ]の表面積を $x\text{cm}^2$ とすると，
$180:x=3^2:4^2$
$180:x=9:16$
$9x=180\times16$
$x=320$
答　$320\ \text{cm}^2$

(2) 相似比が $3:4$ だから，体積比は $3^3:4^3$
したがって，[ア]の体積を $y\text{cm}^3$ とすると，
$y:256=3^3:4^3$
$y:256=27:64$
$64y=256\times27$
$y=108$
答　$108\ \text{cm}^3$

教科書 P.173

[問 4] 右の図の平面 P は円錐の底面に平行で，円錐の高さ OH を，$OH':H'H=1:2$ の比に分けています。このとき，平面 P で分けられる 2 つの部分[ア]，[イ]の体積比を求めなさい。

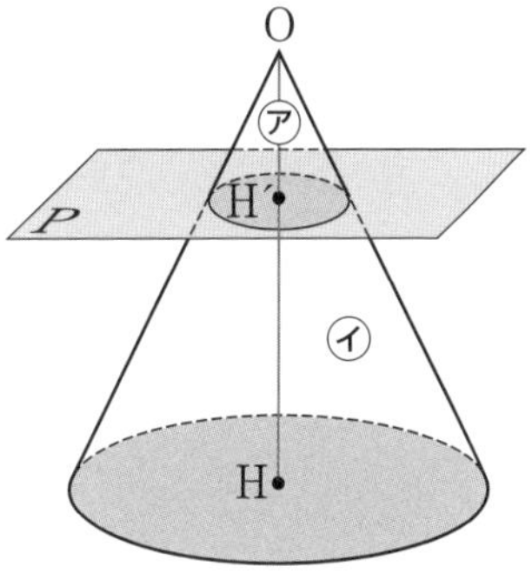

[ガイド]
[ア]の円錐と大きい円錐は相似で，
相似比は，$1:(1+2)=1:3$ です。

[答え]
[ア]と大きい円錐の相似比は $1:3$ だから，
体積比は $1^3:3^3=1:27$
したがって，[ア]と[イ]の体積比は，
$1:(27-1)=1:26$
答　$1:26$

3 相似と計量

確かめよう

教科書 P.174

1 相似比が $2:3$ の△ABC と△DEF があります。次の問いに答えなさい。
(1) 2 つの三角形の面積比を求めなさい。
(2) △ABC の面積が $32\ \text{cm}^2$ のとき，△DEF の面積を求めなさい。

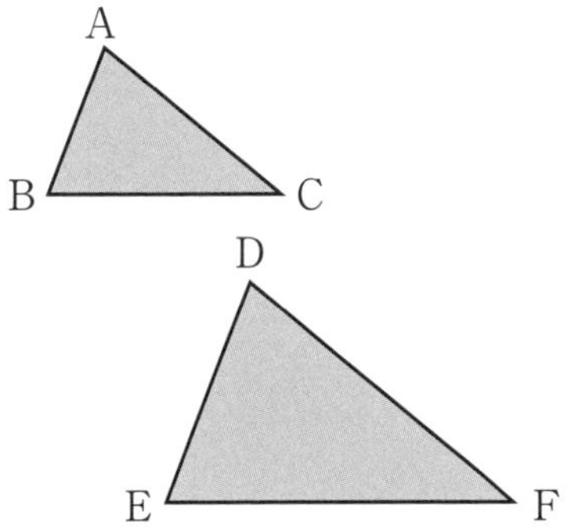

[答え]
(1) 相似比が $2:3$ だから，
面積比は $2^2:3^2=$ **4 : 9**
(2) △DEF の面積を $x\text{cm}^2$ とすると，
$32:x=4:9$
$4x=32\times9$
$x=72$
答　72cm^2

2 2つの正四面体の1辺がそれぞれ6cm，8cmのとき，相似比，表面積比，体積比を求めなさい。

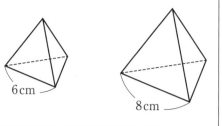
6cm
8cm

ガイド 正四面体は1種類しかなく，2つの正四面体はつねに相似です。

答え 相似比　$6:8=3:4$
表面積比　$3^2:4^2=9:16$
体積比　$3^3:4^3=27:64$

5章のまとめの問題

教科書 P.175〜177

基本

1 次の図で，相似な三角形を記号∽を使って表しなさい。また，そのときの相似条件をいいなさい。

(1)
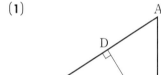

(2)
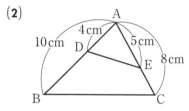

答え (1)　$\angle ACB = \angle EDB = 90°$，$\angle B$ は共通
$\triangle ABC \backsim \triangle EBD$　相似条件　2組の角がそれぞれ等しい。

(2)　$AB:AE = 10:5 = 2:1$，$AC:AD = 8:4 = 2:1$，$\angle A$ は共通
$\triangle ABC \backsim \triangle AED$　相似条件　2組の辺の比とその間の角がそれぞれ等しい。

2 次の図で，x の値を求めなさい。

(1)　PQ∥BC

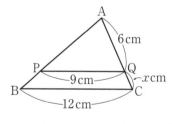
6cm
9cm
$x$cm
12cm

(2)　∠BDE = ∠C

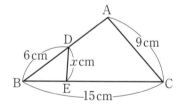
6cm
$x$cm
9cm
15cm

答え (1)　平行線と線分の比の定理より
$AQ:AC = PQ:BC$
$6:(6+x) = 9:12$
$9(6+x) = 72$
$6+x = 8$
$x = 2$　　**答　$x = 2$**

(2)　$\triangle BDE$ と $\triangle BCA$ は，$\angle B$ が共通，$\angle BDE = \angle C$ で2組の角がそれぞれ等しいから，$\triangle BDE \backsim \triangle BCA$
$6:15 = x:9$
$15x = 54$
$x = \dfrac{18}{5}$　　**答　$x = \dfrac{18}{5}$**

3 点 O で交わる 2 直線 ℓ, m があります。右の図のように，直線 ℓ 上の 2 点 A，B から，直線 m に垂線 AP，BQ をそれぞれ引きます。このとき，△APO ∽ △BQO であることを証明しなさい。

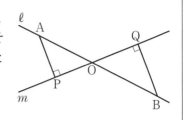

△APO と △BQO において，
仮定から，
$\qquad$ ∠APO = ∠BQO = 90° ①
対頂角は等しいから，
$\qquad$ ∠AOP = ∠BOQ $\qquad$ ②
①，②より，2 組の角がそれぞれ等しいから，
$\qquad$ △APO ∽ △BQO

4 底面の直径が 20 cm，高さが 30 cm の円錐の形をした容器に，18 cm の深さまで水を入れます。次の問いに答えなさい。
(1) 水面の円の半径を求めなさい。
(2) 水の体積は，容器の容積の何倍ですか。

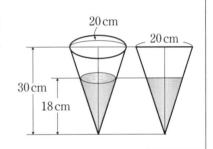

円錐の容器と水の入った部分の円錐は相似になっています。

(1) 2 つの円錐の相似比は，高さが 30 cm，18 cm だから，30 : 18 = 5 : 3
水面の円の半径を r cm とすると，
$\qquad$ 10 : r = 5 : 3
$\qquad$ 5r = 30
$\qquad$ r = 6
$\qquad\qquad\qquad\qquad\qquad\qquad\qquad\qquad$ 答 6 cm
(2) 相似比が 5 : 3 だから，体積比は $5^3 : 3^3$ = 125 : 27
水の体積は，容器の容積の $\dfrac{27}{125}$ 倍
$\qquad\qquad\qquad\qquad\qquad\qquad$ 答 $\dfrac{27}{125}$ 倍

応用

1 右の図で，AB∥PQ∥CD のとき，線分 BQ，PQ の長さを求めなさい。

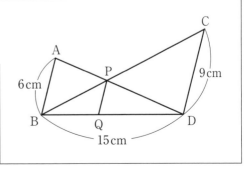

図 1 において，AB∥CD であることから，PB : PC を求め，これを用いて，図 2 のように考えて，BQ，PQ の長さをそれぞれ求めましょう。

答　え

図1でAB∥CDだから，平行線と線分の比の定理より，
　PB：PC = AB：DC = 2：3
したがって，図2で，BP：BC = 2：5
x：15 = 2：5より，x = 6
y：9 = 2：5より，y = 3.6

答　BQ = 6 cm，PQ = 3.6 cm

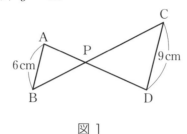

図1

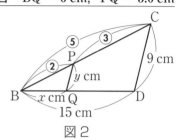

図2

2　右の図の四角形 ABCD で，辺 BC，AD，対角線 BD，AC の中点をそれぞれ E，F，G，H とするとき，次の問いに答えなさい。

(1) 四角形 FGEH は平行四辺形であることを証明しなさい。

(2) AB = DC のとき，四角形 FGEH はどんな四角形になりますか。

ガイド

(1) 1組の対辺が平行で長さが等しい四角形は，平行四辺形になります。

(2) 平行四辺形で，1つの角が直角であれば長方形に，となり合う辺の長さが等しければひし形になります。

答　え

(1) △DAB（図1）において，点F，Gはそれぞれ辺 DA，DB の中点であるから，

FG∥AB，FG = $\frac{1}{2}$ AB　　①

△CAB（図2）において，同様にして，

HE∥AB，HE = $\frac{1}{2}$ AB　　②

①，②より，FG∥HE，FG = HE

1組の対辺が平行で等しいから，四角形 FGEH は平行四辺形である。

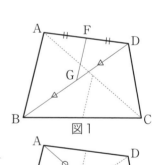

図1

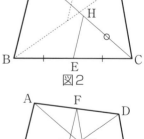

図2

(2) (1)の①より，FG = $\frac{1}{2}$ AB　　①

△ACD（図3）において，点F，Hはそれぞれ辺 AD，AC の中点であるから，

FH∥DC，FH = $\frac{1}{2}$ DC　　②

仮定より，AB = DC　　③

①，②，③より，FG = FH

平行四辺形で，となり合う辺の長さが等しいから，四角形 FGEH は**ひし形**になる。

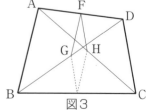

図3

3 右の図のように，長方形の紙 ABCD を，点 B が辺 CD 上にくる
ように折り返し，その点を Q とします。折り目の線分を AP と
するとき，△ADQ ∽ △QCP であることを証明しなさい。

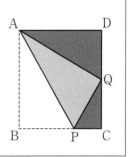

ガイド

答え

∠DAQ と ∠CQP が等しくなるわけを考えましょう。

△ADQ と △QCP において，

$$\angle D = \angle C = 90° \qquad ①$$
$$\angle DAQ = 180° - \angle D - \angle DQA$$
$$= 90° - \angle DQA \qquad ②$$
$$\angle CQP = 180° - \angle AQP - \angle DQA$$
$$= 90° - \angle DQA \qquad ③$$

②，③から，
$$\angle DAQ = \angle CQP \qquad ④$$

①，④より，2 組の角がそれぞれ等しいから，
$$\triangle ADQ \backsim \triangle QCP$$

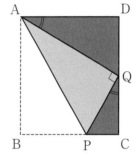

4 △ABC で，∠A の二等分線と辺 BC との交点を D，
点 C を通り DA に平行な直線と BA の延長との交点
を E とするとき，次の(1)，(2)を証明しなさい。
(1) △ACE は二等辺三角形
(2) AB : AC = BD : DC

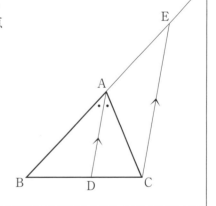

ガイド

答え

(1) 平行線と角の性質を使って，等しい角を見つ
けましょう。

(1) DA // CE から，
$$\angle BAD = \angle AEC \qquad ①$$
$$\angle CAD = \angle ACE \qquad ②$$
仮定から， $$\angle BAD = \angle CAD \qquad ③$$
①，②，③から， $$\angle AEC = \angle ACE$$
2 つの角が等しいから，△ACE は二等辺三
角形である。

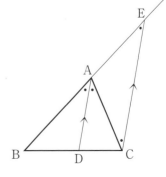

教科書 P.176

(2) △BCE において，

DA∥CE から，　AB：AE = BD：DC

(1)から，　　　　　AE = AC

したがって，　AB：AC = BD：DC

活 用

右の写真は，カップ麺のふつうサイズとビッグサイズの容器です。この2つの容器は相似で，相似比は，約9：10になっています。

1 ふつうサイズのカップ麺をつくるために必要な湯の量の目安は 300 mL です。ビッグサイズのカップ麺をつくるために必要な湯の量の目安は約何 mL ですか。

2 陸さんの妹は，あるスーパーのチラシにあった，ふつうサイズのカップ麺の値段 120 円，ビッグサイズのカップ麺の値段 150 円を見て，

「容器の高さの比が9：10で，値段の比が4：5だから，ふつうサイズの方が割安だ。」

と言いました。しかし，陸さんはビッグサイズの方が割安に売られていると考え，その理由を，次の2つの面から説明しました。（説明は 答 え 欄）□ にあてはまる数やことばを入れ，説明を完成させなさい。

ガイド

1 湯の量の比は，カップの体積比に等しいと考えることができます。

2 ①求めるビッグサイズの値段を x 円とおき，$120：x = 729：1000$ の比例式を解いて x の値を求めることができます。

答 え

1 相似比が9：10だから，体積比は，$9^3：10^3 = 729：1000$

求める湯の量を x mL とすると，$300：x = 729：1000$

$$x = 411.5\cdots$$

答　約 410 mL

2

① 値段

ふつうサイズとビッグサイズの内容量の比は，カップの 体積 比と考えられるので，729：1000 である。したがって，ふつうサイズの値段が 120 円ならば，ビッグサイズの値段は約 165 円にするのが適当である。しかし，ビッグサイズの値段は 150 円である。

したがって，ビッグサイズの方が割安である。

② 内容量

ふつうサイズの値段が 120 円，ビッグサイズの値段が 150 円であるから，ふつうサイズとビッグサイズの内容量の比は，120：150 にするのが適当である。しかし，ふつうサイズとビッグサイズの内容量の比は，カップの 体積 比と考えられるので，実際には，729：1000 である。

したがって，ビッグサイズの方が割安である。

1 次の図のように，▱ABCD の辺 BC，CD，DA の中点をそれぞれ E，F，G とし，A と E，G と C を結びます。また，線分 BF，辺 AD をそれぞれ延長してその交点を H とし，線分 BH と線分 AE，GC との交点をそれぞれ I，J とします。この図を使って，相似な図形の性質を利用して解くことのできる問題を，いろいろつくってみましょう。

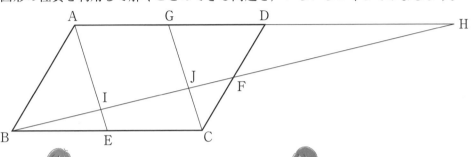

拓真さんの問題

△AIH と△EIB が相似になることを証明しなさい。

美月さんの問題

△EIB の面積を 10 cm² とするとき，△AIH の面積を求めなさい。

答え

（拓真さんの問題）
△AIH と△EIB において，
四角形 ABCD は平行四辺形だから，AH∥BE
したがって，∠IAH = ∠IEB ①
対頂角は等しいから，∠AIH = ∠EIB ②
①，②より，2 組の角がそれぞれ等しいから，
$$△AIH ∽ △EIB$$

（美月さんの問題）
平行四辺形の対辺は等しいから，AD = BC
△DFH と△CFB は合同だから，DH = BC
したがって，AD = DH = BC ①
また，BE = $\frac{1}{2}$ BC ②

①，②より，AH : BE = 4 : 1
△AIH と△EIB の相似比は 4 : 1 だから，面積比は，$4^2 : 1^2 = 16 : 1$
△AIH の面積を x cm² とすると，
  $x : 10 = 16 : 1$
  $x = 160$

答　160 cm²

6章 円

ボールをけってサッカーゴールに入れるゲームをしています。
どこからボールをけると，ゴールに入れやすいでしょうか。

 ゴールに入る角度が大きいほど，ボールは入れやすくなります。

答え (例)ゴールの真正面で，ゴールまでの距離ができる
だけ近い点。

1 フィールド内でゴールに向かってボールをけるとき，ゴールに入る角度が60°になる点はどこでしょうか。右の図(図は 答え 欄)にいくつかかき入れましょう。

 三角定規の60°の角を使って，点の位置を求めてみましょう。

（例）

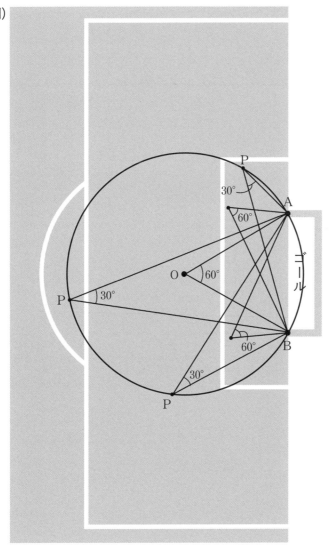

教科書 P.181

 右の図（図は　の　答え　欄）について，点 O を中心に，半径 OA の円をかきましょう。フィールド内にある円 O の円周上に点 P をいくつかとり，∠APB を測ってみましょう。どんなことがわかるでしょうか。

答　え ｜ 円 O は　の　答え　欄
∠APB はすべて 30° になる。

［1］ 円周角と中心角

☑◎ 円周角

　円 O の $\overset{\frown}{\text{AB}}$ に対して，$\overset{\frown}{\text{AB}}$ を除いた円周上に点 P をとるとき，∠APB を $\overset{\frown}{\text{AB}}$ に対する**円周角**という。

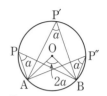

$\overset{\frown}{\text{AB}}$ に対する円周角
∠APB ＝ ∠AP′B ＝ ∠AP″B

☑◎ 円周角の定理

定理

① 1 つの弧に対する円周角は，その弧に対する中心角の半分である。

② 1 つの弧に対する円周角はすべて等しい。

・半円の弧に対する円周角は 90° である（ターレスの定理）。

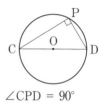

∠CPD ＝ 90°

☑◎ 等しい弧と円周角

　1 つの円において，

① 等しい弧に対する中心角は等しい。

② 等しい中心角に対する弧は等しい。

定理 1 つの円において，

① 等しい弧に対する円周角は等しい。

② 等しい円周角に対する弧は等しい。

・1 つの円において，中心角の大きさと弧の長さは比例する。

・1 つの円において，円周角の大きさと弧の長さは比例する。

$\overset{\frown}{\text{AB}} = \overset{\frown}{\text{CD}}$ ならば，
∠APB ＝ ∠CQD

☑◎ 円周角の定理の逆

定理 2 点 P，Q が直線 AB について同じ側にあるとき，

∠APB ＝ ∠AQB

ならば，4 点 A，P，Q，B は 1 つの円周上にある。

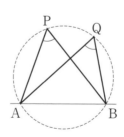

❶ 円周角の定理

〈 円周角 〉

教科書 P.182

Q 次(右)の図のように，円 O の$\overset{\frown}{AB}$を除いた円周上に点 P を
とり，∠APB をつくります。点 P の位置をいろいろ変え
て，∠APB の大きさを調べてみましょう。

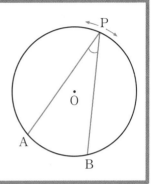

答え　点 P の位置を右の図の点 P′，P″ のようにいろいろ
変えて，∠AP′B，∠AP″B の大きさを分度器で測
ると，どれも 30° になっている。

(例)

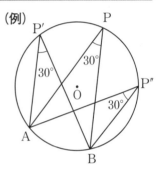

〈 円周角と中心角 〉

教科書 P.182

問 1 　適当な半径の円 O をかき，中心角∠AOB の大きさを決め，$\overset{\frown}{AB}$を除いた円周上に
点 P をとったときの円周角∠APB の大きさを調べなさい。また，その結果から，
円周角と中心角の間にはどんな関係があるかを予想しなさい。

ガイド　中心角が 180° より小さい場合，180° の場合，180° より大きい場合について図を
かき，調べてみましょう。

答え　**＜中心角が 180° より小さい場合＞**

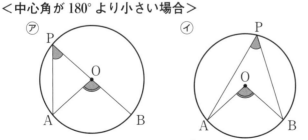

上の図のどの場合も，∠APB $= \dfrac{1}{2}$∠AOB

＜中心角が 180° の場合＞

右の図の場合，∠APB $= 90°$ になるので，

∠APB $= \dfrac{1}{2}$∠AOB

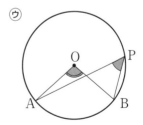
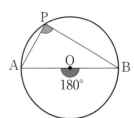

<中心角が 180° より大きい場合>

右の図の場合，$\angle APB = \frac{1}{2}\angle AOB$

(予想)円周角は中心角の半分である。

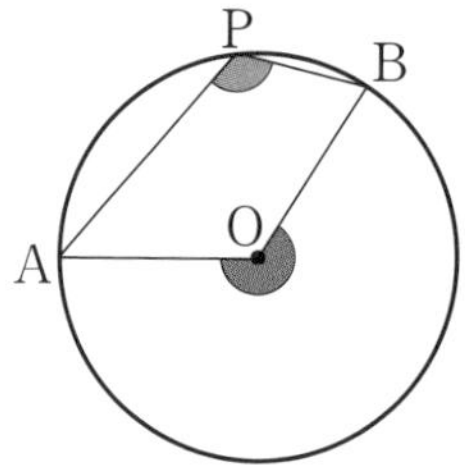

教科書 P.183

[問 2] 上(教科書 P.183)の㋐の場合について，次の問いに答えなさい。

(1) △OPA はどんな三角形ですか。

(2) ∠OPA＋∠OAP と大きさの等しい角はどの角ですか。

(3) (1)，(2)をもとにして，

$\angle APB = \frac{1}{2}\angle AOB$

であることを証明しなさい。

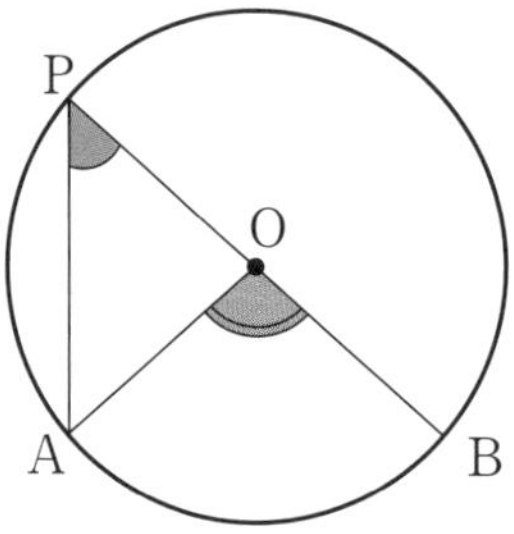

[ガイド] 線分 BP は，中心 O を通るから，円 O の直径です。

(1) OP と OA は円 O の半径ですから，OP＝OA です。

(2) △OPA で，∠OPA＋∠OAP は∠AOP の外角に等しくなっています。

[答え] (1) **OP＝OA の二等辺三角形**

(2) **∠AOB**

(3) (1)より，△OPA は OP＝OA の二等辺三角形であるから，

∠OPA＝∠OAP

∠AOB は△OPA の外角であるから，

$\angle AOB = \angle OPA + \angle OAP$

$= 2\angle OPA$

$= 2\angle APB$

したがって，$\angle APB = \frac{1}{2}\angle AOB$

教科書 P.184

[問 3] 前ページ(教科書 P.183)の㋑の場合について，次のように，

$\angle APB = \frac{1}{2}\angle AOB$

であることを証明しました。[　　]をうめて，証明を完成させなさい。(証明は[答え]欄)

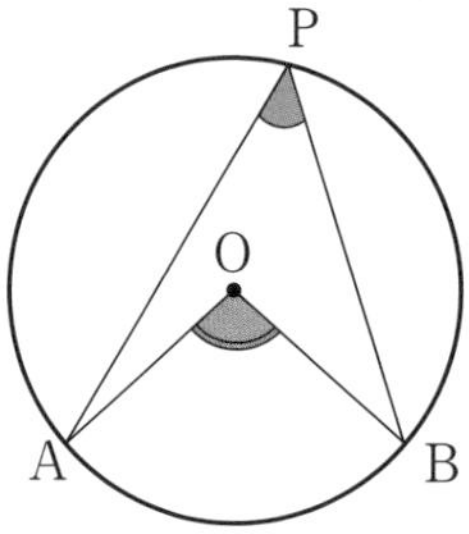

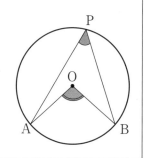

[ガイド] 中心 O を通る直径 PQ を引くと，∠APB が 2 つに分けられ，それぞれで[問 2]の証明が利用できます。$\angle APQ = \angle a$，$\angle BPQ = \angle b$ のように表すと，証明がわかりやすくなります。証明の流れをよく理解して，[　　]にあてはまる記号を入れましょう。

[答え]

［証明］

点Pを通る直径PQを引き，

$\angle APQ = \angle a$，$\angle BPQ = \angle b$とする。

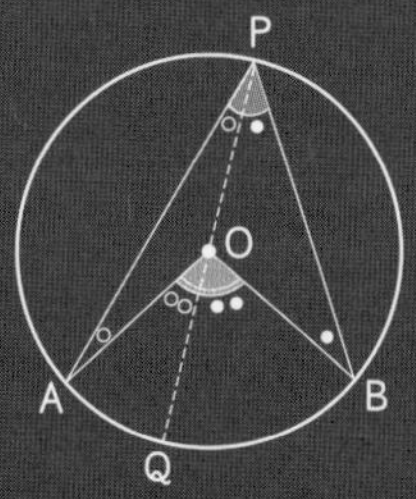

△OPAは二等辺三角形であるから，

$\angle OPA = \angle$ [OAP] $= \angle a$

∠AOQは△OPAの外角であるから，

$\angle AOQ = \angle$ [OPA] $+ \angle$ [OAP]

$= 2\angle a$ ①

同様にして，$\angle$ [BOQ] $= 2\angle b$ ②

①，②から，

$\angle AOB = \angle AOQ + \angle BOQ$

$= 2\angle a + 2\angle b$

$= 2(\angle a + \angle b)$

$= 2\angle$ [APB]

したがって，$\angle APB = \frac{1}{2}\angle AOB$

教科書 P.184

[トライ]

前ページ(教科書 P.183)の㋒の場合について，$\angle APB = \frac{1}{2}\angle AOB$であることを証明してみよう。

[ガイド]

㋒は，中心Oが∠APBの外部にある場合です。中心Oを通る直線PQを引いてみましょう。㋑の場合は2つの角のたし算で考えました。㋒の場合はひき算で考えてみましょう。

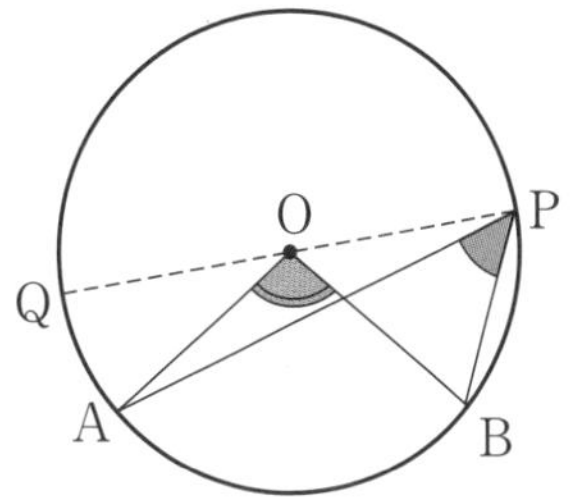

[答え]

点Pを通る直径PQを引き，

$\angle APQ = \angle a$，$\angle BPQ = \angle b$とする。

△OPAは二等辺三角形であるから，

$\angle OPA = \angle OAP = \angle a$

∠AOQは△OPAの外角であるから，

$\angle AOQ = \angle OPA + \angle OAP$

$= 2\angle a$ ①

同様にして，$\angle BOQ = 2\angle b$ ②

①，②から，

$\angle AOB = \angle BOQ - \angle AOQ$

$= 2\angle b - 2\angle a$

$= 2(\angle b - \angle a)$

$= 2\angle APB$

したがって，$\angle APB = \frac{1}{2}\angle AOB$

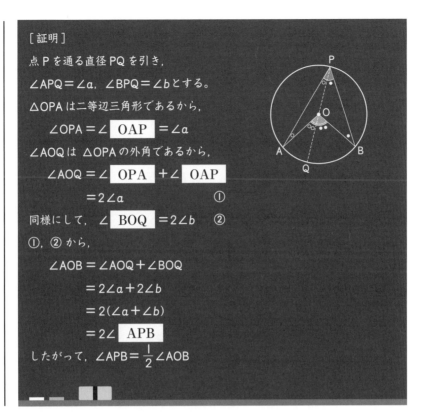

問 4 次の図で，∠x，∠y の大きさを求めなさい。

(1)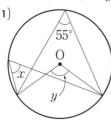

(2)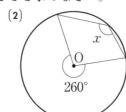

(3)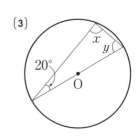

ガイド 1つの円で，1つの弧に対する円周角はすべて等しく，その弧に対する中心角の半分であることを利用しましょう。

(3) 中心角は 180° です。

答え

(1) 円周角は等しいので，∠x = 55°

　中心角は円周角の2倍なので，∠y = 55° × 2 = 110°

答 ∠x = 55°，∠y = 110°

(2) 円周角は中心角の $\frac{1}{2}$ なので，∠x = 260° × $\frac{1}{2}$ = 130°

答 ∠x = 130°

(3) 円周角は中心角の $\frac{1}{2}$ なので，∠x = 180° × $\frac{1}{2}$ = 90°

（半円の弧に対する円周角なので，∠x = 90°）

三角形の内角の和は 180° なので，∠y = 180° − (20° + 90°) = 70°

答 ∠x = 90°，∠y = 70°

等しい弧と円周角

Q 右の図で，$\overset{\frown}{AB}$，$\overset{\frown}{CD}$ と，それぞれの中心角∠AOB，∠COD の関係について調べてみましょう。

(1) ∠AOB = ∠COD のとき，$\overset{\frown}{AB}$ と $\overset{\frown}{CD}$ の長さはどんな関係にあるでしょうか。

(2) $\overset{\frown}{AB}$ = $\overset{\frown}{CD}$ のとき，∠AOB と ∠COD の大きさはどんな関係にあるでしょうか。

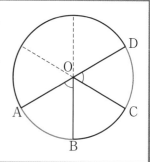

ガイド 上の図で，中心角の等しい2つのおうぎ形 OAB，OCD や，弧の長さが等しい2つのおうぎ形 OAB，OCD は，移動によってぴったり重ねることができます。

答え (1) $\overset{\frown}{AB}$ = $\overset{\frown}{CD}$ 　　(2) ∠AOB = ∠COD

問 5 右の図のように，おうぎ形 OAB の中心角の大きさを2倍，3倍にしておうぎ形 OBC，OCD をつくるとき，$\overset{\frown}{BC}$，$\overset{\frown}{CD}$ の長さは，それぞれ $\overset{\frown}{AB}$ の長さの何倍になりますか。

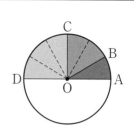

章

円

ガイド 1つの円において，等しい中心角に対する弧は等しいことを使って考えましょう。

答え おうぎ形 OAB の中心角を $x°$，$\overparen{AB}$ の長さを ℓ とすると，
問題の図のように，おうぎ形 OBC，OCD をおうぎ形 OAB と中心角が等しいおうぎ形に分けたとき，分けられた弧の長さはすべて $\overparen{AB}$ の長さと等しい。
したがって，$\overparen{BC}$ の長さは $\overparen{AB}$ の長さの2倍，
$\overparen{CD}$ の長さは $\overparen{AB}$ の長さの3倍になる。

答 $\overparen{BC}$…2倍，$\overparen{CD}$…3倍

教科書 P.186

トライ 1つの円において，中心角の大きさと弦（げん）の長さは比例しないことを，反例をあげて説明してみよう。

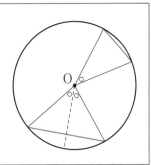

ガイド あることがらが成り立たない例をあげることを，「反例をあげる」といいます。

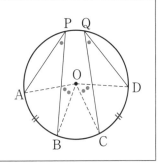

答え 右の図のようにおうぎ形 OAB，OCD で，
$\angle COD = 2\angle AOB$ とする。$\overparen{CD}$ の中央の点を P とすると，
$\overparen{AB} = \overparen{CP} = \overparen{PD}$ だから，
$AB = CP = PD$
$\triangle CDP$ で $CP + PD > CD$ だから，
$2AB > CD$
すなわち，中心角が2倍になっても，弦の長さは2倍にはならない。
したがって，1つの円において，中心角の大きさと弦の長さは比例しない。

教科書 P.187

問 6 右の図のような円 O で，$\overparen{AB}$，$\overparen{CD}$ に対する円周角を，
それぞれ $\angle APB$，$\angle CQD$ とするとき，$\overparen{AB} = \overparen{CD}$ ならば，
$\angle APB = \angle CQD$ であることを，次のように証明しました。□をうめて，証明を完成させなさい。（証明は
答え 欄）

ガイド 円周角の定理により，1つの弧に対する円周角は，その弧に対する中心角の半分です。また，等しい弧に対する中心角は等しくなります。

答　え

[証明]

1つの弧に対する円周角は，

その弧に対する **中心角** の半分であるから，

$$\angle APB = \frac{1}{2}\angle \boxed{AOB} \qquad ①$$

$$\angle CQD = \frac{1}{2}\angle \boxed{COD} \qquad ②$$

仮定より，$\overset{\frown}{AB}=\overset{\frown}{CD}$であるから，

$$\angle AOB = \angle \boxed{COD} \qquad ③$$

①，②，③から，$\angle APB = \angle CQD$

教科書 P.187

問 7 問6で証明したことがらの逆をいいなさい。また，それが成り立つことを証明しなさい。

ガ イ ド

仮定→結論　これを入れかえて，

結論→仮定　としたものが「逆」です。

答　え

（逆）

円Oで，$\overset{\frown}{AB}$，$\overset{\frown}{CD}$に対する円周角を，それぞれ

$\angle APB$，$\angle CQD$とするとき，

$\angle APB = \angle CQD$ ならば，$\overset{\frown}{AB}=\overset{\frown}{CD}$である。

（証明）

1つの弧に対する円周角は，その弧に対する中心角の半分であるから，

$$\angle APB = \frac{1}{2}\angle AOB$$

$$\angle CQD = \frac{1}{2}\angle COD$$

仮定より，$\angle APB = \angle CQD$であるから，

$$\angle AOB = \angle COD$$

1つの円において，等しい中心角に対する弧は等しいから，

$$\overset{\frown}{AB}=\overset{\frown}{CD}$$

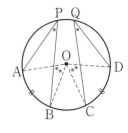

教科書 P.188

問 8 次の図（図は 答え 欄）で，$\angle x$の大きさを求めなさい。

ガ イ ド

「1つの円において，等しい弧に対する円周角は等しい」，「1つの弧に対する円周角は，その弧に対する中心角の半分である」ことを使います。

答　え

(1) $\angle AOB = 2\angle APB = 56°$

　　$\overset{\frown}{AB}=\overset{\frown}{BC}$より，$\angle x = \angle AOB = 56°$

　　　　　　　　　　答　$\angle x = 56°$

(2) $\overset{\frown}{AB}=\overset{\frown}{BC}$より，$\angle AOB = \angle BOC = 52°$

　　$\angle x = \frac{1}{2}\angle AOB = 26°$　**答　$\angle x = 26°$**

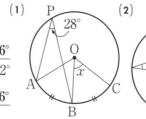

教科書 P.188

問 9 ▷ 次の図で，x の値を求めなさい。

(1) $\overgroup{AB} = x$ cm，$\overgroup{CD} = 6$ cm (2) $\overgroup{AB} = 3$ cm，$\overgroup{CD} = 4$ cm (3) $\overgroup{AB} = 1$ cm，$\overgroup{BC} = 3$ cm
$\overgroup{CA} = 2$ cm

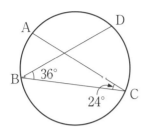 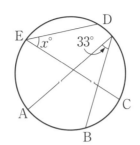 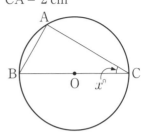

ガイド　例2(教科書P.188)のように，1つの円において，円周角の大きさと弧の長さが比例することを利用します。

答え

(1) $\overgroup{AB} : \overgroup{CD} = 24 : 36 = 2 : 3$
よって，$x : 6 = 2 : 3$
$x = 4$ 　　　　　　　　　　　　答 $x = 4$

(2) $\overgroup{AB} : \overgroup{CD} = 3 : 4$
よって，$33 : x = 3 : 4$
$x = 44$ 　　　　　　　　　　　答 $x = 44$

(3) $\overgroup{AB} : \overgroup{BC} = 1 : 3$
$\overgroup{BC}$ は中心 O を通る直径だから，$\angle BAC = 90°$
よって，$x : 90 = 1 : 3$
$x = 30$ 　　　　　　　　　　　答 $x = 30$

❷ 円周角の定理の逆

教科書 P.189

QUESTION　右の図のように，円周上以外の点を P，円周上の点を Q とします。円周角 $\angle AQB$ が 60° のとき，円周上以外にも 60° になる点があるか探してみましょう。ただし，点 P と点 Q は直線 AB について同じ側にあるものとします。

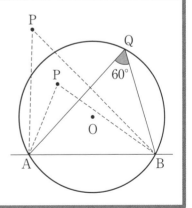

答え　実際に $\angle APB$ の大きさを測ってみると，
点 P が円 O の内部にあるとき　　$\angle APB > 60°$
点 P が円 O の外部にあるとき　　$\angle APB < 60°$
したがって，**円周上以外には 60° になる点はないと予想できる。**

教科書 P.190

[問 1] 前ページ(教科書 P.189)の㋒で，点 P が円 O の外部にあるとき，$\angle APB < \angle AQB$ であることを証明しなさい。

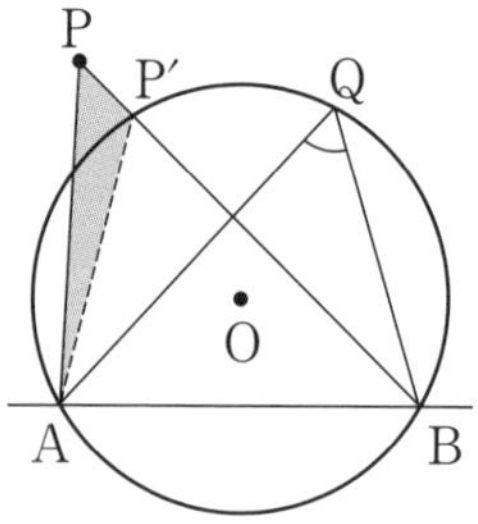

ガイド 例 1(教科書 P.189)にならって，証明してみましょう。

答え BP と円 O との交点を P′ とする。
$\angle AP'B$ は$\triangle APP'$ の外角であるから，
$\angle APB = \angle AP'B - \angle PAP'$
したがって，$\angle APB < \angle AP'B$　①
$\overset{\frown}{AB}$に対する円周角は等しいから，
$\angle AP'B = \angle AQB$　②
①，②から，$\angle APB < \angle AQB$

教科書 P.190

[問 2] 次の図で，4 点 A，B，C，D が 1 つの円周上にあるのはどれですか。

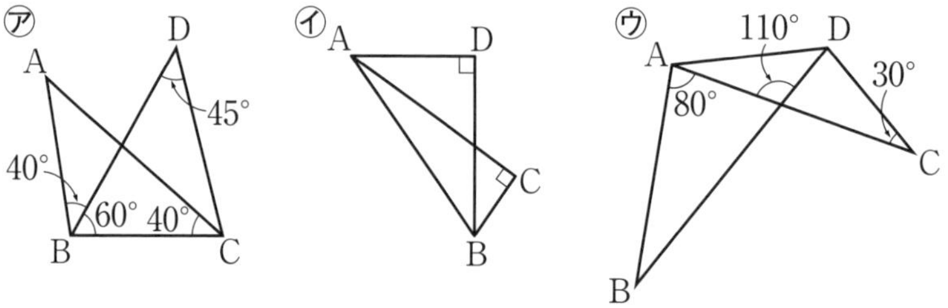

ガイド もとになる直線に着目して，その直線と同じ側にある等しい角をさがしましょう。㋑はAB，㋒はAD です。

答え
㋐ $\angle BAC = 180° - (40° + 60° + 40°) = 40°$ で，$\angle BDC$ と等しくないから，A，B，C，D は 1 つの円周上にない。
㋑ $\angle ADB = \angle ACB = 90°$ だから，A，B，C，D は，AB を直径とする円の円周上にある。
㋒ 三角形の内角と外角の関係により，$\angle ABD + \angle BAC = 110°$
よって，$\angle ABD = 30°$，$\angle ABD = \angle ACD = 30°$ だから，A，B，C，D は 1 つの円周上にある。

答　㋑，㋒

教科書 P.190

トライ　円周角の定理の逆を使って，181 ページの[1]の結果が得られる理由を説明してみよう。

円周角の定理の逆は,
「2点P, Qが直線ABについて同じ側にあるとき,
　　∠APB = ∠AQB
ならば, 4点A, P, Q, Bは1つの円周上にある。」です。
サッカーゴールの入口の線を弦ABと考えましょう。

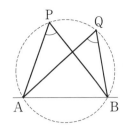

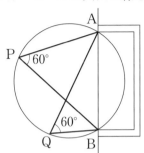

60°になる点をP, Qとすると, P, Qは直線ABについて同じ側にあるから,
円周角の定理の逆によって, A, P, Q, Bは1つの円周上にある。つまり, 60°
になる点を集めると, 1つの円(弧)になる。

1　円周角と中心角

確かめよう

教科書 P.191

1 次の図で, ∠xの大きさを求めなさい。

(1) 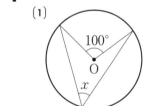　(2) 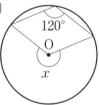　(3)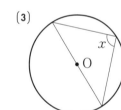

1つの弧に対する円周角は,その弧に対する中心角の半分に等しくなっています。
半円の弧に対する円周角は90°です。

(1)　∠$x = 100° \times \dfrac{1}{2} = 50°$　　　　　　　　　　　　　答　∠$x = 50°$

(2)　∠$x = 120° \times 2 = 240°$　　　　　　　　　　　　　答　∠$x = 240°$

(3)　∠$x = 180° \times \dfrac{1}{2} = 90°$　　　　　　　　　　　　　答　∠$x = 90°$

---

2 次の図で, ∠xの大きさを求めなさい。

(1)　$\overset{\frown}{AB} = \overset{\frown}{CD}$　　　　　　(2)　$\overset{\frown}{CD} = 2\overset{\frown}{AB}$

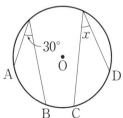　　　　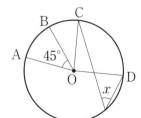

3 右の図で，5点 A，B，C，D，E は円 O の円周上の点で，
$\overset{\frown}{AB} : \overset{\frown}{BC} = 2 : 3$，$\angle AEB = 28°$
です。$\angle BDC$ の大きさを求めなさい。

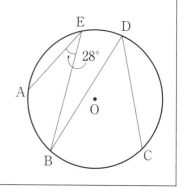

ガイド 1つの円において，円周角の大きさと弧の長さは比例します。
$\angle AEB : \angle BDC = \overset{\frown}{AB} : \overset{\frown}{BC} = 2 : 3$

答え $\angle BDC = x°$ とすると，
　$28 : x = 2 : 3$
　　　$x = 42$

答　$\angle BDC = 42°$

4 右の図のように，△ABC の頂点 B，C から辺 AC，
AB に，それぞれ垂線 BD，CE を引きます。このとき，
点 B，C をふくめて 1 つの円周上にある 4 点をいいな
さい。

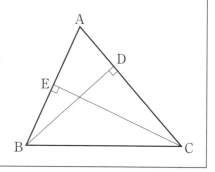

ガイド 円周角の定理の逆を使います。もとになる直線に着目して，その直線と同じ側に
ある等しい角をさがしましょう。

答え $\angle BEC = \angle BDC = 90°$ で，直線 BC について点 E，D は同じ側にあるので，
点 B，C，D，E は 1 つの円周上にある。　　　　　　答　点 B，C，D，E

⟦2⟧ 円周角の定理の利用

☑◎ 円周角の定理の活用

　円周角の定理や，半円の弧に対する円周角，円周角の定理の逆などを用いて，図形の性質を証明したり，円の接線の作図のしかたを考えたりすることができる。

☑◎ 円周角と円の接線

　円 O の外部の点 P から円 O に接線を引き，接点を A，B とするとき，線分 PA，PB の長さのことを，接線の長さという。

・円の外部にある 1 点から，この円に引いた 2 本の接線の長さは等しい。

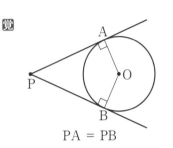

PA = PB

❶ 円周角と図形の証明

教科書 P.192

| 問 1 | 例 1（教科書 P.192）の図で，AP = 9 cm，BP = 4 cm，CP = 5 cm のとき，DP の長さを求めなさい。|

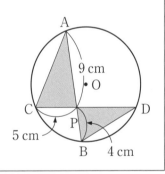

ガイド　△ACP ∽ △DBP で，対応する辺は，CP と BP，AP と DP です。DP を x とおいて比例式をつくり，それを解きましょう。

答え

DP = x cm とすると，

$x : 9 = 4 : 5$

$5x = 36$

$x = 7.2$

答　7.2 cm

問 2 ▷ 右の図のように，円 O の 2 つの弦 AB，CD を延長し，その交点を P とするとき，
　　△ADP ∽ △CBP
であることを証明しなさい。

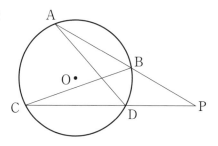

ガイド 三角形の相似条件は，「2 組の角がそれぞれ等しい」，「2 組の辺の比とその間の角がそれぞれ等しい」，「3 組の辺の比がすべて等しい」です。この問題では，辺の長さはどれもわかっていません。

答え △ADP と △CBP において，
$\stackrel{\frown}{BD}$ に対する円周角は等しいから，
　　∠DAB = ∠BCD　　①
　　∠P は共通　　　　②
①，②より，2 組の角がそれぞれ等しいから，
　　△ADP ∽ △CBP

問 3 ▷ 例 2（教科書 P.193）で証明したことがらの逆をいいなさい。また，それが成り立つことを証明しなさい。

ガイド 例 2 と同じように B と C を結ぶ補助線を引きます。

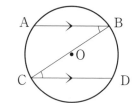

答え （逆）
　　円 O において，
　　$\stackrel{\frown}{AC}=\stackrel{\frown}{BD}$ ならば，AB // CD
（証明）
　　2 点 B，C を結ぶ。
　　$\stackrel{\frown}{AC}=\stackrel{\frown}{BD}$ から，∠ABC = ∠DCB
　　錯角が等しいから，
　　AB // CD

問 4 ▷ 右の図（図は 答え 欄）のように，4 点 A，B，C，D は円 O の円周上の点で，$\stackrel{\frown}{AD}=\stackrel{\frown}{DC}$ です。また，弦 AC，BD の交点を E とします。
このとき，
　　△ABE ∽ △DBC
であることを証明しなさい。

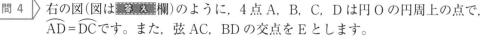

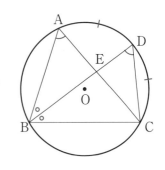

答え

△ABE と △DBC において，

$\overgroup{BC}$ に対する円周角は等しいから，

$\quad$ ∠BAE = ∠BDC　　①

等しい弧に対する円周角は等しいから，$\overgroup{AD} = \overgroup{DC}$ より，

$\quad$ ∠ABE = ∠DBC　　②

①，②より，2組の角がそれぞれ等しいから，

$\quad$ △ABE ∽ △DBC

教科書 P.193

問 5 右の図のように，▱ABCD の紙を対角線 BD で折ります。
点 C が移った点を C′ とするとき，4点 A，B，D，C′
が1つの円周上にあることを証明しなさい。

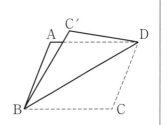

ガイド 対角線 BD に着目したとき，同じ側にある角は等しくなるでしょうか。

答え 四角形 ABCD は平行四辺形であるから，

$\qquad$ ∠A = ∠C　①

折る前と折った後の角の大きさは等しいから，

$\qquad$ ∠C′ = ∠C　②

①，②より，∠A = ∠C′

点 A，C′ は直線 BD について同じ側にあるから，4点 A，B，D，C′ は1つの円周上にある。

前ページ（教科書 P.192）の例1や問2の図で，AP × BP = CP × DP
が成り立つことを，それぞれ証明してみよう。

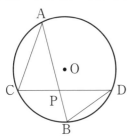 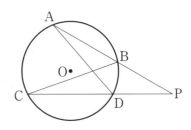

ガイド AP × BP は，線分 AP と BP の長さの積を表します。
三角形の相似比を利用して比例式をつくってみましょう。

答え

〈例1の図〉

例1より，△ACP ∽ △DBP

対応する辺の比は等しいから，

$\quad$ AP : DP = CP : BP

比例式の性質より，

$\quad$ AP × BP = CP × DP

〈問2の図〉

問2より，△ADP ∽ △CBP

対応する辺の比は等しいから，

$\quad$ AP : CP = DP : BP

比例式の性質より，

$\quad$ AP × BP = CP × DP

6章 円

教科書 P.193

❷ 円周角と円の接線

━━ 教科書 P.194 ━━

問1 ▷ 左の図(図は 答え 欄)で，点Aを接点とする円Oの接線を作図しなさい。また，その作図は，接線のどんな性質を利用しているか説明しなさい。

ガイド 円と1点だけを共有する直線を接線といいます。

答え 右の図のように，点O，Aを通る直線を引き，点Aを通る垂線を引く。
この作図は，「円の接線は，接点を通る半径に垂直である」という性質を利用している。

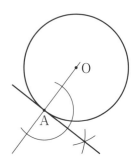

━━ 教科書 P.194 ━━

QUESTION Q 左の図(図は右)のように，円Oの外部に点Pがあるとき，点Pを通る円Oの接線は，何本引けるでしょうか。また，どのように作図すればよいでしょうか。

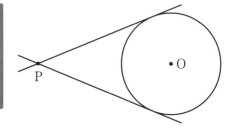

答え 2本，作図の手順は②

━━ 教科書 P.194 ━━

① 美月さんは，**Q**の図で，三角定規を使って，次のような方法で接線が引けると考えました。

美月さんの考え

右の図のように，三角定規の2辺 AB，AC が，それぞれ点P，Oを通るように三角定規を置く。その状態を保ったまま三角定規をずらし，頂点Aが円Oの円周上にくるようにして，直線PAを引く。

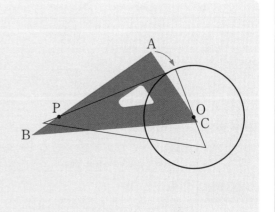

このとき，直線PAが円Oの接線となる理由を説明してみましょう。

192 教科書 P.194

頂点 A が円の接点となり，線分 AO は円の半径です。∠PAO の大きさを考えましょう。

 円の接線は接点を通る半径に垂直であるから，三角定規の直角の頂点 A が円 O の円周上にあれば，線分 OA は円 O の半径であり，直線 PA は点 A を接点とする円 O の接線である。

教科書 P.195

② 拓真さんは，次の手順で，円 O の外部の点 P を通る円 O の接線を作図しました。この手順にしたがって，作図をしてみましょう。

手順 ① 点 P，O を結び，線分 PO の中点 O′ を求める。

② O′ を中心として半径 O′P の円をかき，円 O との交点をそれぞれ A，B とする。

③ 直線 PA，PB を引く。

答え

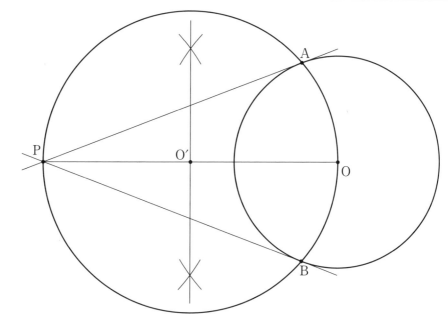

教科書 P.195

③ ②の図で，O と A，O と B を，それぞれ結んでみましょう。このとき，円 O′ において，∠PAO や∠PBO はどんな角といえるでしょうか。また，そのことをもとにして，拓真さんの方法で接線が作図できる理由を説明してみましょう。

答え

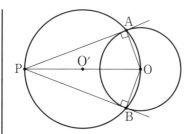

∠PAO，∠PBO は半円の弧に対する円周角だから，∠PAO = ∠PBO = 90°
すなわち，PA ⊥ OA，PB ⊥ OB
ここで，OA，OB は円 O の半径だから，PA，PB は，それぞれ A，B を接点とする円 O の接線である。

問 2 ▷ 円 O の外部の点 P から円 O に接線 PA, PB を引く
とき, PA = PB であることを証明しなさい。

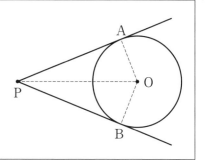

ガ イ ド △PAO と△PBO の合同を証明しましょう。

答 え △PAO と△PBO において,
円の接線は接点を通る半径に垂直だから,

$\angle$PAO $= \angle$PBO $= 90°$　　①

PO は共通　　　　　　　　②

円の半径だから,

OA $=$ OB　　　　　　　③

①, ②, ③より, 直角三角形の斜辺と他の 1 辺がそれぞれ等しいから,

△PAO $\equiv$ △PBO

したがって,

PA $=$ PB

2 円周角の定理の利用

確かめよう

1 右の図のように, 円 O の 2 つの直径を AC, BD とする。このとき,
四角形 ABCD は長方形になることを証明しなさい。

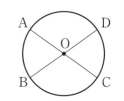

ガ イ ド AC, BD は円の直径なので, △ABC, △CDA, △BCD,
△DAB は直角三角形です。

答 え AC は円 O の直径であり,
半円の弧に対する円周角は $90°$ だから,

$\angle$ABC $= \angle$CDA $= 90°$　①

BD も円 O の直径だから, 同様にして,

$\angle$BCD $= \angle$DAB $= 90°$　②

①, ②より,

$\angle$DAB $= \angle$ABC $= \angle$BCD $= \angle$CDA

4 つの角が等しいから, 四角形 ABCD は長方形である。

194

2 三角定規を使って，左(図は 答え欄)の円の中心 O を求めなさい。
また，その方法で中心を求めることができる理由を説明しなさい。

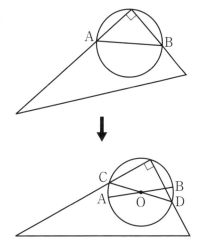

ガイド 円の中心を求めるには，2 本の直径の交点を求めます。三角定規の直角を使って直径をかきましょう。

 右の図

(理由) 半円の弧に対する円周角は 90° であるから，三角定規の直角の頂点が円周上にくるように置き，直角をはさむ 2 つの辺と円との交点 A，B を結ぶと，線分 AB は直径になる。

同様にして，三角定規の直角の頂点を円周上の別の点に置き，直角をはさむ 2 つの辺と円との交点 C，D を結ぶと，線分 CD は直径になる。

したがって，2 つの直径 AB，CD の交点 O が円の中心となる。

--- 教科書 P.196 ---

トライ 右の図で，円 O は △ABC の 3 辺に点 D，E，F で接しています。∠C = 90°，AB = 10 cm，BC = 8 cm，CA = 6 cm のとき，円 O の半径の長さを求めてみよう。

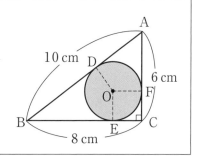

ガイド OE，OF が円 O の半径に等しいことに着目しましょう。

答え 円 O の半径を r cm とすると，CE = CF = r cm であるから，
  AB = AD + BD = AF + BE
したがって，
  $10 = (6 - r) + (8 - r)$
  $10 = 14 - 2r$
   $r = 2$

答 2 cm

6章のまとめの問題

基本

1 次の図で，∠x の大きさを求めなさい。

(1)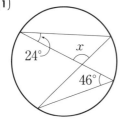

(2)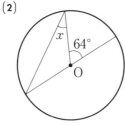

(3)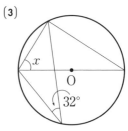

(4)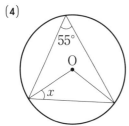

(5)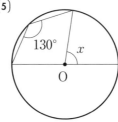

(6)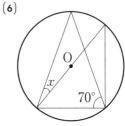

ガイド　1つの弧に対する円周角はすべて等しいこと，円周角と中心角の関係，三角形の内角の和が180°であることなどを使います。

答え

(1) $\angle\text{ADB} = \angle\text{ACB} = 46°$
$\angle x = 180° - (24° + 46°)$
$\quad = 110°$

答 ∠$x = 110°$

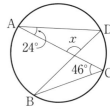

(2) $\angle\text{ABO} = \dfrac{1}{2}\angle\text{AOC} = 32°$

$\angle\text{A} = \angle\text{B}$ より，
$\angle x = 32°$

（別解）
$\angle\text{AOC}$ は △ABO の外角だから，
$\angle\text{BAO} + \angle\text{ABO} = 64°$
$2\angle x = 64°$
$\angle x = 32°$

答 ∠$x = 32°$

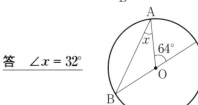

(3) BC は円 O の直径だから，
$\angle\text{BAC} = 90°$
$\angle\text{ACB} = \angle\text{APB} = 32°$
$\angle x = 180° - (90° + 32°)$
$\quad = 58°$

答 ∠$x = 58°$

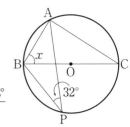

(4) $\angle\text{APB} = \dfrac{1}{2}\angle\text{AOB}$ から，$\angle\text{AOB} = 110°$

$\triangle\text{OAB}$ は二等辺三角形なので，

$\angle x = (180° - \angle\text{AOB}) \div 2$

$\quad\quad = (180° - 110°) \div 2$

$\quad\quad = 35°$ <u>答　$\angle x = 35°$</u>

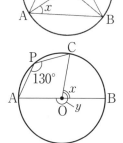

(5) 円周角 $\angle\text{APC}$ に対する中心角を $\angle y$ とすると，

$\angle y = 130° \times 2$

$\quad\quad = 260°$

$\angle x = 260° - 180°$

$\quad\quad = 80°$ <u>答　$\angle x = 80°$</u>

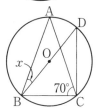

(6) BD は直径なので，$\angle\text{BCD} = 90°$

したがって，$\angle\text{ACD} = 90° - 70° = 20°$

$\overparen{\text{AD}}$ に対する円周角は等しいから，

$\angle x = \angle\text{ACD} = 20°$ <u>答　$\angle x = 20°$</u>

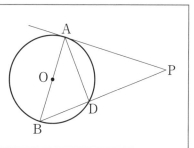

---

2 右の図で，線分 AB は円 O の直径で，直線 PA は円 O
の接線，点 D は線分 PB と円 O との交点です。次の問
いに答えなさい。

(1) $\triangle\text{ABD} \backsim \triangle\text{PBA}$ であることを証明しなさい。

(2) AB = 6 cm，PB = 9 cm のとき，線分 PD の長さ
を求めなさい。

答え

(1) $\triangle\text{ABD}$ と $\triangle\text{PBA}$ において，

半円の弧に対する円周角は$90°$であるから，

$\angle\text{ADB} = 90°$

円の接線は，接点を通る半径に垂直であるから，

$\angle\text{PAB} = 90°$

したがって，$\angle\text{ADB} = \angle\text{PAB}$ ①

また，$\angle\text{B}$ は共通 ②

①，②より，2 組の角がそれぞれ等しいから，

$\triangle\text{ABD} \backsim \triangle\text{PBA}$

(2) (1)より，AB : PB = DB : AB　　$6 : 9 = \text{DB} : 6$　　DB = 4

よって，PD = PB − DB = 9 − 4 = 5 <u>答　PD = 5 cm</u>

---

3 右の図で，$\triangle\text{ABC}$ は AB = AC の二等辺三角形です。辺 AB，AC
上に BD = CE となるように点 D，E をとるとき，次の問いに答え
なさい。

(1) $\triangle\text{DBC} \equiv \triangle\text{ECB}$ であることを証明しなさい。

(2) 4 点 D，B，C，E が 1 つの円周上にあることを証明しなさい。

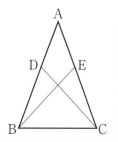

(1) △DBC と△ECB において，

△ABC は二等辺三角形であるから，

∠DBC = ∠ECB　　①

仮定から，

BD = CE　　②

また，BC は共通　　③

①，②，③より，2組の辺とその間の角がそれぞれ等しいから，

△DBC ≡ △ECB

(2) 2点 D，E は，直線 BC に対して同じ側にある。

また，(1)から，∠BDC = ∠CEB

したがって，4点 D，B，C，E は1つの円周上にある。

応 用

1 次の図で，∠x の大きさを求めなさい。

(1)
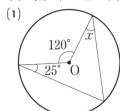

(2)
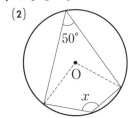

(3)
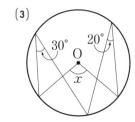

答 え

(1)　∠x + 25° = 120° × $\frac{1}{2}$

= 60°

∠x = 35°　　　　　　答　∠x = 35°

(2)　50° × 2 = 100°，

360° − 100° = 260°

∠x = $\frac{1}{2}$ × 260°

= 130°　　　　　　答　∠x = 130°

(3)　∠x = 30° × 2 + 20° × 2

= 100°　　　　　　答　∠x = 100°

(1)
(3)
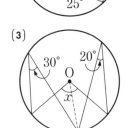

2 右の図で，△ABC は正三角形で，頂点 A，B，C は円 O の円周上にあります。BC の延長上に∠ADC = 35° となるように点 D をとり，線分 AD と円 O との交点を E とします。このとき，$\overgroup{AE}$ と$\overgroup{EC}$の長さの比を求めなさい。

答え

∠ABC = 60°

∠CAD = ∠ACB − ∠ADC = 60° − 35° = 25°

1 つの円において，円周角の大きさと弧の長さは比例するから，

$\overset{\frown}{\mathrm{AC}} : \overset{\frown}{\mathrm{EC}} = 60 : 25 = 12 : 5$

したがって，$\overset{\frown}{\mathrm{AE}} : \overset{\frown}{\mathrm{EC}} = (12 − 5) : 5 = 7 : 5$

答　7 : 5

3 右の図で，4 点 A，B，C，D は円 O の円周上の点で，AC は円 O の直径です。また，AE は A から弦 BD に引いた垂線です。このとき，△ABE ∽ △ACD であることを証明しなさい。

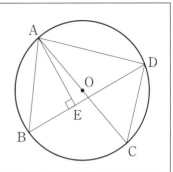

答え

△ABE と △ACD において，

仮定から，∠AEB = 90°

半円の弧に対する円周角は 90° であるから，

　∠ADC = 90°

したがって，∠AEB = ∠ADC　　①

$\overset{\frown}{\mathrm{AD}}$ に対する円周角は等しいから，

　∠ABE = ∠ACD　　②

①，②より，2 組の角がそれぞれ等しいから，

　△ABE ∽ △ACD

4 右の図のように，円 O の円周上に 3 点 A，B，C をとり，$\overset{\frown}{\mathrm{AC}}$ 上に，$\overset{\frown}{\mathrm{BC}} = \overset{\frown}{\mathrm{DE}}$ となるように 2 点 D，E をとります。弦 AC と BE の交点を F とするとき，△ABD ∽ △BFC であることを証明しなさい。

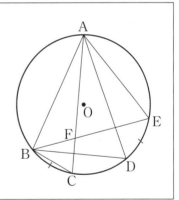

ガイド

△ABD と △BFC の角で，等しい弧に対する円周角はどれとどれか考えましょう。

答え

△ABD と △BFC において，

$\overset{\frown}{\mathrm{AB}}$ に対する円周角は等しいから，

　∠BDA = ∠FCB　①

$\overset{\frown}{\mathrm{BC}} = \overset{\frown}{\mathrm{DE}}$ より，$\overset{\frown}{\mathrm{BD}} = \overset{\frown}{\mathrm{CE}}$

等しい弧に対する円周角は等しいから，

　∠BAD = ∠FBC　②

①，②より，2 組の角がそれぞれ等しいから，

　△ABD ∽ △BFC

1 拓真さんは，友だちとサッカーゲームをしています。ボールを 10 回けって，たくさんゴールに入れた人が勝ちです。

下の図(図は 答 え 欄)のようなサッカー場で，直線 ℓ 上にボールを置いてけります。直線 ℓ 上なら，どこからでもボールをけることができるとするとき，どこからボールをければ，ゴールに入れやすいですか。下の(1)，(2)に答えなさい。

(1) 拓真さんは，「ボールをけって，ゴールに入る確率が高い場所は，ゴールの両端 A，B を通る円のうち，直線 ℓ と接する円との接点 P になる。」と予想しました。点 P を，次の図(図は 答 え 欄)に作図しなさい。

(2) (1)でかいた場所が，ゴールに入る確率がもっとも高くなる理由を説明しなさい。

ガイド　直線 ℓ 上の点 P とゴールの両端 A，B を結んでできる∠APB の大きさが大きいほど，ゴールに入る確率が高くなると考えて，作図してみましょう。

答 え

(1) 右の図のように，線分 AB の垂直二等分線①を引き，AB との交点を C とする。C と ℓ との距離を半径とし，A を中心とする円弧②をかく。①，②の交点 O を中心とし，半径 OA（OB）の円をかく。このとき，直線 ℓ と接する点が P である。

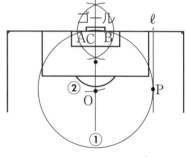

(2) 右の図のように，ボールを置く位置を点 P 以外の ℓ 上の点 Q，R にすると，∠AQB，∠ARB は円 O の外部にあり，

　　∠AQB＜∠APB

　　∠ARB＜∠APB

となる。つまり，点 P の位置にボールを置くと，ゴールの両端 A，B と点 P を結んでできる角度がもっとも大きくなり，ゴールに入る確率が高くなる。

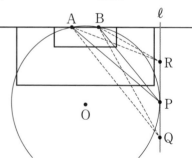

深めよう！ 動かして考えよう　発展　高等学校

1 次の図（教科書 P.201）で，直線 CD は点 Q を接点とする円 O の接線です。点 Q を円周上で点 B まで動かしたとき，∠APB と∠AQC の大きさを調べてみましょう。

答え｜ ∠APB = ∠AQC

2 次の図で，点 Q を $\overarc{AB}$ 上まで動かしたとき，∠APB と∠AQB の大きさを調べてみましょう。2つの角の間には，どんな関係があるでしょうか。

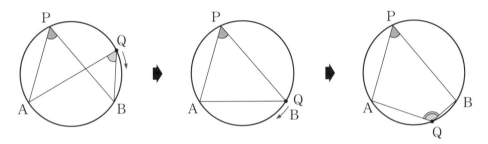

答え｜ ∠APB + ∠AQB = 180°

3 右の図のように，点 Q が $\overarc{AB}$ 上にあるとき，∠APB + ∠AQB = 180° であることが予想されます。このことを証明してみましょう。

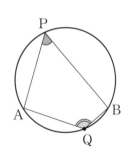

答え　（例）
円の中心を O とし，A と O，B と O をそれぞれ結ぶ。
右の図のように，$\overarc{AQB}$ に対する中心角を∠a，
$\overarc{APB}$ に対する中心角を∠b とすると，

$$\angle APB = \frac{1}{2}\angle a,\ \ \angle AQB = \frac{1}{2}\angle b$$

$\angle a + \angle b = 360°$ であるから，

$$\angle APB + \angle AQB = \frac{1}{2}(\angle a + \angle b)$$

$$= \frac{1}{2} \times 360°$$

$$= 180°$$

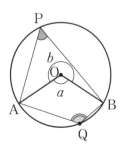

7章 三平方の定理

教科書 P.203

1 次の図(図は[答え]欄)①，② で，3つの正方形の面積を，それぞれ求めてみましょう。

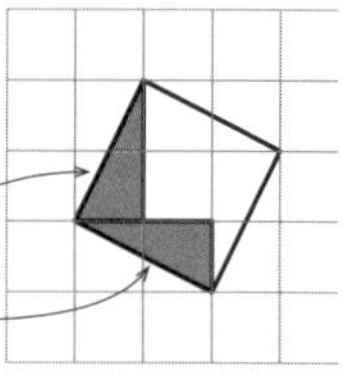

ガイド
- 方眼の目を利用して数えます。
- 右上の図のように組み合わせると，面積を求めることができます。

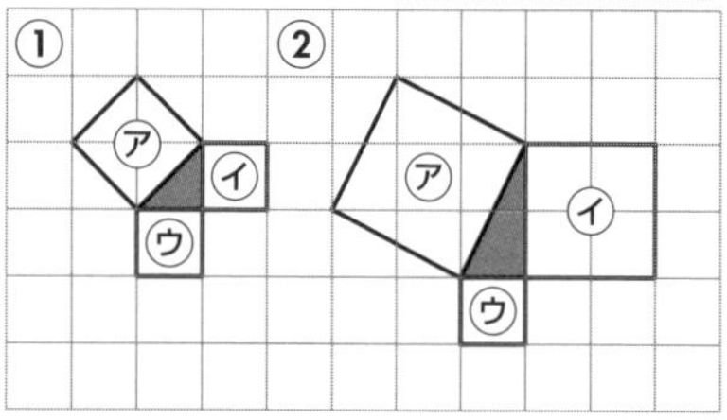

答え
① [ア]2 [イ]1 [ウ]1
② [ア]5 [イ]4 [ウ]1

教科書 P.203

2 上の方眼(図は[答え]欄)にいろいろな直角三角形をかき，**1** と同じことを調べてみましょう。また，3つの正方形の面積の間にはどんな関係があるかを予想してみましょう。

答え
(例)

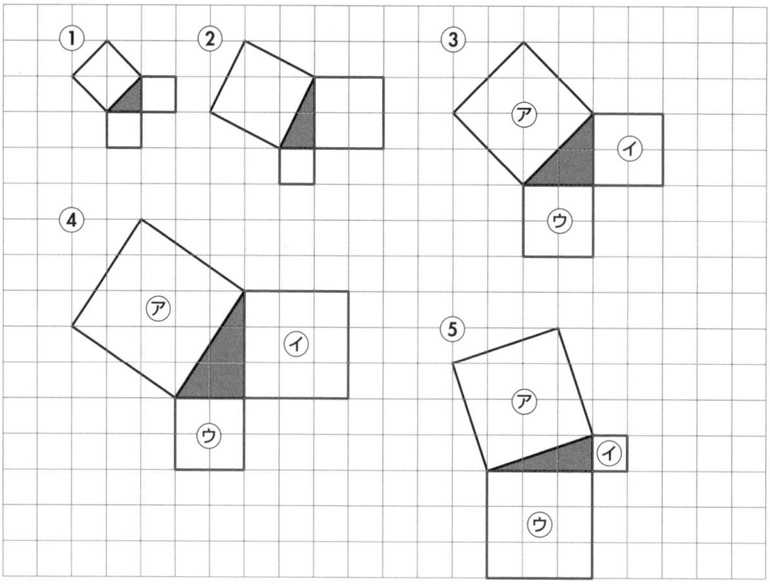

③ [ア]8 [イ]4 [ウ]4
④ [ア]13 [イ]9 [ウ]4
⑤ [ア]10 [イ]1 [ウ]9
(例) 2つの小さい正方形の面積の和と，大きい正方形の面積が等しい。

教科書 P.203

$\begin{bmatrix} 1 \end{bmatrix}$ 三平方の定理

教科書のまとめ テスト前にチェック✔

☑◎ 三平方の定理

定理 直角三角形の直角を
はさむ2辺の長さを
a, b, 斜辺の長さを
cとすると，次の関
係が成り立つ。
$$a^2 + b^2 = c^2$$

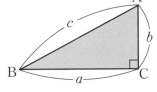

注 この定理を最初に証明し
たといわれている古代ギリ
シャの数学者ピタゴラスにち
なんで，
　　ピタゴラスの定理
とも呼ばれている。

☑◎ 三平方の定理の逆

定理 △ABC の3辺の長さ a, b, c の間に，
$$a^2 + b^2 = c^2$$
の関係が成り立てば，∠C = 90° である。

❶ 三平方の定理

── 教科書 P.206 ──

問 1 次の直角三角形で，x の値を求めなさい。

(1)
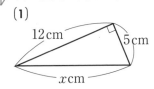

(2)
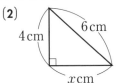

(3)
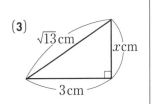

ガイド 直角に対する辺が斜辺であることに注意しましょう。

答え

(1) 斜辺が x cm で
あるから，
$$12^2 + 5^2 = x^2$$
$$x^2 = 169$$
$x > 0$ であるから，
$$x = 13$$
答 $x = 13$

(2) 斜辺が6 cm で
あるから，
$$4^2 + x^2 = 6^2$$
$$x^2 = 6^2 - 4^2$$
$$= 20$$
$x > 0$ であるから，
$$x = 2\sqrt{5}$$
答 $x = 2\sqrt{5}$

(3) 斜辺が $\sqrt{13}$ cm で
あるから，
$$x^2 + 3^2 = (\sqrt{13})^2$$
$$x^2 = (\sqrt{13})^2 - 3^2$$
$$= 4$$
$x > 0$ であるから，
$$x = 2$$
答 $x = 2$

── 教科書 P.206 ──

問 2 直角三角形の斜辺の長さを c，他の2辺の長さを a, b
として，次の表を完成させなさい。（表は **答え** 欄）

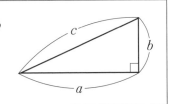

斜辺の長さが c なので，$a^2 + b^2 = c^2$ が成り立ちます。

① $6^2 + b^2 = 10^2$
$b^2 = 10^2 - 6^2$
$\quad = 64$
$b = 8$

② $a^2 + 24^2 = 25^2$
$a^2 = 25^2 - 24^2$
$\quad = (25 + 24) \times (25 - 24)$
$\quad = 49 \quad a = 7$

③ $4^2 + 4^2 = c^2$
$c^2 = 32$
$c = 4\sqrt{2}$

④ $(\sqrt{2})^2 + b^2 = 3^2$
$b^2 = 3^2 - (\sqrt{2})^2$
$\quad = 7 \quad b = \sqrt{7}$

⑤ $(3\sqrt{5})^2 + 2^2 = c^2$
$c^2 = 45 + 4$
$\quad = 49 \quad c = 7$

右の表

	①	②	③	④	⑤
a	6	7	4	$\sqrt{2}$	$3\sqrt{5}$
b	8	24	4	$\sqrt{7}$	2
c	10	25	$4\sqrt{2}$	3	7

Tea Break

ヒポクラテスの月

教科書 P.206

　右の図のように，直角三角形 ABC の3辺をそれぞれ直径とする3つの半円をかきます。ヒポクラテスは，この図から，

　（アの面積）＋（イの面積）＝（直角三角形 ABC の面積）

という関係が成り立つことに気がつきました。この図は「ヒポクラテスの月」と呼ばれています。

☕ ヒポクラテスの月で，上の式が成り立つことを証明してみましょう。

全体を半円と直角三角形に分けて面積の式をつくり，三平方の定理を使いましょう。

右の図のように，全体を半円あ，半円い，半円う，直角三角形 ABC に分けて考えると，

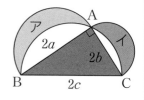

　（アの面積）＋（イの面積）

＝（半円あの面積）＋（半円いの面積）
　＋（直角三角形 ABC の面積）－（半円うの面積）

と表せるので，

　（アの面積）＋（イの面積）

$= \dfrac{1}{2}\pi a^2 + \dfrac{1}{2}\pi b^2 + （直角三角形 ABC の面積）- \dfrac{1}{2}\pi c^2$

$= \dfrac{1}{2}\pi (a^2 + b^2 - c^2) + （直角三角形 ABC の面積）$

△ABC は直角三角形なので，三平方の定理より，$(2a)^2 + (2b)^2 = (2c)^2$

これを整理すると，$a^2 + b^2 - c^2 = 0$

したがって，（アの面積）＋（イの面積）＝（直角三角形 ABC の面積）が成り立つ。

2 三平方の定理の逆

教科書 P.207

[QUESTION] **Q** 次の㋐，㋑，㋒の図について，△ABC の各辺を 1 辺とする正方形の面積 P，Q，R の関係を，それぞれ調べてみましょう。

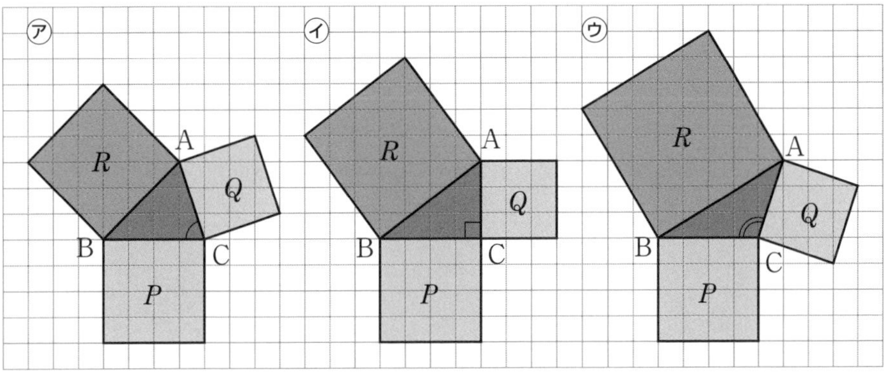

ガイド ㋐，㋑，㋒それぞれの P，Q，R の面積を調べましょう。

答え

㋐ $P = 16$，$Q = 10$，$R = 18$ より，$\boldsymbol{P + Q > R}$

㋑ $P = 16$，$Q = 9$，$R = 25$ より，$\boldsymbol{P + Q = R}$

㋒ $P = 16$，$Q = 10$，$R = 34$ より，$\boldsymbol{P + Q < R}$

教科書 P.208

[問 1] 次の長さを 3 辺とする三角形㋐～㋓のうち，直角三角形はどれですか。

㋐ 4 cm，5 cm，6 cm　　　㋑ 8 cm，15 cm，17 cm

㋒ 1 cm，$\sqrt{3}$ cm，2 cm　　　㋓ $\sqrt{6}$ cm，3 cm，4 cm

ガイド もっとも長い辺を c として，$a^2 + b^2 = c^2$ が成り立つかを確かめましょう。

答え

㋐ $a = 4$，$b = 5$，$c = 6$ とすると，

$a^2 + b^2 = 4^2 + 5^2 = 41$

$c^2 = 6^2 = 36$

$a^2 + b^2 = c^2$ が成り立たないから，

直角三角形ではない。

㋑ $a = 8$，$b = 15$，$c = 17$ とすると，

$a^2 + b^2 = 8^2 + 15^2 = 289$

$c^2 = 17^2 = 289$

$a^2 + b^2 = c^2$ が成り立つから，

直角三角形である。

㋒ $a = 1$，$b = \sqrt{3}$，$c = 2$ とすると，

$a^2 + b^2 = 1^2 + (\sqrt{3})^2 = 4$

$c^2 = 2^2 = 4$

$a^2 + b^2 = c^2$ が成り立つから，

直角三角形である。

㋓ $a = \sqrt{6}$，$b = 3$，$c = 4$ とすると，

$a^2 + b^2 = (\sqrt{6})^2 + 3^2 = 15$

$c^2 = 4^2 = 16$

$a^2 + b^2 = c^2$ が成り立たないから，

直角三角形ではない。

答　直角三角形は，㋑と㋒

教科書 P.208

[トライ] 三平方の定理の逆を利用して，教室やグラウンドで 1 つの辺の長さが 3 m の直角三角形をつくるにはどうしたらよいか考えてみよう。

答え (例) 長さ 12 m のロープを用意し，3 辺が 3 m，4 m，5 m の三角形をつくる。

確かめよう

1 次の直角三角形 ABC で，辺 AC の長さを求めなさい。

(1)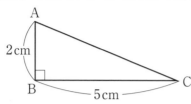

(2)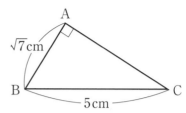

答え

(1) AC = x cm とすると，
斜辺が x cm であるから，
$$2^2 + 5^2 = x^2$$
$$x^2 = 29$$
$x > 0$ より，$x = \sqrt{29}$

答 AC = $\sqrt{29}$ cm

(2) AC = x cm とすると，
斜辺が 5 cm であるから，
$$(\sqrt{7})^2 + x^2 = 5^2$$
$$x^2 = 5^2 - (\sqrt{7})^2$$
$$= 25 - 7$$
$$= 18$$
$x > 0$ より，$x = 3\sqrt{2}$

答 AC = $3\sqrt{2}$ cm

2 次の長さを 3 辺とする三角形は，直角三角形といえますか。

(1) $\sqrt{11}$ cm，5 cm，6 cm

(2) 6 cm，7 cm，9 cm

答え

(1) $a = \sqrt{11}$，$b = 5$，$c = 6$ とすると，
$$a^2 + b^2 = (\sqrt{11})^2 + 5^2 = 36$$
$$c^2 = 6^2 = 36$$
$a^2 + b^2 = c^2$ が成り立つ。

答 直角三角形といえる

(2) $a = 6$，$b = 7$，$c = 9$ とすると，
$$a^2 + b^2 = 6^2 + 7^2 = 85$$
$$c^2 = 9^2 = 81$$
$a^2 + b^2 = c^2$ が成り立たない。

答 直角三角形とはいえない

Tea Break

ピタゴラス数

ピタゴラス数(a, b, c)は，次の式で得られることが知られています。

> 2つの異なる自然数 m，n で，$m > n$ とすると，
> $a = m^2 - n^2$，$b = 2mn$，$c = m^2 + n^2$

☕ m，n の値を自分で決めて，いろいろなピタゴラス数を求めてみましょう。

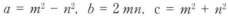

答え

(例)

$m = 3$，$n = 1$ のとき，$a = 3^2 - 1^2 = 8$，$b = 2 \times 3 \times 1 = 6$，$c = 3^2 + 1^2 = 10$

$m = 3$，$n = 2$ のとき，$a = 3^2 - 2^2 = 5$，$b = 2 \times 3 \times 2 = 12$，$c = 3^2 + 2^2 = 13$

$m = 4$，$n = 1$ のとき，$a = 4^2 - 1^2 = 15$，$b = 2 \times 4 \times 1 = 8$，$c = 4^2 + 1^2 = 17$

$m = 4$，$n = 3$ のとき，$a = 4^2 - 3^2 = 7$，$b = 2 \times 4 \times 3 = 24$，$c = 4^2 + 3^2 = 25$

[.2] 三平方の定理の利用

教科書のまとめ テスト前にチェック ☑ ......

☑ ◎ 対角線の長さや三角形の高さ

三平方の定理を利用して，長方形の対角線の長さや，三角形の高さを求めることができる。

☑ ◎ 特別な直角三角形の3辺の長さの比

直角二等辺三角形の3辺の長さの比と，60°の角をもつ直角三角形の3辺の長さの比は，それぞれ次の図に示した比になっている。

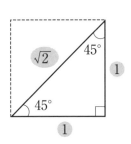 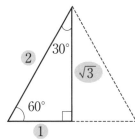

注　これらの直角三角形では，1辺の長さがわかれば，辺の長さの比から，他の辺の長さを求めることができる。

覚　3辺の長さの比
直角二等辺三角形
$1:1:\sqrt{2}$
60°の角をもつ直角三角形
$1:\sqrt{3}:2$

☑ ◎ 弦や接線の長さ

三平方の定理を利用して，弦や接線の長さを求めることができる。

☑ ◎ 2点間の距離

三平方の定理を利用して，座標があたえられた2点間の距離を求めることができる。

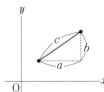

☑ ◎ 相似な図形への利用

三平方の定理を利用して，三角形の相似を証明したり，相似な三角形の辺の長さを求めることができる。

☑ ◎ 空間図形での利用

三平方の定理を活用して，直方体の対角線の長さや，角錐・円錐の高さを求めることができる。

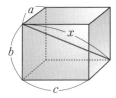

覚　$x = \sqrt{a^2 + b^2 + c^2}$

❶ 平面図形での利用

◀ 対角線の長さや三角形の高さ ▶

教科書 P.210

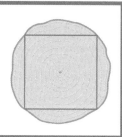

Q 直径 20 cm の丸太から，切り口が正方形の角材を切り取ります。もっとも太い角材を切り取るには，切り口の正方形の 1 辺の長さをどのように求めればよいでしょうか。

ガイド 丸太の切り口が円であると考えると，直径 20 cm の円の中にぴったり入る正方形の 1 辺の長さを求める問題になります。

答え 切り口の正方形の 1 辺を x cm とすると，
△ABC は直角二等辺三角形だから，
三平方の定理により，
$$x^2 + x^2 = 20^2$$
これを解いて x の値を求めればよい。

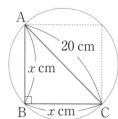

教科書 P.210

問1 ▷ **Q** の正方形の 1 辺の長さを求め，その近似値を小数第一位まで求めなさい。

答え **Q** より，$x^2 + x^2 = 20^2$
$$2x^2 = 400$$
$$x^2 = 200$$
$x > 0$ であるから，$x = 10\sqrt{2}$
$\sqrt{2} = 1.414\cdots$ だから，$10\sqrt{2} = 14.14\cdots$

<u>答 約 14.1 cm</u>

教科書 P.211

問2 ▷ 1 辺 6 cm の正方形の対角線の長さを求めなさい。

ガイド 正方形の対角線を引いて考えます。

答え 対角線の長さを x cm とすると，
三平方の定理により，$x^2 = 6^2 + 6^2 = 72$
$x > 0$ であるから，$x = \sqrt{72} = 6\sqrt{2}$

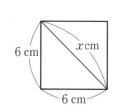

<u>答 $6\sqrt{2}$ cm</u>

教科書 P.211

問3 ▷ 1 辺 a cm の正方形の対角線の長さを求めなさい。また，このことから，正方形の 1 辺の長さと対角線の長さには，どんな関係があるといえますか。

ガイド 問 2 では，正方形の 1 辺が 6cm のとき対角線は $6\sqrt{2}$ cm。このことから，正方形の対角線は 1 辺の $\sqrt{2}$ 倍になることが予想されます。

| 答え | 右の図のように，正方形の1辺の長さを a cm，対角線の長さを x cm とすると，

三平方の定理により，$x^2 = a^2 + a^2 = 2a^2$

$x > 0$ であるから，$x = \sqrt{2a^2} = \sqrt{2}\,a$

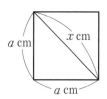

<u>答　$\sqrt{2}\,a$ cm，正方形の1辺の長さと対角線の長さの比は $1 : \sqrt{2}$</u>

教科書 P.211

問4 ▷ 例2（教科書 P.211）の△ABC の面積を求めなさい。

| ガイド | 例2より，△ABC の高さは $4\sqrt{3}$ cm です。

| 答え | $h = 4\sqrt{3}$ より，

△ABC の面積は，$\dfrac{1}{2} \times 8 \times 4\sqrt{3} = 16\sqrt{3}$

<u>答　$16\sqrt{3}$ cm^2</u>

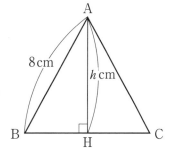

教科書 P.211

問5 ▷ 1辺 $2a$ cm の正三角形の高さを求めなさい。また，このことから，正三角形の1辺の長さと高さには，どんな関係があるといえますか。

| ガイド | 例2（教科書 P.211）を参考にして考えてみましょう。

| 答え | 右の図のように，正三角形の3つの頂点をそれぞれ A，B，C とし，点 A から辺 BC に垂線 AH を引くと，H は辺 BC の中点となる。

高さ AH を h cm とすると，

三平方の定理により，$h^2 + a^2 = (2a)^2$

$\qquad\qquad\qquad\qquad h^2 = 3a^2$

$h > 0$ であるから，$h = \sqrt{3a^2} = \sqrt{3}\,a$

正三角形の1辺の長さと高さの比は，$2a : \sqrt{3}\,a = 2 : \sqrt{3}$

<u>答　$\sqrt{3}\,a$ cm，正三角形の1辺の長さと高さの比は $2 : \sqrt{3}$</u>

教科書 P.212

問6 ▷ 次の図で，x，y の値を求めなさい。

(1)

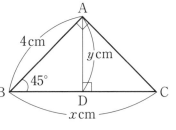

(2)

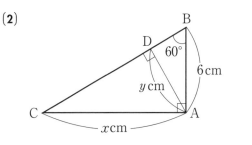

直角二等辺三角形の3辺の長さの比と，60°の角をもつ直角三角形の3辺の長さの比は，それぞれ右の図に示した比になっています。

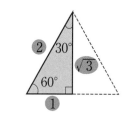

答え

(1) 直角二等辺三角形の3辺の長さの比を利用すると，

△ABCにおいて，

$4 : x = 1 : \sqrt{2}$ より，$x = 4\sqrt{2}$

△ABDにおいて，

$y : 4 = 1 : \sqrt{2}$ より，$\sqrt{2}y = 4$，$y = \dfrac{4}{\sqrt{2}} = \dfrac{4\sqrt{2}}{2} = 2\sqrt{2}$

よって，$y = 2\sqrt{2}$

答 $x = 4\sqrt{2}$，$y = 2\sqrt{2}$

(2) 60°の角をもつ直角三角形の3辺の長さの比を利用すると，

△ABCにおいて，

$6 : x = 1 : \sqrt{3}$ より，$x = 6\sqrt{3}$

△ABDにおいて，

$6 : y = 2 : \sqrt{3}$ より，$2y = 6\sqrt{3}$

よって，$y = 3\sqrt{3}$

答 $x = 6\sqrt{3}$，$y = 3\sqrt{3}$

弦や接線の長さ

— 教科書 P.213 —

問 7 ▷ 半径5cmの円Oについて，次の問いに答えなさい。

(1) 中心Oとの距離が3cmである弦ABの長さを求めなさい。

(2) 弦CDの長さが2cmのとき，中心Oと弦CDとの距離を求めなさい。

ガイド

例4(教科書P.213)と同じようにして求めましょう。

答え

(1) 右の図で，点Hは弦ABの中点である。

AH = x cmとすると，

△OAHで，　$x^2 + 3^2 = 5^2$

$x^2 = 5^2 - 3^2$

$= 16$

$x > 0$であるから，$x = 4$

したがって，AB = 8 cm

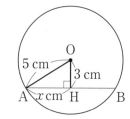

答 8 cm

(2) 右の図で，点Iは弦CDの中点である。

OI = x cmとすると，

△OCIで，　$1^2 + x^2 = 5^2$

$x^2 = 5^2 - 1^2$

$= 24$

$x > 0$であるから，$x = 2\sqrt{6}$

したがって，OI = $2\sqrt{6}$ cm

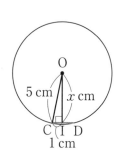

答 $2\sqrt{6}$ cm

問8 次(右)の図で，直線 AB は点 B を接点とする円 O の接線です。円 O の半径を 2 cm，線分 OA の長さを 6 cm とするとき，線分 AB の長さを求めなさい。

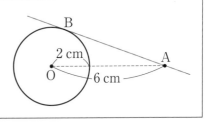

ガイド 中心 O と接点 B を結ぶと，△ABO は，∠B = 90° の直角三角形になります。

答え 中心 O と接点 B を結ぶと，BO は半径である。

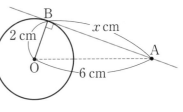

AB = x cm とすると，

△ABO で，$x^2 + 2^2 = 6^2$

$$x^2 = 6^2 - 2^2 = 32$$

$x > 0$ であるから，$x = 4\sqrt{2}$

答 $4\sqrt{2}$ cm

2点間の距離

問9 $\sqrt{34}$ の近似値を電卓で求めなさい。また，上(右)の図で線分 AB の長さを実際に測り，その値と比べなさい。

ガイド 平方根の近似値は，電卓の [√] キーを使って求めることができます。$\sqrt{34}$ の近似値を求めるには，[3] [4] [√] の順に押しましょう。

答え $\sqrt{34} = 5.830\cdots$ だから，$\sqrt{34}$ の近似値は，**5.83**

線分 AB の長さを教科書の図で測ると，5.8 cm よりわずかに長く，$\sqrt{34}$ **の近似値とほぼ等しい。**

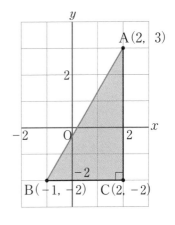

問10 次の2点間の距離を，それぞれ求めなさい。

(1) A(2, 5)，B(−1, 1)　　(2) C(−2, 2)，D(3, −2)

(3) E(1, −2)，F(−3, −4)

ガイド 座標平面上に点 P をとり，2点を結ぶ線分を斜辺とし，∠P = 90° となる直角三角形をつくりましょう。

答え (1) 右の図で，

BP = 2 − (−1) = 3

AP = 5 − 1 = 4

AB² = BP² + AP²

　　= 3² + 4²

　　= 25

AB > 0 であるから，

AB = 5

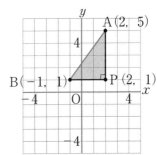

答 AB = 5

7章 三平方の定理

(2) 右の図で,

DP = 3 - (-2) = 5

CP = 2 - (-2) = 4

$CD^2 = DP^2 + CP^2$

$\quad = 5^2 + 4^2$

$\quad = 41$

CD > 0 であるから,

CD = $\sqrt{41}$ 　　　　　　**答　CD = $\sqrt{41}$**

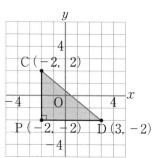

(3) 右の図で,

FP = 1 - (-3) = 4

EP = -2 - (-4) = 2

$EF^2 = FP^2 + EP^2$

$\quad = 4^2 + 2^2$

$\quad = 20$

EF > 0 であるから,

EF = $\sqrt{20}$ = $2\sqrt{5}$ 　　**答　EF = $2\sqrt{5}$**

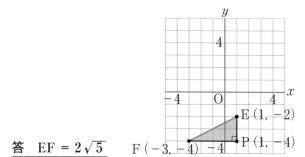

相似な図形への利用

― 教科書 P.215 ―

問11 右の図で, △ABC は, AB = 6 cm, BC = 10 cm, CA = 8 cm で, AD は頂点 A から辺 BC に引いた垂線です。このとき, 次の問いに答えなさい。

(1) △ABC が直角三角形であることを示しなさい。

(2) △ABC ∽ △DAC であることを証明しなさい。

(3) △ABC ∽ △DAC であることを利用して, 垂線 AD の長さを求めなさい。

(4) △ABC の面積を利用して, 垂線 AD の長さを求め, (3)の答えと比べなさい。

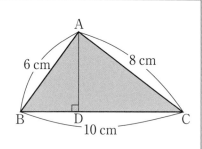

ガイド 三角形の相似条件は,「2組の角がそれぞれ等しい」を使います。△ABC の面積は, 辺 BC を底辺, 垂線 AD を高さと考えて求めることができます。

答え

(1) 辺 AB と辺 AC において, $AB^2 + AC^2 = 6^2 + 8^2 = 100$

　　辺 BC において, $BC^2 = 10^2 = 100$

　　$AB^2 + AC^2 = BC^2$ が成り立つから, △ABC は直角三角形である。

(2) △ABC と △DAC において,

　　∠C は共通 　　　　　　　①

　　仮定と(1)の結果から,

　　∠BAC = ∠ADC = 90° 　　②

　　①, ②より, 2組の角がそれぞれ等しいから,

　　　△ABC ∽ △DAC

(3) 相似な図形の対応する線分の長さの比はすべて等しいから,

　　BA : AD = BC : AC

　　AC = 8 cm, BA = 6 cm, BC = 10 cm より,

　　　6 : AD = 10 : 8

　　　　AD = 4.8

答　4.8 cm

(4) △ABC は，∠BAC = 90° の直角三角形だから，△ABC の面積は，

$$\frac{1}{2} \times 6 \times 8 = 24$$

底辺を BC，高さを AD と考えると，

△ABC の面積は，$\frac{1}{2} \times BC \times AD$ で求められるから，

$$\frac{1}{2} \times 10 \times AD = 24$$
$$5AD = 24$$
$$AD = 4.8$$

よって，(3)の答えと等しい。

答　4.8 cm，(3)の答えと等しい

—— 教科書 P.215 ——

問 12 ▷ 右の図のように，縦 4 cm，横 6 cm の長方形 ABCD の紙を，点 A と点 C が重なるように折りました。辺 AD 上で折った点を E，頂点 D が移った点を D′ とするとき，次の問いに答えなさい。

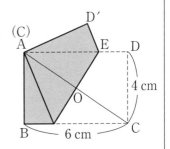

(1) △AOE ∽ △ADC であることを証明しなさい。
(2) △ADC の斜辺 AC の長さを求めなさい。
(3) (1)，(2)を利用して，AE の長さを求めなさい。

ガイド　紙を折る問題では，折る前と折った後で長さの等しい辺や大きさの等しい角があります。また，対応する点 A，C を結ぶ線分 AC は，折り目の直線 EO に垂直です。実際の大きさの紙を使って折ってみると，ヒントが見つかるかもしれません。

答え

(1) △AOE と △ADC において，
仮定から，AC ⊥ EO
すなわち，∠AOE = 90°
したがって，
　∠AOE = ∠ADC = 90°　①
共通な角だから，
　∠EAO = ∠CAD　　　②
①，②より，2 組の角がそれぞれ等しいから，
　△AOE ∽ △ADC

(2) 三平方の定理より，
$$AC^2 = AD^2 + CD^2$$
$$= 4^2 + 6^2 = 52$$
AC > 0 であるから，AC = $2\sqrt{13}$

答　$2\sqrt{13}$ cm

(3) AO = CO = $\sqrt{13}$ cm だから，
$$AO : AD = AE : AC$$
$$\sqrt{13} : 6 = AE : 2\sqrt{13}$$
$$6AE = \sqrt{13} \times 2\sqrt{13}$$
$$6AE = 26$$
$$AE = \frac{13}{3}$$

答　$\frac{13}{3}$ cm

問13 ▷ 問12(教科書 P.215)で，美月さんは△AED′ に着目して AE の長さを求めました。次の問いに答えなさい。

(1) AE = x とするとき，ED′ の長さを x を使って表しなさい。

(2) △AED′ において，三平方の定理を利用して，AE の長さを求めなさい。

答え

(1) 折る前と折った後の長さは等しいので，ED′ = ED = AD − AE
よって，ED′ = 6 − x　　　　　　　　　　　答 $(6 - x)$ cm

(2) ∠D′ = 90° より，$(AD')^2 + (ED')^2 = AE^2$
$$4^2 + (6 - x)^2 = x^2$$
$$16 + 36 - 12x + x^2 = x^2$$
$$-12x = -52 \quad x = \frac{13}{3}$$
答 $\frac{13}{3}$ cm

❷ 空間図形での利用

 右の図のような直方体の箱に，頂点 D から頂点 F まで，面 ABCD を横切るようにひもをかけます。ひもをどのようにかければ，その長さがもっとも短くなるでしょうか。

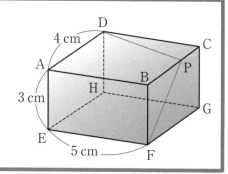

答え

(予想の例)・D → B → F とひもをかける。
・D → BC の中点 → F とひもをかける。
・D → AB の中点 → F とひもをかける。
・D → 辺 AB 上の点で，B から 1 cm の点 → F とひもをかける。

問1 ▷ 左(右)の図は， の直方体の展開図です。で，ひもが直方体の辺と交わる点を P とするとき，次の問いに答えなさい。

(1) 上(右)の図に，点 P が辺 BC 上にあるとき，ひもがもっとも短くなる場合をかき入れなさい。

(2) (1)のひもの長さを求めなさい。

(3) 点 P が辺 AB 上にあるとき，(1)，(2)と同様にして，ひもの長さを求めなさい。また，(2)で求めたひもの長さと比べなさい。

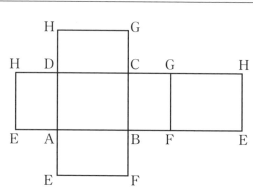

ガイド

(1) 点 D, P, F が一直線上にある
とき, DP + PF はもっとも短
くなります。

(2) △DAF に着目しましょう。

答え

(1) 右の図

(2) △DAF において, 三平方の定
理により,

$$DF^2 = DA^2 + AF^2$$
$$= 4^2 + 8^2 = 80$$

DF ＞ 0 であるから,

$$DF = \sqrt{80} = 4\sqrt{5}$$

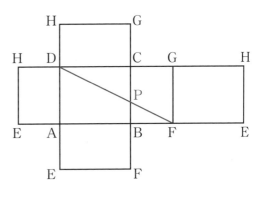

答　$4\sqrt{5}$ cm

(3) 点 P が辺 AB 上にあるとき, 右
の図のようになる。△DEF に
おいて, 三平方の定理により,

$$DF^2 = DE^2 + EF^2$$
$$= 7^2 + 5^2 = 74$$

DF ＞ 0 であるから,

$$DF = \sqrt{74}$$

ここで, $\sqrt{74} < 4\sqrt{5}$

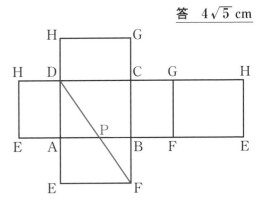

答　$\sqrt{74}$ cm, (2)で求めたひもの長さより短い

教科書 P.216

問 2 底面の半径が 4 cm, 高さが 5 cm の円柱があり, AB
は母線です。図のように点 A からひもをかけて, 点
B まで 1 周させます。このとき, π を 3.14 として,
ひもの最短の長さを小数第一位まで求めなさい。

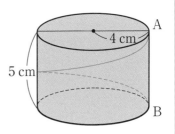

ガイド　ひもをかける部分は円柱の側面にあたります。

答え　右下の図のように, ひもが側面の長方形の対角線 AB′ となるとき最短になる。
BB′ は底面の円の周の長さと等しいので, 8π cm である。

△ABB′ において,

三平方の定理により,

$$(AB')^2 = 5^2 + (8\pi)^2$$
$$= 25 + 64\pi^2$$
$$= 25 + 64 \times (3.14)^2$$
$$= 656.0144$$

AB′ ＞ 0 であるから,

$$AB' = \sqrt{656.0144}$$
$$= 25.61\cdots$$

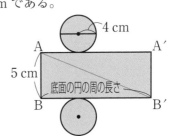

底面の円の周の長さ

答　25.6 cm

◀ 直方体の対角線の長さ ▶

問 3 1辺 5 cm の立方体の対角線の長さを求めなさい。また，1辺 a cm の立方体の対角線の長さを求めなさい。

ガイド 例1(教科書 P.217)と同じように求めてみましょう。

答え

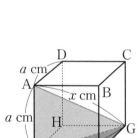

A と G，E と G を結び，AG = x cm，EG = y cm とする。
直角三角形 EFG において，
$$y^2 = 5^2 + 5^2 \qquad ①$$
直角三角形 AEG において，
$$x^2 = y^2 + 5^2 \qquad ②$$
①，②から，
$$x^2 = (5^2 + 5^2) + 5^2 = 75$$
$x > 0$ であるから，$x = \sqrt{75} = 5\sqrt{3}$

次に，右の図のような1辺 a cm の立方体において，A と G，E と G を結び，AG = x cm，EG = y cm とする。
直角三角形 EFG において，
$$y^2 = a^2 + a^2 = 2a^2 \qquad ③$$
直角三角形 AEG において，
$$x^2 = y^2 + a^2 \qquad ④$$

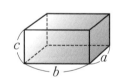

③，④から，
$$x^2 = 2a^2 + a^2 = 3a^2$$
$x > 0$ であるから，$x = \sqrt{3a^2} = \sqrt{3}\,a$

答 $5\sqrt{3}$ cm，$\sqrt{3}\,a$ cm

問 4 縦，横，高さがそれぞれ a，b，c である直方体の対角線の長さは，$\sqrt{a^2 + b^2 + c^2}$ であることを示しなさい。

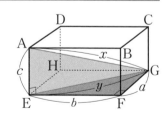

答え

A と G，E と G を結び，AG = x，EG = y とする。
直角三角形 EFG において，
$$y^2 = a^2 + b^2 \qquad ①$$
直角三角形 AEG において，
$$x^2 = y^2 + c^2 \qquad ②$$
①，②から，
$$x^2 = a^2 + b^2 + c^2$$
$x > 0$ であるから，
$$x = \sqrt{a^2 + b^2 + c^2}$$

角錐・円錐の高さ

教科書 P.218

問5 ▷ 例2（教科書 P.218）の正四角錐の体積を求めなさい。

ガイド （四角錐の体積）＝ $\frac{1}{3}$ ×（底面積）×（高さ）で，例2より，高さは $3\sqrt{7}$ cm です。

答え $\frac{1}{3} × 6^2 × 3\sqrt{7} = 36\sqrt{7}$　　　　　　　　答　$36\sqrt{7}$ cm^3

教科書 P.218

問6 ▷ 例2（教科書 P.218）の正四角錐で，辺 AB の中点を M として，OM の長さを求めなさい。また，この正四角錐の表面積を求めなさい。

ガイド △OAM で三平方の定理を使いましょう。また，正四角錐の底面は正方形，側面は合同な二等辺三角形です。

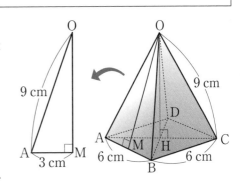

答え M は AB の中点だから，AM = 3 cm
直角三角形 OAM において，
$$OM^2 + 3^2 = 9^2$$
$$OM^2 = 9^2 - 3^2 = 72$$
OM > 0 であるから，OM = $\sqrt{72}$ = $6\sqrt{2}$
△OAB = $\frac{1}{2}$ × 6 × $6\sqrt{2}$ = $18\sqrt{2}$ (cm^2)
したがって，表面積は，
$6^2 + 18\sqrt{2} × 4 = 36 + 72\sqrt{2}$

答　OM = $6\sqrt{2}$ cm，表面積…$(36 + 72\sqrt{2})$ cm^2

教科書 P.218

問7 ▷ 底面の半径が 5 cm，母線の長さが 13 cm の円錐の高さと体積を求めなさい。

ガイド 円錐は，直角三角形をその直角をはさむ辺を軸として，1回転させてできる立体です。

答え 円錐の頂点を O，O から底面に引いた垂線を OH，底面の円周上の1点を A とすると，△OHA は直角三角形である。
直角三角形 OHA において，
$$OH^2 + 5^2 = 13^2$$
$$OH^2 = 13^2 - 5^2$$
$$= 144$$
OH > 0 であるから，OH = 12
体積は，$\frac{1}{3} × (\pi × 5^2) × 12 = 100\pi$

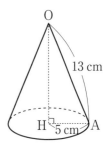

答　高さ…12 cm，体積…100π cm^3

教科書 P.219

 二見浦(ふたみがうら)から富士山が見えたかどうか，どのようにすれば調べられるか考えてみましょう。

ガイド 自由に考えてみましょう。

答え (例)・地球を球として考える。
・地球の半径や富士山の標高をもとに調べる。

教科書 P.219

 地球の半径を 6378 km，富士山の標高を 3.776 km として，富士山が見える範囲を求めてみましょう。

ガイド 右の図で，PT の長さを求めます。

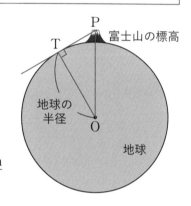

富士山の標高
地球の
半径
地球

答え △PTO で，三平方の定理より，

$$PT^2 = PO^2 - TO^2$$
$$= (3.776 + 6378)^2 - 6378^2$$
$$= 48180.914\cdots$$

PT ＞ 0 であるから，PT = 219.50…

答　約 219.5 km

教科書 P.220

 前ページ(教科書 P.219)の ① で求めた長さをもとに，富士山が見える範囲を右の地図(図は 答え 欄)にかき入れましょう。

答え 100 km が地図上では 1 cm=10 mm なので，富士山を中心として，半径 22 mm の円をかけばよい。(右の図)

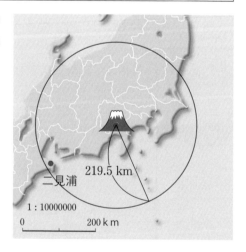

219.5 km

二見浦

1 : 10000000

0　　　　　　200 km

③ 二見浦から富士山までの距離は約 200 km です。前ページ(教科書 P.219)の①，上の②をもとに，二見浦から富士山が見えるかどうか答えましょう。

答え | 200 < 219.5 だから，見える。(地図で円内に入っている。)

 ④ 上(教科書 P.220)の結果を利用して，自分の住んでいる地域の山や建物などが見える範囲を求めてみましょう。

答え | (例)あべのハルカスの高さは 300 m だから，頂上を P とすると，

$$PT = \sqrt{0.3 \times (2 \times 6378 + 0.3)}$$
$$= \sqrt{3826.89}$$
$$= 61.86\cdots$$

答　約 62 km

---

② 三平方の定理の利用

確かめよう

教科書 P.221

1 次の問いに答えなさい。
(1) 1 辺 7 cm の正方形の対角線の長さを求めなさい。
(2) 1 辺 10 cm の正三角形の高さと面積を求めなさい。

ガイド 直角二等辺三角形や，60° の角をもつ直角三角形の，辺の比を使って求めましょう。

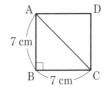

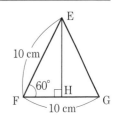

答え
(1) 右の図で，△ABC は直角二等辺三角形だから，AB : AC = 1 : $\sqrt{2}$
   　　　　　　　　7 : AC = 1 : $\sqrt{2}$
   よって，AC = $7\sqrt{2}$　**答　$7\sqrt{2}$ cm**

(2) 右の図で，△EFH は，60° の角をもつ直角三角形だから，
   　　　EF : EH = 2 : $\sqrt{3}$
   　　　10 : EH = 2 : $\sqrt{3}$
   よって，2 EH = $10\sqrt{3}$　　　EH = $5\sqrt{3}$
   面積は，$\frac{1}{2} \times 10 \times 5\sqrt{3} = 25\sqrt{3}$

答　高さ…$5\sqrt{3}$ cm，面積…$25\sqrt{3}$ cm²

2 右の図で，x, y, z の値を求めなさい。

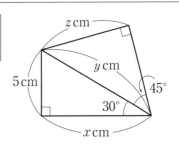

ガイド 3 辺の比が，1 : $\sqrt{3}$: 2 や 1 : 1 : $\sqrt{2}$ の三角形になっています。

答え
$5 : x = 1 : \sqrt{3}$ より，$x = 5\sqrt{3}$
$5 : y = 1 : 2$ より，$y = 10$
$z : 10 = 1 : \sqrt{2}$ より，$\sqrt{2}\,z = 10$　$z = 5\sqrt{2}$

3 半径 6 cm の円 O で，中心からの距離が 3 cm である弦 AB の長さを求めなさい。

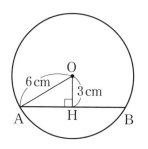

答え

右の図で，$AH^2 = 6^2 - 3^2 = 27$

$AH > 0$ であるから，$AH = 3\sqrt{3}$

$AB = 2AH = 6\sqrt{3}$

　　　　　　　　　答　$6\sqrt{3}$ cm

4 2 点 A$(-3, 2)$，B$(3, 6)$間の距離を求めなさい。

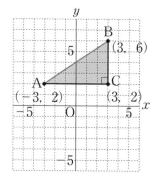

答え

右の図のように点 C$(3, 2)$をとると，

$AC = 3 - (-3) = 6$

$BC = 6 - 2 = 4$

$AB^2 = AC^2 + BC^2 = 6^2 + 4^2 = 52$

$AB > 0$ であるから，$AB = \sqrt{52} = 2\sqrt{13}$

　　　　　　　　　答　$2\sqrt{13}$

5 右の図（図は 欄）の直方体の対角線の長さを求めなさい。

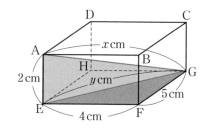

答え

直方体を右の図のように ABCD−EFGH とする。A と G，E と G を結び，$AG = x$ cm，$EG = y$ cm とする。

直角三角形 EFG において，

$y^2 = 4^2 + 5^2$ 　①

直角三角形 AEG において，

$x^2 = y^2 + 2^2$ 　②

①，②より，

$x^2 = (4^2 + 5^2) + 2^2 = 45$

$x > 0$ であるから，$x = \sqrt{45} = 3\sqrt{5}$

　　　　　　　　　答　$3\sqrt{5}$ cm

別解

直方体の対角線の長さを ℓ cm とすると，

$\ell = \sqrt{5^2 + 4^2 + 2^2} = \sqrt{45} = 3\sqrt{5}$（cm）

したがって，対角線の長さは $3\sqrt{5}$ cm

6 底面の半径が 6 cm，母線の長さが 10 cm の円錐の高さと体積を求めなさい。

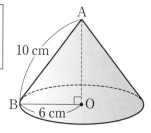

答え

円錐の頂点を A，底面の円周上の 1 点を B とする。

右の図で，$AO^2 = 10^2 - 6^2 = 64$

$AO > 0$ であるから，$AO = 8$ cm

体積は，$\dfrac{1}{3} \times (\pi \times 6^2) \times 8 = 96\pi$（cm³）

　　　　　　　　　答　高さ…8 cm，体積…96π cm³

7章のまとめの問題

基 本

1 右の図の直角三角形 ABC で，2辺が次の長さのとき，残り
の1辺の長さを求めなさい。

(1) $a = 4$, $b = 1$　　　(2) $a = \sqrt{13}$, $c = 5$

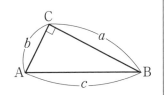

答え

(1) $c^2 = 4^2 + 1^2$
$c^2 = 17$
$c > 0$ であるから，$c = \sqrt{17}$

答　$c = \sqrt{17}$

(2) $(\sqrt{13})^2 + b^2 = 5^2$
$b^2 = 5^2 - (\sqrt{13})^2 = 12$
$b > 0$ であるから，$b = \sqrt{12} = 2\sqrt{3}$

答　$b = 2\sqrt{3}$

2 次の長さを3辺とする三角形は，直角三角形といえますか。

(1) 3 cm, 3 cm, $3\sqrt{2}$ cm　　　(2) $\sqrt{3}$ cm, 2 cm, $\sqrt{6}$ cm

(3) $\sqrt{3}$ cm, $\sqrt{3}$ cm, 3 cm　　　(4) 2 cm, $\sqrt{5}$ cm, 3 cm

答え

(1) $a = 3$, $b = 3$, $c = 3\sqrt{2}$
$a^2 + b^2 = 3^2 + 3^2 = 18$
$c^2 = (3\sqrt{2})^2 = 18$
$a^2 + b^2 = c^2$ が成り立つ。

答　直角三角形といえる

(2) $a = \sqrt{3}$, $b = 2$, $c = \sqrt{6}$
$a^2 + b^2 = (\sqrt{3})^2 + 2^2 = 7$
$c^2 = (\sqrt{6})^2 = 6$
$a^2 + b^2 = c^2$ は成り立たない。

答　直角三角形とはいえない

(3) $a = \sqrt{3}$, $b = \sqrt{3}$, $c = 3$
$a^2 + b^2 = (\sqrt{3})^2 + (\sqrt{3})^2 = 6$
$c^2 = 3^2 = 9$
$a^2 + b^2 = c^2$ は成り立たない。

答　直角三角形とはいえない

(4) $a = 2$, $b = \sqrt{5}$, $c = 3$
$a^2 + b^2 = 2^2 + (\sqrt{5})^2 = 9$
$c^2 = 3^2 = 9$
$a^2 + b^2 = c^2$ が成り立つ。

答　直角三角形といえる

3 3点 A(2, 3)，B(-1, 1)，C(1, -2) があります。線分 AB，BC，CA の長さを求め
なさい。また，△ABC はどんな三角形ですか。

ガイド

右の図のように，点 D(-1, 3)，点 E(-1, -2)，
点 F(2, -2) をとって直角三角形をつくり，それ
ぞれの線分の長さを求めましょう。

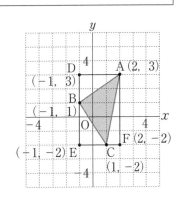

答え

線分AB　AD = 2 - (-1) = 3，BD = 3 - 1 = 2
$AB^2 = 3^2 + 2^2 = 13$，AB > 0 より，**AB = $\sqrt{13}$**

線分BC　BE = 1 - (-2) = 3，CE = 1 - (-1) = 2
$BC^2 = 3^2 + 2^2 = 13$，BC > 0 より，**BC = $\sqrt{13}$**

線分CA　CF = 2 - 1 = 1，AF = 3 - (-2) = 5
$CA^2 = 1^2 + 5^2 = 26$，CA > 0 より，**CA = $\sqrt{26}$**

上の結果から，$CA^2 = AB^2 + BC^2$，AB = BC

したがって，△ABC は，∠B = 90° の直角二等辺三角形である。

4 底面の1辺が6cm, 他の辺が5cmの正四角錐があります。次の問いに答えなさい。
  (1) 高さと体積を求めなさい。
  (2) 表面積を求めなさい。

ガイド

正四角錐を右の図のようにOABCDとし, 底面の対角線 AC, BDの交点をHとすると, OHがこの正四角錐の高さです。教科書P.218 例2と同じようにして, 高さを求めましょう。

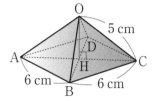

答え

(1) △ABCにおいて, $AB : AC = 1 : \sqrt{2}$
   よって, $AC = 6\sqrt{2}$ (cm)
   対角線 AC, BDの交点をHとすると,
   $$CH = \frac{1}{2}AC = 3\sqrt{2} \text{ (cm)}$$
   また, 直角三角形OCHにおいて,
   $$OH^2 = OC^2 - CH^2 = 5^2 - (3\sqrt{2})^2 = 7$$
   $OH > 0$ であるから, $OH = \sqrt{7}$
   体積は, $\frac{1}{3} \times 6^2 \times \sqrt{7} = 12\sqrt{7}$

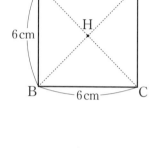

  答 高さ…$\sqrt{7}$ cm, 体積…$12\sqrt{7}$ cm³

(2) 辺ABの中点をMとすると,
   △OAMは $\angle OMA = 90°$ の直角三角形である。
   直角三角形OAMにおいて,
   $$OM^2 = OA^2 - AM^2 = 5^2 - 3^2 = 16$$
   $OM > 0$ であるから, $OM = 4$ (cm)
   したがって, $\triangle OAB = \frac{1}{2} \times 6 \times 4 = 12$ (cm²)
   表面積は, $6^2 + 12 \times 4 = 84$

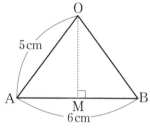

  答 84 cm²

---

5 下の図(図は **答え** 欄)は, $OA = 1$ として, 数直線上に, $OB = \sqrt{2}$, $OC = \sqrt{3}$, …の長さをとる方法を示しています。次の問いに答えなさい。
  (1) 点B, Cの求め方を説明しなさい。
  (2) 線分ODの長さを求めなさい。
  (3) この方法で, 次の数直線上(図は **答え** 欄)に $\sqrt{5}$, $\sqrt{6}$, $\sqrt{7}$ の長さをとりなさい。

ガイド

数直線との距離が1の平行線を引き, その直線上に点をとって, 直角三角形を作図し, 斜辺の長さを使います。

答え

(1) **点B**
   直角三角形OAA′をかき, 斜辺OA′と等しい長さで, 数直線上にOBをとる。
   点C
   直角三角形OBB′をかき, 斜辺OB′と等しい長さで, 数直線上にOCをとる。

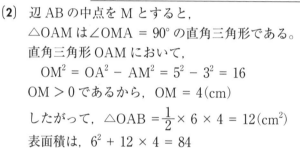

222

教科書 P.222

(2) 直角三角形 OCC′ において，
$$OC = \sqrt{3}, \quad CC' = 1$$
よって，$OC'^2 = (\sqrt{3})^2 + 1^2 = 4$
　$OC' > 0$ であるから，$OC' = 2$
$OD = OC'$ より，$OD = 2$　　　　　　答　2

(3) これまでと同じように，直
角三角形を作図し，斜辺と同
じ長さを，数直線上にとって
いく。
右の図

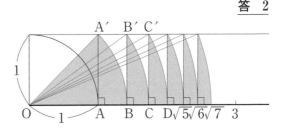

応用

1 右の図（図は 答え 欄）のように，1組の三角定規を重ね合わせるとき，重なり合う部分
の面積を求めなさい。ただし，$AB = BD = 12\,cm$ とします。

ガイド △ABC は直角二等辺三角形，重なり合う部分は $60°$ の角をもつ直角三角形です。

答え AC と BE の交点を F とする。
△ABC において，$AB : BC = \sqrt{2} : 1$
よって，$BC = \dfrac{12}{\sqrt{2}} = 6\sqrt{2}$（cm）
△FBC において，$FC : BC = 1 : \sqrt{3}$
よって，$FC = \dfrac{6\sqrt{2}}{\sqrt{3}} = 2\sqrt{6}$（cm）
△FBC の面積は，
$$\frac{1}{2} \times 6\sqrt{2} \times 2\sqrt{6} = 6\sqrt{12} = 12\sqrt{3} \text{（cm}^2)$$

答　$12\sqrt{3}\ cm^2$

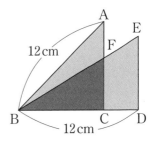

2 右の図（図は 答え 欄）のように，直角三角形 ABC の頂点 B が頂点 A に重なるように
折りました。このとき，CD の長さを求めなさい。

ガイド 折り返したので，$BD = AD$ となります。$CD = x\,cm$ として，△ADC で三平方
の定理を使いましょう。

答え 折り方から，$AD = BD$
$CD = x\,cm$ とすると，$BD = (4 - x)\,cm$
したがって，$AD = (4 - x)\,cm$
直角三角形 ADC において，
$$x^2 + 3^2 = (4 - x)^2$$
$$x^2 + 9 = x^2 - 8x + 16$$
$$8x = 7$$
$$x = \frac{7}{8}$$

答　$\dfrac{7}{8}\ cm$

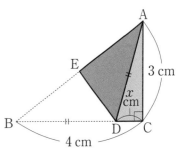

3　右の地図上の2点A，B間には，ロープウェイを運行する
ためのロープが一直線にかけられています。このロープの
長さを求めなさい。

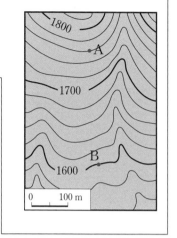

ガイド　右の地図の等高線は，20 m ごとに引かれているの
で，A地点とB地点の標高の差は，160 m になり
ます。
また，A地点とB地点の水平距離は，教科書の図
をものさしで測り，縮尺から求めましょう。

答え　地図上の線分 AB の長さは3 cm なので，A地点
とB地点の水平距離は 300 m
また，地図上の等高線より，A地点とB地
点の標高差は 160 m
右の図のような直角三角形 ABH において，
　　$AB^2 = 300^2 + 160^2 = 115600$
AB＞0 であるから，
　　$AB = \sqrt{115600} = 340$(m)　　**答　340 m**

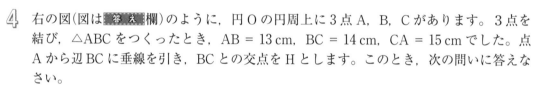

4　右の図(図は 答え 欄)のように，円 O の円周上に3点 A，B，C があります。3点を
結び，△ABC をつくったとき，AB = 13 cm，BC = 14 cm，CA = 15 cm でした。点
A から辺 BC に垂線を引き，BC との交点を H とします。このとき，次の問いに答えな
さい。
(1)　AH の長さを求めなさい。
(2)　点 A を通る直径 AD を引くとき，△ABH ∽△ADC であることを証明しなさい。
(3)　円 O の半径を求めなさい。

ガイド　△ABH と△ACH について，それぞれ三平方の定理を使って等式を作り，AH の
長さを求めます。円周角の定理や，AD が円 O の中心を通っていることを用いて，
三角形の相似を証明します。

答え　(1)　BH = x cm とすると，CH = $(14 - x)$ cm
　　△ABH において，
　　　$AH^2 = 13^2 - x^2$　　　①
　　△ACH において，
　　　$AH^2 = 15^2 - (14 - x)^2$　②
　　①，②から，$13^2 - x^2 = 15^2 - (14 - x)^2$
　　整理すると，　　$28x = 140$
　　　　　　　　　　　$x = 5$
　　①に $x = 5$ を代入すると，
　　　$AH^2 = 13^2 - 5^2 = 144$
　　AH＞0 であるから，AH = 12 cm

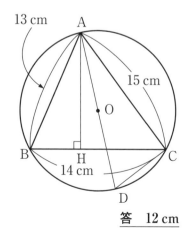

答　12 cm

(2) △ABH と △ADC において,

　　仮定から,　　∠AHB = 90°

　　半円の弧に対する円周角は 90° だから,

　　　　　　　　∠ACD = 90°

　　したがって, ∠AHB = ∠ACD　　①

　　$\widehat{AC}$ に対する円周角は等しいから,

　　　　　　　　∠ABH = ∠ADC　　②

　　①, ②より, 2組の角がそれぞれ等しいから,

　　　　　　　　△ABH ∽ △ADC

(3) 相似な図形では, 対応する線分の長さの比は等しいから,

　　AB : AD = AH : AC

　　　13 : AD = 12 : 15

$$AD = \frac{13 \times 15}{12} = \frac{65}{4}\,(cm) \quad AO = \frac{1}{2} \times AD = \frac{65}{8}\,(cm)$$

　　　　　　　　　　　　　　　　　答　$\dfrac{65}{8}$ cm

活用

1 地面から軒下（のきした）までの長さ a, b を求めるのに, 次の①, ②のように, ㋐, ㋑, ㋒の長さを測定して求める 2つの方法があります。それぞれどのように長さを求めればよいか説明しなさい。

①

②

ガイド

① △ABC において, 三平方の定理より,

　　$AB^2 = AC^2 - BC^2$

　であることに注目します。

② △ADE において, 三平方の定理より,

　　$AD^2 = AE^2 - DE^2$

　であることと, △BDE において,

　三平方の定理より,

　　$BD^2 = BE^2 - DE^2$

　であることに注目します。

答え

① ㋐, ㋑の長さを測定し, 三平方の定理を使って, $a = \sqrt{AC^2 - CB^2}$ として求める。

② ㋐, ㋑, ㋒の長さを測定し, 三平方の定理を使って,
$b = \sqrt{AE^2 - ED^2} + \sqrt{EB^2 - ED^2}$ として求める。

2 1について，次の長さを小数第一位まで求めなさい。
(1) ①の方法で，㋐が8m，㋑が4mのときのaの長さ。
(2) ②の方法で，㋐が6.9m，㋑が4m，㋒が4.2mのときのbの長さ。

答え

(1) $a = \sqrt{8^2 - 4^2}$
$= \sqrt{48} = 4\sqrt{3} = 6.928\cdots$

答　約6.9m

(2) $b = \sqrt{6.9^2 - 4^2} + \sqrt{4.2^2 - 4^2}$
$= \sqrt{47.61 - 16} + \sqrt{17.64 - 16}$
$= \sqrt{31.61} + \sqrt{1.64} = 6.902\cdots$

答　約6.9m

3 2階の窓枠（まどわく）の下の部分から軒下までの長さcは，右の図（図は 答え 欄）のように，㋐，㋑，㋒の長さを測定して求めます。どのように長さを求めればよいか説明しなさい。また，㋐が6.5m，㋑が5.3m，㋒が4.9mのときのcの長さを小数第一位まで求めなさい。

ガイド

△ADEにおいて，三平方の定理より，
$AD^2 = AE^2 - ED^2$
であることと，△GDEにおいて三平方の定理より，
$GD^2 = GE^2 - ED^2$
であることに注目します。

答え

㋐，㋑，㋒の長さを測定し，三平方の定理を使って，$c = \sqrt{AE^2 - ED^2} + \sqrt{GE^2 - ED^2}$
として求める。
AE = 6.5，GE = 5.3，ED = 4.9 を代入すると，
$c = \sqrt{6.5^2 - 4.9^2} - \sqrt{5.3^2 - 4.9^2}$
$= \sqrt{18.24} - \sqrt{4.08}$
$= 2.250\cdots$

答　約2.3m

釣瓶岳から富士山が撮影できた？

教科書 P.226

1 遠くを見るとき光の屈折（くっせつ）によって実際には約6%遠くまで見渡（みわた）すことができます。光の屈折を考えて（教科書）220ページで求めた富士山が見える範囲を求めてみましょう。

答え

教科書220ページで求めた富士山が見える範囲は約219.5kmだから，光の屈折を考えると，
$219.5 \times 1.06 = 232.67$（km）

答　約232.7kmの範囲

2 右の図（図は【答え】欄）で，PR を 257 km，PT を 219 km，TO を 6378 km としたとき，釣瓶岳（つるべだけ）の位置で標高が何 m あれば富士山を見ることができるか求めてみましょう。

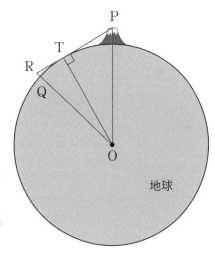

地球

答え

TR = PR − PT

$\quad$ = 257 − 219 = 38（km）

よって，三平方の定理より，

RO² = TO² + TR²

$\quad$ = 6378² + 38² = 40680328

RO > 0 であるから，

$\quad$ RO = $\sqrt{40680328}$ = 6378.1132…

よって，QR = RO − QO = 0.1132…

したがって，標高が約 113 m あれば富士山を見ることができる。

答　約 113 m

8章 標本調査

 次の①～⑤の調査は，テレビや新聞で報道されたり，よく目にしたりする調査です。これらの調査は，どのように行われているのか，それぞれ予想してみましょう。

① 学校で行う新体力テスト
② 川の水質調査
③ 飛行機に乗るときの手荷物検査
④ 世論調査
⑤ テレビ番組の視聴率調査

ガイド それぞれインターネットなどを活用して，調べてみましょう。

答え (例)① 各学校の児童，生徒全員に対して調査する。
② 川の水の一部を採水して調査する。
③ 乗客全員の手荷物すべてについて検査する。
④ いくつかの世帯を選んで調査する。
⑤ いくつかの世帯を選んで調査する。

 視聴率調査は，どのような調査をするとよいでしょうか。そのように考えた理由を説明しましょう。

答え 住んでいる地域や家族構成，家族の職業などがかたよらないよう，いくつかの世帯を選んで調査する。

(理由の例)
・すべての世帯を調べると，時間や労力がかかりすぎるから。
・同じような世帯ばかり選ぶと，正しい調査結果が出ない場合があるから。

[1] 標本調査

教科書のまとめ テスト前にチェック✅

☑◎ 全数調査と標本調査

対象となる集団のすべてのものについて行う調査を**全数調査**という。これに対して，対象となる集団の中から一部を取り出して調べ，もとの集団全体の傾向を推測する調査を**標本調査**という。

☑◎ 標本の抽出

標本調査を行うとき，調査する対象となるもとの集団を**母集団**といい，母集団から取り出した一部分を**標本**または**サンプル**という。

母集団から標本を取り出すことを標本の**抽出**といい，標本から母集団の性質を推測することを**推定**という。

標本調査の1つに，標本が母集団の性質をよく表すように，かたよりなく抽出する**無作為抽出**という方法がある。標本を無作為抽出することにより，その標本は母集団から等しい確率で取り出されたものと考えることができる。

☑◎ 無作為抽出の方法

・**くじ引き**を用いる方法
・**乱数表**を用いる方法
・**乱数さい**を用いる方法
・**コンピュータ**を用いる方法

乱数とは，0～9までが等しい確率で不規則に出てくる数字の並びで，それを表にまとめたものが乱数表である。

☑◎ 標本平均と母平均

標本の平均値を**標本平均**という。また，母集団の平均値を**母平均**という。

標本の大きさが大きいほど，標本平均は母平均に近い値をとることが多くなる。

☑◎ 標本調査の利用

標本調査によって母集団の性質を推定することは，世論調査やテレビの視聴率調査以外にもある。身近なところでは，袋の中にある碁石の黒石や白石の個数の推定や，池に生息する魚の数の推定などに利用することができる。

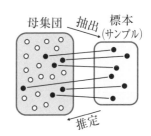

母集団　抽出　標本(サンプル)

推定

34 53 05 23 97	41 29 07 38 92
81 22 93 62 08	34 74 91 44 97
52 42 19 72 84	86 66 65 76 88
07 76 32 35 60	93 53 40 36 47
54 82 49 34 56	00 28 52 27 26

乱数表の一部

乱数さい

覚 標本の大きさを a，その中である性質をもったものの数を x，母集団の大きさを b，母集団の中である性質をもったものの数を y とすると，

$$a : x = b : y$$

という比例式を使って y を求めることができる。

❶ 全数調査と標本調査

QUESTION Q 新聞に，国勢調査やテレビ番組の視聴率調査について掲載（けいさい）されていました。これらの調査は，どのように行われているのか調べてみましょう。

ガイド

インターネットで「国勢調査方法」「テレビ視聴率調査方法」などと入力して検索してみましょう。

答え

(例)
国勢調査は，日本に住むすべての人・世帯を対象として5年に一度行われる。調査方法は，インターネット回答と紙の調査票での回答のいずれかを選ぶことができる。

一方，テレビ番組の視聴率調査は，テレビを所有する世帯のごく一部を調査することで，全体の視聴率を推（お）し測っている。調査方法は，世帯視聴率の調査の場合，調査対象の世帯に「チャンネルセンサー」や「オンラインメータ」と呼ばれる機材を置いて計測，オンラインで集計する。調査対象世帯を選ぶときは，国勢調査にもとづいて地区ごとの人口，世帯数をわり出して，その中から調査世帯を年齢などを考慮し，かたよりなく選んでいる。

問 1 次の調査では，全数調査と標本調査のどちらが適していると考えられますか。また，そう判断した理由も説明しなさい。
(1) 学校で行う新体力テスト　　(2) 川の水質調査
(3) 飛行機に乗るときの手荷物検査　　(4) 世論調査

ガイド

対象となる集団のすべてのものについて行う調査を全数調査，対象となる集団の一部を取り出して行う調査を標本調査といいます。
全数調査ができない場合や，全数調査を行うと時間や労力がかかりすぎる場合などには，標本調査を行います。

答え

(1) **全数調査**
　　(理由の例) 個々の生徒の体力を知るためのテストなので，全員の調査が必要である。
(2) **標本調査**
　　(理由の例) 川の水すべてを調査できない。
(3) **全数調査**
　　(理由の例) 危険物の有無を確かめ，飛行機の運行の安全を図るためには，全部の荷物を調べる必要がある。
(4) **標本調査**
　　(理由の例) 全数調査を行うには，時間と経費がかかりすぎる。

(参考)
- 全数調査が行われるもの…国勢調査，学校の学力テスト，健康診断など
- 標本調査が行われるもの…テレビの視聴率調査，電球などの寿命検査，新聞社などが行う政党支持率の調査，収穫された米の等級検査など

❷ 標本調査による推定

標本の抽出

教科書 P.231

美月さんは，自分の中学校の 3 年生 90 人の睡眠時間の平均値が何時間くらいか調べるために，10 人の生徒から聞きとりを行おうと考えています。このとき，どの生徒も等しい確率で選ぶには，どんな選び方をすればよいでしょうか。

ガイド 標本調査は母集団の性質を推定することが目的なので，標本が母集団の性質をよく表すように，かたよりなく標本を抽出する必要があります。

答え (例)くじ引き

教科書 P.231

問 1 Q で，母集団をいいなさい。また，標本をいいなさい。

ガイド 調査する対象となるもとの集団を母集団，母集団から取り出した一部分を標本といいます。

答え 母集団…3 年生 90 人，標本…選ばれた 10 人の生徒

標本平均と母平均

教科書 P.233

問 2

箱の中に 50 個のみかんが入っています。次の表は，箱の中のすべてのみかんに番号をつけ，それぞれの重さを調べたものです。この表から，10 個のみかんを標本として無作為抽出し，それらの重さの平均値を求めなさい。

みかん 50 個の重さ　　　　　　　　　　(単位：g)

番号	重さ	番号	重さ	番号	重さ	番号	重さ	番号	重さ
1	123	11	115	21	116	31	113	41	101
2	113	12	120	22	113	32	108	42	117
3	102	13	123	23	105	33	112	43	125
4	98	14	108	24	115	34	109	44	114
5	109	15	102	25	106	35	114	45	96
6	118	16	111	26	105	36	118	46	115
7	108	17	116	27	120	37	99	47	115
8	100	18	110	28	118	38	107	48	102
9	104	19	119	29	105	39	108	49	111
10	124	20	117	30	122	40	103	50	98

(例)1～50 の範囲でコンピュータを用いた方法で整数値の乱数を発生させると，
3, 7, 12, 27, 28, 32, 35, 44, 45, 49 となった。
この番号の資料の重さの平均は，

$$(102 + 108 + 120 + 120 + 118 + 108 + 114 + 114 + 96 + 111) \div 10$$
$$= 1111 \div 10 = 111.1$$

答 111.1 g

教科書 P.233

問 3 問2の表から，みかん 50 個の重さの母平均を求めなさい。また，母平均と，問2
で求めた標本平均との差を求めなさい。

50 個のみかんの重さを合計すると 5550 g だから，その平均値は，

$$5550 \div 50 = 111$$　**答　母平均…111 g，（例）問 2 で求めた標本平均との差…0.1 g**

標本の大きさ

教科書 P.234

問 4 次のデータ A は，18 人の生徒が前ページ（教科書 P.233）の問 2 の表から，それぞ
れ 10 個のみかんを標本として無作為抽出して求めた標本平均です。また，データ B は，
18 人の生徒がそれぞれ 20 個のみかんを標本として無作為抽出して求めた標本平均
です。次の問いに答えなさい。

A　　　　　　　　　　　　　　　　　　　　　　　　　　　　　　　（単位：g）

| 111.2 | 108.4 | 113.2 | 110.5 | 109.8 | 114.9 | 109.5 | 111.5 | 112.4 |
| 106.2 | 109.4 | 112.2 | 113.1 | 111.2 | 108.1 | 110.1 | 110.9 | 108.6 |

B　　　　　　　　　　　　　　　　　　　　　　　　　　　　　　　（単位：g）

| 111.8 | 112.5 | 110.6 | 108.9 | 110.0 | 109.7 | 111.2 | 112.9 | 109.3 |
| 111.4 | 111.8 | 109.5 | 112.8 | 110.2 | 110.9 | 112.2 | 111.9 | 111.5 |

(1) A と B について，小さい順に並べかえて，四分位数を求めなさい。
(2) A と B について，次の図（図は **答 え** 欄）に箱ひげ図をかきなさい。
(3) A と B の標本平均の分布について，気づいたことをいいなさい。

ガイド (1) あるデータを小さい順に並べたとき，そのデータを 4 等分したときの 3 つ
の区切りの値を小さい方から順に，第 1 四分位数，第 2 四分位数（中央値），
第 3 四分位数といい，これらをまとめて四分位数といいます。

(1) A を小さい順に並べかえると，

106.2　108.1　108.4　108.6　109.4　109.5　109.8　110.1　110.5
110.9　111.2　111.2　111.5　112.2　112.4　113.1　113.2　114.9

よって，第 1 四分位数は 109.4 g，第 2 四分位数は$\dfrac{110.5 + 110.9}{2} = 110.7$（g），
第 3 四分位数は，112.2 g

B を小さい順に並べかえると，

108.9　109.3　109.5　109.7　110.0　110.2　110.6　110.9　111.2
111.4　111.5　111.8　111.8　111.9　112.2　112.5　112.8　112.9

よって，第 1 四分位数は 110.0 g，第 2 四分位数は$\dfrac{111.2 + 111.4}{2} = 111.3$（g），
第 3 四分位数は，111.9 g

A：第 1 四分位数…109.4 g，第 2 四分位数…110.7 g，第 3 四分位数…112.2 g
B：第 1 四分位数…110.0 g，第 2 四分位数…111.3 g，第 3 四分位数…111.9 g

(2)
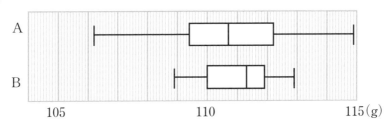

(3) （例）標本の大きさが大きい B の方が分布の散らばりが小さく，母平均 111 g
の近くにより多く分布している。

❸ 標本調査の利用

教科書 P.236

ある湖にいる魚の総数を調べようと思います。湖にいる魚の総数を推定するには，ど
うすればよいか話し合ってみましょう。

ガイド｜標本調査を利用することを考えましょう。

教科書 P.236

①
袋の中にいくつか碁石が入っています。碁石の総数を推定するために，次の手順で実
験を行いました。この実験で碁石の総数を推定できる理由を説明しましょう。
①　袋の中から 30 個の碁石を取り出し，取り出した碁石に印をつける。
②　印をつけた碁石を袋の中にもどして，よく混ぜる。
③　袋の中を見ないで碁石を 40 個取り出したところ，7 個の碁石に印がついていた。

答 え｜（例）②で碁石をよく混ぜることにより，袋の中の印がついた碁石と印がついて
いない碁石が均等に散らばる。そのため，③で取り出した 40 個の標本でも，
印がついた碁石と印のついていない碁石が，袋の中とほぼ同じ割合になっ
ていると考えられるから。

教科書 P.237

②
袋の中の碁石の総数を x 個として比例式をつくり，碁石の総数を推定しましょう。
また，実際の碁石の総数 180 個と比べて，気づいたことを話し合いましょう。

ガイド｜袋の中の碁石は母集団，③で取り出した碁石は標本です。母集団と標本において，
次の比例式が成り立ちます。
　　（袋の中の碁石の総数）：（①で印をつけた碁石の数）
　　＝（③で取り出した碁石の数）：（③で印がついていた碁石の数）

答 え｜袋の中の碁石の総数を x 個とすると，$x : 30 = 40 : 7$ より，$x = 171.4…$
よって，約 171 個。180 − 171 = 9（個） より，誤差は 9 個で実際の総数に近い。
　　　　　　　　　　　　　答　約 171 個，（例）誤差はあるが実際の総数に近い

3 前ページ(教科書 P.236)の の湖で，50匹の魚を捕まえ印をつけて湖にもどしました。印をつけてもどした魚が湖全体に散らばったと考え，数日後に，210匹の魚を捕まえて調べたところ，そのうちの28匹に印がついていました。湖に魚は約何匹いると推定できるでしょうか。

ガイド ②のガイドにある比例式を使ってみましょう。

答え 魚の総数を x 匹とすると，$x:50 = 210:28$ より，
$28x = 50 \times 210$　　$x = 375$

答　約380匹

問1 袋の中に，白と黒の碁石が300個入っています。その袋から碁石を50個取り出したところ，白石が22個でした。この袋の中の黒石の個数を推定しなさい。

答え 黒い碁石の個数を x 個とすると，$x:300 = (50 - 22):50$ より，
$50x = 300 \times 28$　　$x = 168$

答　約170個

問2 英和辞典の見出し語の総数を，標本調査を利用して調べなさい。
(1) 英和辞典の見出し語の総数を推定するには，どうすればよいですか。推定する手順を説明しなさい。
(2) (1)で考えた手順で，見出し語の総数を推定しなさい。
(3) 英和辞典のまえがきなどに記載されている見出し語の実際の総数と，(2)で推定した値を比べなさい。

ガイド (2) 次のような比例式で求めてみましょう。
(総ページ数):(標本とするページ数)
= (見出し語の総数):(標本中の見出し語の個数)

答え (1) (例) 英和辞典の A 〜 Z までのページから，10ページ分を標本として無作為抽出し，見出し語の個数を調べ，それをもとに見出し語の総数を推定する。
(2) (例) 総ページ数が1483ページ，標本中の見出し語の個数が297個だった場合，見出し語の総数を x 個とすると，$1483:10 = x:297$ より，
$x = 44045.1$

答　約44000個

(3) (例) 見出し語の実際の総数が，約43000個だった場合，
$43000 - 44000 = - 1000$
よって，誤差は約1000個。

別解 (2) 次のような比例式をつくって x の値を求めてもよい。
$1483:x = 10:297$ より，$x = 44045.1$

答　約44000個

234

確かめよう

1 次の調査では，全数調査と標本調査のどちらが適していると考えられますか。また，そう判断した理由も説明しなさい。

(1) メーカーが行う缶詰の品質調査

(2) 造幣局が行う貨幣の仕上りぐあいの調査

(3) 梨の果汁の糖度の検査

答え

(1) **標本調査**

(**理由の例**)すべての缶詰を開けて調査すると，販売用の商品がなくなってしまう。

(2) **全数調査**

(**理由の例**)貨幣は社会にとって重要なものであり，不良品が流通すると社会が混乱する。

(3) **標本調査**

(**理由の例**)すべての果汁を検査するには，費用や時間がかかりすぎる。

2 ある町では，20歳以上の町民1200人の中から100人を無作為抽出して，暮らしやすさについての調査を行いました。この調査の母集団，標本をそれぞれ答えなさい。

ガイド 標本調査を行うとき，調査する対象となるもとの集団を母集団といい，母集団から取り出した一部分を標本といいます。

答え **母集団…20歳以上の町民1200人**

標本…選ばれた100人の町民

3 1番から30番までの30人の生徒がいます。乱数表または乱数さいを使って，5人の生徒を標本として抽出しなさい。

ガイド 教科書P.242の乱数表と乱数表の使い方，または教科書P.232の乱数さいによる方法にしたがってやってみましょう。

答え
```
33 31 14 54 84  82 11 69 95 34  88 57 33 42 05
49 69 26 35 39  03 95 76 92 17  13 20 12 48 70
98 54 74 08 20  43 01 08 65 94  79 96 50 55 91
63 38 04 83 91  82 64 92 18 20  28 00 84 32 67
28 62 16 17 40  42 54 37 80 36  73 59 37 18 04
```

(**例**) 上の乱数表で4行目，8列目の3から右へ2桁ずつ整数を取っていく。

~~39,~~ 18, 26, ~~49,~~ 21, ~~82,~~ 02, ~~80,~~ 08

30より大きい数を除き，18，26，21，2，8番の5人を抽出すればよい。

235

4 ある養鶏場の200個の卵の重さの平均値を推定するために，10人の生徒が，それぞれ20個の卵を標本として無作為抽出し，標本平均を求めました。次(右)のデータは，それらの標本平均を小さい順に並べかえたものです。

(単位：g)

59.6	60.4	60.8	61.5	61.9
62.2	62.3	62.6	63.4	64.0

このデータについて，次の㋐～㋓のうち，正しいと考えられるものをすべて選びなさい。

㋐ 母平均は，59 g以上64 g以下と推定できる。

㋑ 標本平均の中に，母平均とぴったり一致するものがある。

㋒ 母平均は，62 gに近い値と推定できる。

㋓ 標本の大きさを40個にすれば，標本平均の信頼性が増す。

[ガイド] 10個の標本平均の平均値は61.87 gで，中央値は62.05 gです。

[答え] ㋐，㋒，㋓

8章のまとめの問題

教科書 P.239～240

[基本]

1 インターネットのあるサイトを利用して，1000人に対して好きなスポーツ選手を調査し，その結果をもとに，日本国内で人気のあるスポーツ選手のベスト10を推定しました。この方法は適切といえますか。また，そう判断した理由も説明しなさい。

[答え] **適切であるとはいえない。**

(理由)**(例)** インターネットのあるサイトを利用した調査であり，サイトにアクセスする人の男女比や年齢層などの分布が，日本国民の分布と同じであるとはいえないため。

2 次の表は，ある中学校の3年生の男子40人の50 m走の記録です。この表から，10人の生徒を標本として無作為抽出して標本平均を求め，母平均を推定しなさい。また，実際の母平均を求め，推定した値と比べなさい。

50m走の記録

(単位：秒)

番号	記録	番号	記録	番号	記録	番号	記録
1	7.7	11	7.6	21	7.9	31	8.1
2	7.8	12	7.8	22	6.9	32	7.4
3	6.8	13	8.0	23	7.1	33	7.4
4	7.2	14	7.1	24	8.8	34	9.2
5	7.9	15	7.3	25	6.7	35	8.0
6	8.2	16	8.6	26	8.4	36	7.2
7	7.8	17	9.0	27	7.0	37	7.6
8	8.5	18	6.8	28	7.3	38	7.8
9	7.5	19	7.5	29	7.4	39	8.3
10	7.5	20	7.7	30	8.3	40	7.5

答え

(例)　コンピュータで 1 ～ 40 の乱数を発生させると，
　　　24，8，35，10，17，25，28，31，1，12 であった。
　　　対応する記録の平均値は，
　　　　$(8.8 + 8.5 + 8.0 + 7.5 + 9.0 + 6.7 + 7.3 + 8.1 + 7.7 + 7.8) ÷ 10$
　　　$= 79.4 ÷ 10$
　　　$= 7.94$　　　　　　　　　　　　　　　　**答　標本平均（例）…約 7.9 秒**
　　　実際の母平均を求めると，
　　　　$308.6 ÷ 40 = 7.715$
　　　　　　　　　　　　　　　　　　　　　　答　母平均…約 7.7 秒
　　　標本平均は母平均に近いと考えられる。

応用

1　びんに大豆がたくさん入っています。この大豆の総数を推定
　するための実験の計画を立てます。どうすればよいでしょう
　か。手順を説明しなさい。

ガイド　教科書 P.236 を参考にして考えてみましょう。

答え

(例)
　❶　びんの中から適当な数の大豆を取り出し，色をつけてからびんにもどす。
　❷　びんの中の大豆をよく混ぜてから，再度適当な数の大豆を取り出し，その
　　　中にある色のついた大豆の数を数える。
　❸　❶と❷から，大豆の総数を推定する。

2　ある工場で製造された製品から，84 個を無作為抽出したところ，不良品が 2 個ありま
　した。10000 個の製品を製造したとき，不良品は約何個発生すると推定できますか。

ガイド　教科書 P.237 の問 1 と同じように考えましょう。

答え

不良品は，無作為抽出した 84 個のうちの 2 個なので，その割合は
　　$\dfrac{2}{84} = \dfrac{1}{42}$
10000 個の製品でも，その割合は同じだと考えると，その中の不良品の数は，
　　$10000 \times \dfrac{1}{42} = 238.09\cdots$　　　　　　　　**答　約 238 個（約 240 個）**

別解　不良品の総数を x 個として比例式をつくると，
　　　$10000 : x = 84 : 2$
これを解くと，$x = 238.09\cdots$　　　　　　　　　　　　**答　約 238 個**

1　健太さんの家では，みかんを栽培しています。次の度数分布表は，収穫したみかんの中から500個を無作為抽出し，そのサイズと重さを調べた結果をまとめたものです。下の問いに答えなさい。

みかんのサイズ	階級(cm)	度数(個)	1個の重さの平均(g)
	以上　　未満		
Sサイズ	5.5〜 6.1	98	76
Mサイズ	6.1〜 6.7	204	96
Lサイズ	6.7〜 7.3	146	124
2Lサイズ	7.3〜 8.0	52	162
計		500	

(1)　上の表から，収穫したみかん1個の重さを推定しなさい。

(2)　各階級の相対度数を求め，次の表(表は 答え 欄)を完成させなさい。ただし，相対度数は四捨五入して小数第二位まで求めなさい。

(3)　2Lサイズのみかん5kg入りの箱の中には，約何個のみかんが入っていますか。

(4)　健太さんの家で収穫したみかん全体の重さは，約21400kgでした。2Lサイズのみかん5kg入り600箱の注文があったとき，健太さんの家では，この注文を受けることができますか。また，そう考えた理由を説明しなさい。

ガイド

(2)　ある階級の相対度数は，(その階級の度数)÷(総度数)で求めることができます。

(3)　5kg入りの箱の中に入っているみかんの個数は，5000÷(みかん1個の重さの平均)で求めることができます。

(4)　収穫したみかん全体の重さから，みかんの個数の合計を求め，その中に2Lサイズのみかんが何個あるかわかれば，5kg入りの箱が600箱できるかどうかわかります。

答 え

(1)　Sサイズの重さの合計…$76 \times 98 = 7448$(g)
　　Mサイズの重さの合計…$96 \times 204 = 19584$(g)
　　Lサイズの重さの合計…$124 \times 146 = 18104$(g)
　　2Lサイズの重さの合計…$162 \times 52 = 8424$(g)
　　みかん1個の重さは，
　　$(7448 + 19584 + 18104 + 8424) \div 500 = 107.12$　　　　**答　約107g**

(2)　$98 \div 500 = 0.196$
　　$204 \div 500 = 0.408$
　　$146 \div 500 = 0.292$
　　$52 \div 500 = 0.104$
　　右の表

みかんのサイズ	階級(cm)	相対度数
	以上　　未満	
Sサイズ	5.5〜 6.1	0.20
Mサイズ	6.1〜 6.7	0.41
Lサイズ	6.7〜 7.3	0.29
2Lサイズ	7.3〜 8.0	0.10
計		1.00

(3)　2Lサイズのみかん1個の平均の重さは162gなので，5kg入りの箱に入っている個数は，
　　$5000 \div 162 = 30.86\cdots$　　　　**答　約31個**

(4) **注文を受けることができる**

(理由)収穫したみかん全体の重さが 21400 kg = 21400000 g で，みかん 1 個の
平均の重さが 107 g なので，収穫したおよそのみかんの個数は，
21400000 ÷ 107 = 200000 より，約 200000 個。
2 L サイズのみかんの個数の相対度数は 0.10 なので，2 L サイズのみ
かんの個数は，200000 × 0.10 = 20000 より，約 20000 個。
5 kg 入りの箱には，2 L サイズのみかんが約 31 個入ることから，
5 kg 入りの箱の個数は，20000 ÷ 31 = 645.16 より，約 645 箱。
これより，600 箱以上できることがわかる。

 **はずれた予想**

教科書 P.244

1 『リテラリィ・ダイジェスト』誌の予想がはずれた原因を考えてみましょう。

2 現在，統計調査や世論調査で行われている標本調査は，どんな方法で行われているか調
べてみましょう。

ガ イ ド インターネットを使って，「標本調査」だけでなく，「リテラリィ・ダイジェスト」，
「品質検査」，「選挙速報」などのキーワードを付け加えて検索してみましょう。

答 え
1 (例)当時，電話や自動車の所有者は一部の家庭だけだった。
2 (例)無作為に選んだ電話番号に電話をかける。

疑問を考えよう

黄金比って何？

教科書 P.256

 右の図で，長方形 ABCD から正方形 ABEF の部分を取り去った残りの長方形 ECDF は，もとの長方形 ABCD と相似になっています。長方形 ABCD と長方形 ECDF が相似であることをもとにして，AB = 1，BC = x として比例式をつくり，それを解いてみましょう。

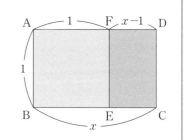

ガイド AB：EC = BC：CD となっています。

答え 長方形 ABCD と長方形 ECDF は相似だから，

$$AB：EC = BC：CD$$

よって，$1：(x - 1) = x：1$

$$x(x - 1) = 1$$

$$x^2 - x - 1 = 0$$

$$x = \frac{-(-1) \pm \sqrt{(-1)^2 - 4 \times 1 \times (-1)}}{2 \times 1} = \frac{1 \pm \sqrt{5}}{2}$$

$x > 0$ だから，$x = \dfrac{1 + \sqrt{5}}{2}$

答 $x = \dfrac{1 + \sqrt{5}}{2}$

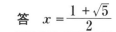 正五角形の中からほかに黄金比になっている場所を探してみましょう。

ガイド 正五角形の1つの対角線は，他の1つの対角線によって，黄金比に分けられています。

答え 右の図で，AI：IC，JI：IA など

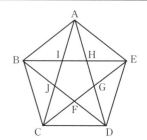

「三平方の定理の逆」の証明はほかにもある？

教科書 P.257

 仮定である $a^2 + b^2 = c^2$ の式を，a^2 について解いたあと，右辺を因数分解しましょう。次に，右のことを参考にしながら比例式に表してみましょう。

> $P^2 = Q \times R$ のとき，
> $Q：P = P：R$

$a^2 = c^2 - b^2$
$a^2 = (c + b)(c - b)$
よって，$(c + b) : a = a : (c - b)$

---

2 次の図(図は 答え 欄)の点 A を中心に，半径 b の円をかき，半直線 BA 上に BD $= c + b$ となる点 D，BE $= c - b$ となる点 E をとり，C と D，C と E をそれぞれ結んだ図を作図してみましょう。

答え

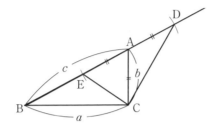

---

3 2 で作図した図の中に相似な三角形があります。1 で導いた式を利用して，2 つの三角形が相似であることを証明してみましょう。

ガイド 1 より，BD : BC = BC : BE

答え
△BCD と△BEC において，
　1 より，BD : BC = BC : BE　　①
　共通な角だから，∠DBC = ∠CBE　　②
①，②より，2 組の辺の比とその間の角がそれぞれ等しいから，
　△BCD ∽ △BEC

---

4 3 で証明した相似な三角形と，2 で作図した図の中にある 2 つの二等辺三角形に着目して，∠ACB $= 90°$ を証明してみましょう。

答え
△AEC は AE $=$ AC の二等辺三角形だから，
　∠AEC $=$ ∠ACE　　①
△ACD は AC $=$ AD の二等辺三角形だから，
　∠ACD $=$ ∠ADC　　②
三角形の内角の和は $180°$ だから，
　∠AEC $+$ ∠ACE $+$ ∠ACD $+$ ∠ADC $= 180°$　　③
①，②，③より，∠ACE $+$ ∠ACD $= 90°$　　④
一方，△BCD ∽ △BEC より，
　∠ADC $=$ ∠BCE　　⑤
②，⑤より，∠ACD $=$ ∠BCE　　⑥
④，⑥より，∠ACE $+$ ∠BCE $= 90°$
すなわち，∠ACB $= 90°$

さらなる数学へ

放物線はみな相似？ 発展

1 次の図（図は 答え 欄）は，座標を使って△AOB をかいたものです。原点 O を相似の中心として，△AOB を 2 倍に拡大した△A′OB′ を，次の図にかき入れてみましょう。

ガイド　原点 O を相似の中心とすると，OA の延長上に A′，OB の延長上に B′ があり，OA : OA′ = OB : OB′ = 1 : 2 になります。

答え　右の図

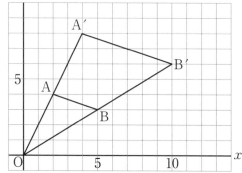

2 表計算ソフトに，右のように x と $y = x^2$ の値を入力して，放物線 $y = x^2$ をかいてみましょう（表 1，図 1）。また，x，y の値をそれぞれ 2 倍して，その放物線を 2 倍に拡大してみましょう（表 2，図 2）。

答え　右の表と下の図

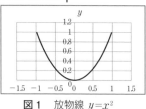

図1　放物線 $y = x^2$

2 倍に拡大すると

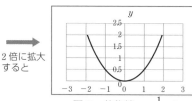

図2　放物線 $y = \frac{1}{2} x^2$

表1

x	y
-1	1
-0.9	0.81
-0.8	0.64
-0.7	0.49
-0.6	0.36
-0.5	0.25
-0.4	0.16
-0.3	0.09
-0.2	0.04
-0.1	0.01
0	0
0.1	0.01
0.2	0.04
0.3	0.09
0.4	0.16
0.5	0.25
0.6	0.36
0.7	0.49
0.8	0.64
0.9	0.81
1	1

x，y の値を 2 倍にすると

表2

x	y
-2	2
-1.8	1.62
-1.6	1.28
-1.4	0.98
-1.2	0.72
-1	0.5
-0.8	0.32
-0.6	0.18
-0.4	0.08
-0.2	0.02
0	0
0.2	0.02
0.4	0.08
0.6	0.18
0.8	0.32
1	0.5
1.2	0.72
1.4	0.98
1.6	1.28
1.8	1.62
2	2

3 表 2（教科書 P.258）や図 2（教科書 P.259）から，放物線 $y = x^2$ を 2 倍に拡大した放物線の式を求めてみましょう。

答え　表 2 で，$y = ax^2$ とおいて，$x = 2$，$y = 2$ を代入すると，

$$2 = a \times 2^2 \qquad a = \frac{1}{2}$$

したがって，$y = \frac{1}{2} x^2$

答　$y = \frac{1}{2} x^2$

4 放物線 $y = x^2$ 上のほかの点についても，同じことを調べてみましょう。

答え

（例）

x の値が負のときも，同じように調べてみる。

$y = x^2$ 上の点 C$(-1,\ 1)$，D$(-2,\ 4)$ を，原点から 2 倍の距離に遠ざけると，それぞれ，C$'(-2,\ 2)$，D$'(-4,\ 8)$ となる。

これらの点は，

C$'\left(-2,\ \dfrac{1}{2} \times (-2)^2\right)$，

D$'\left(-4,\ \dfrac{1}{2} \times (-4)^2\right)$ と表され，

それぞれ放物線 $y = \dfrac{1}{2} x^2$ 上の点であることがわかる。

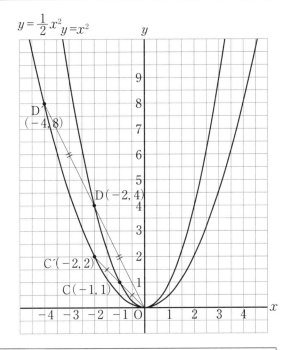

5 前ページ（教科書 P.258）の表 1 の x，y の値をそれぞれ $\dfrac{1}{2}$ 倍して，放物線をかいてみましょう。また，その放物線はどんな式になるでしょうか。

答え

$y = x^2$ 上の点 A$(1,\ 1)$ で x，y の値を $\dfrac{1}{2}$ 倍すると，B$\left(\dfrac{1}{2},\ \dfrac{1}{2}\right)$ となる。

B$\left(\dfrac{1}{2},\ 2 \times \left(\dfrac{1}{2}\right)^2\right)$ と表されるので，放物線 $y = 2x^2$ 上の点であることがわかる。

<u>答　$y = 2x^2$</u>

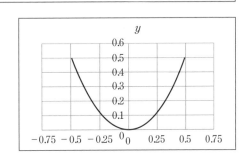

6 放物線 $y = x^2$ を 3 倍，$\dfrac{1}{3}$ 倍にしたとき，その放物線の式はどうなるでしょうか。また，それらのことから，放物線についてどんなことがわかるでしょうか。

答え

3 倍…$y = \dfrac{1}{3} x^2$，$\dfrac{1}{3}$ 倍…$y = 3x^2$ ➡ $y = x^2$ を a 倍にすると，$y = \dfrac{1}{a} x^2$，$\dfrac{1}{a}$ 倍にすると，$y = ax^2$ になる。このことから，すべての放物線は相似であるといえる。

さらなる数学へ

バランスのとれる場所はどこ？ 発展

厚紙とつまようじを使って，三角形のコマをつくります。つまようじを三角形の内部のどの位置にさすと，コマはよく回るでしょうか。その位置の求め方を考えてみましょう。

 コマが正三角形の場合は，どの位置にすればよいでしょうか。右の図（図は 答え 欄）に示してみましょう。

ガイド「重さのバランスのとれるところ」と予想されます。

答え 正三角形は線対称な図形で，対称の軸が3本あるので，そのうちの2本を引けば，その交点Dが重さのバランスがとれる位置になります。

対称の軸は，正三角形の角の二等分線を引くか，頂点とそれに向かい合う辺の中点を結んで引くことができます。

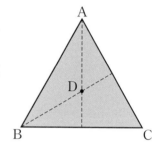

 一般の三角形の場合はどうでしょうか。（教科書 P.260）を手がかりにして考えてみましょう。また，実際にコマをつくり，コマがよく回るかどうかを確かめてみましょう。

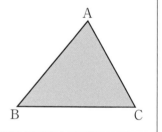

ガイド つまようじをさす位置が，角の二等分線の交点の場合と，頂点とそれに向かい合う辺の中点とを結ぶ線分の交点の場合でコマをつくり，どちらの場合がよく回るかを確かめてみましょう。

答え 実際にコマをつくって回してみると，よく回るのは，頂点とそれに向かい合う辺の中点とを結ぶ線分の交点につまようじをさした場合だとわかります。

3 三角形の頂点とそれに向かい合う辺の中点を結ぶ線分を中線といいます。適当な三角形をかき，3つの頂点から，それぞれ中線を引いてみましょう。どんなことが予想できるでしょうか。

ガイド いくつかの三角形で実際に確かめましょう。

答え 〔予想〕3本の中線は，必ず1つの点で交わる。

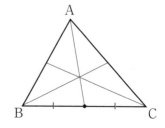

教科書 P.260

4 三角形の重心の性質を調べてみましょう。

1 右の図で点 G は△ABC の重心です。次の線分の長さを測ってみましょう。また，その結果をもとに，三角形の重心の性質を予想してみましょう。

(1)　AG =□mm，GD =□mm
(2)　BG =□mm，GE =□mm
(3)　CG =□mm，GF =□mm

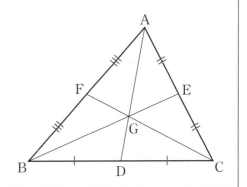

答え

(1)　AG = **24** mm，GD = **12** mm
(2)　BG = **30** mm，GE = **15** mm
(3)　CG = **26** mm，GF = **13** mm

〔**予想**〕重心は 3 本の中線を，2：1 の比に分ける。

2 右の図のように，中線 BE と中線 CF の交点を G として，BG：GE = CG：GF = 2：1 であることを証明してみましょう。同様にして，中線 BE と中線 AD の交点を G′ として BG′：G′E = AG′：G′D = 2：1 であることを証明してみましょう。

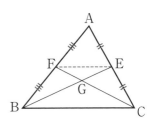

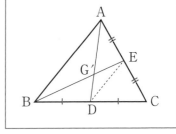

答え

△ABC において，中点連結定理により，

FE∥BC，FE = $\frac{1}{2}$ BC

△EFG と△BCG において，FE∥BC から，

∠EFG = ∠BCG，∠FEG = ∠CBG

2 組の角がそれぞれ等しいから，

△EFG ∽△BCG

したがって，BG：GE = CG：GF = BC：EF = 2：1

同様にして，△DEG′ ∽△ABG′

したがって，BG′：G′E = AG′：G′D = AB：DE = 2：1

数学の歴史の話

地球の測り方

教科書 P.262, 263

❶ 地球の大きさを測る

 1 アレキサンドリアで，太陽の光と棒の角度が 7.2° であることから，シェネとアレキサンドリアの距離は地球の周の長さの何分の一であるといえますか。上の図をもとに，考えてみましょう。（図は 答え 欄）

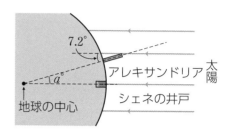

ガイド	太陽の光が平行線であることから考えましょう。

| 答え | 右の図で, アレキサンドリアとシェネを結ぶ弧の中心角$a°$は, 錯角が等しいことから,

$a° = 7.2°$

中心角と弧の長さは比例するから, シェネとアレキサンドリアの距離は, 地球の周の長さの$\frac{7.2}{360} = \frac{1}{50}$である。 |

答　$\dfrac{1}{50}$

---

2 シェネとアレキサンドリアの距離は約 785 km です。このことから, 地球の周の長さを求めてみましょう。また, 実際の地球の周の長さ(約 40000 km)と比べてみましょう。

ガイド	**1**で求めたことをもとにして考えましょう。

| 答え | シェネとアレキサンドリアの距離 785 km は, 地球の周の長さの$\frac{1}{50}$と考えられるから, 地球の周の長さは,

$785 × 50 = 39250$ |

答　約 39250 km, 実際の地球の周の長さに近い

❷　緯度を求める

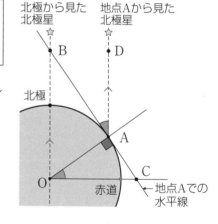

1 上(右)の図で, △BOC ∽ △OAC であることを証明してみましょう。

ガイド	△BOC, △OAC で 2 組の角がそれぞれ等しいことをいいましょう。

| 答え | △BOC と △OAC において,

∠BOC = ∠OAC = 90°　①

∠C は共通　②

①, ②より, 2 組の角がそれぞれ等しいから,

△BOC ∽ △OAC |

---

2 **1**(教科書 P.263)を利用して, 地点 A の緯度は北極星の高度∠DAB に等しいことを証明してみましょう。

| 答え | △BOC ∽ △OAC から,

∠OBC = ∠AOC　①

また, BO∥DA から,

∠OBC = ∠DAB　②

①, ②より, ∠AOC = ∠DAB

地点 A の緯度は北極星の高度∠DAB に等しい。 |

3 北極星の高度を測定し，自分の住んでいる場所の緯度を調べてみましょう。

ガイド 右の図のようにして北極星の高度を測定しましょう。

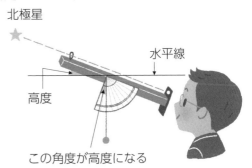

北極星

水平線

高度

この角度が高度になる

高校へのかけ橋 発展 高等学校

教科書 P.266,267

$2x^2 + 7x + 3$ は因数分解できるかな？

⚪ 悠さんが求めた式を展開して，もとの式になるかどうか確かめてみましょう。

答 え
$$(2x + 1)(x + 3) = 2x^2 + 6x + x + 3$$
$$= 2x^2 + 7x + 3$$
よって，もとの式になる。

関数 $y = x^2 + 1$ のグラフはかけるかな？

⚪ 咲良さんの考えを使って，関数 $y = x^2 + q$ の q にいろいろな数を入れて，グラフをかいてみましょう。

答 え (例)

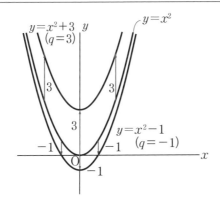

$y = x^2 + 3$
$(q = 3)$

$y = x^2$

$y = x^2 - 1$
$(q = -1)$

⚪ 関数 $y = (x - 1)^2$ のグラフについて，どんなグラフになるか考えてみましょう。

答 え $y = x^2$ のグラフを x 軸方向に 1 だけ平行移動した放物線になる。

さらなる数学へ

1・2 年の復習

数と式

1 (1) -13 (2) 11 (3) -6 (4) -2 (5) $\dfrac{5}{12}$ (6) 1.4
(7) -48 (8) -4 (9) 28 (10) 16 (11) -6 (12) 39
(13) 16

2 (1) $-10x$ (2) $3a-7$ (3) $-\dfrac{1}{12}x+5$ (4) $35x$
(5) $-2a+3$ (6) $\dfrac{3}{4}a$ (7) $9x$ (8) $-11x-3$

3 (1) $-2x-5y$ (2) $-x^2-5x+10$ (3) $2x^2-x-3$
(4) $2x+13y$ (5) $\dfrac{-a-b}{15}$ (6) $\dfrac{-3x+13y}{18}$ (7) $-24ab$
(8) $2x$ (9) $\dfrac{2a^2}{3b}$ (10) $12x^2$

4 (1) $x=-8$ (2) $x=4$ (3) $x=-12$ (4) $x=2$ (5) $x=-4$
(6) $x=-\dfrac{5}{2}$ (7) $x=7$ (8) $x=3$ (9) $x=-9$ (10) $x=-17$
(11) $x=10$ (12) $x=8$ (13) $x=13$ (14) $x=-3$

5 (1) $\begin{cases} x=2 \\ y=6 \end{cases}$ (2) $\begin{cases} x=-1 \\ y=2 \end{cases}$ (3) $\begin{cases} x=-3 \\ y=5 \end{cases}$ (4) $\begin{cases} x=3 \\ y=-1 \end{cases}$
(5) $\begin{cases} x=4 \\ y=5 \end{cases}$ (6) $\begin{cases} x=3 \\ y=10 \end{cases}$

6 代入する式は，できるだけ簡単な式にしてから代入します。
(1) 13 (2) -9 (3) 2

7 $x=-1$，$y=2$ を連立方程式に代入して，
$\begin{cases} -a+2b=4 \\ -b-2a=-7 \end{cases}$
これを a，b についての連立方程式として解くと，$a=2$，$b=3$ **答 $a=2$，$b=3$**

8 ある自然数の 2 乗になる数は，素因数分解すると同じ素数が偶数個ずつの積になります。
432 を素因数分解すると，$432=2^4\times3^3$ だから，3 をかける必要があります。

答 3

$432\times3=(2^4\times3^3)\times3=2^4\times3^4=(2^2\times3^2)^2=36^2$ となります。

9 17 脚目までにすわった人数は $17x$ 人で，18 脚目にすわった人数は y 人だから，生徒の人数は $(17x+y)$ 人

10 A 地点から峠までの道のりを x m とすると，

A 地点から峠まで登るのにかかる時間は $\frac{x}{50}$（分），

峠から A 地点まで下るのにかかる時間は $\frac{x}{75}$（分）なので，$\frac{x}{50} - \frac{x}{75} = 32$

この方程式を解くと，$x = 4800$　　　　　　　　　　　　　　　　**答　4800 m**

11 もとの自然数の十の位の数を x，一の位の数を y とすると，

もとの自然数は $10x + y$，

十の位の数と一の位の数を入れかえてできる自然数は $10y + x$ だから，

$$\begin{cases} x = y - 2 \\ (10y + x) + (10x + y) = 88 \end{cases}$$

この連立方程式を解くと，$x = 3$，$y = 5$　　　　　　　　　　　**答　35**

12 昨日の男性の入館者数を x 人，女性の入館者数を y 人とすると，

$$\begin{cases} x + y = 376 - 11 \\ -\dfrac{5}{100}x + \dfrac{8}{100}y = 11 \end{cases}$$　　この連立方程式を解くと，$x = 140$，$y = 225$

したがって，今日の男性の入館者数は，$140 \times \dfrac{95}{100} = 133$，

女性の入館者数は，$225 \times \dfrac{108}{100} = 243$　　　　　**答　男性… 133 人，女性… 243 人**

関数，データの活用　　　　　　　　　　　　　　　　　　教科書 P.270,271

1 (1) $y = -6x$, $y = 30$　　(2) $y = \dfrac{36}{x}$, $y = 12$

2 (1) $y = -3x + 7$　　(2) $y = 2x + 5$　　(3) $y = \dfrac{1}{2}x - 4$

3 ギアの歯数と回転数は反比例することに着目しましょう。

(1) 前のギアは，1 回転すると歯数は 36 進む。
前のギアと後ろのギア A，B，C はチェーンでつながれているので，前のギアの進む歯数と後ろのギアの進む歯数は同じになる。

ギア A　$36 \div 12 = 3$　ギア B　$36 \div 15 = \dfrac{36}{15} = \dfrac{12}{5}$　ギア C　$36 \div 18 = 2$

答　A…3 回転，B…$\dfrac{12}{5}$ 回転，C…2 回転

(2) 前のギアの進む歯数と後ろのギアの進む歯数は同じなので，
（ギアの歯数）×（回転数）は等しくなる。

$xy = 36 \times 5$ より，$y = \dfrac{180}{x}$　　　　　　　　　**答　$y = \dfrac{180}{x}$**

(3) $48 \times 5 = 240$ より，$y = \dfrac{240}{x}$

これに，$x = 12$, 15, 18 をそれぞれ代入して y の値を求める。

答　$y = \dfrac{240}{x}$, A…20 回転，B…16 回転，C…$\dfrac{40}{3}$ 回転

4 (1) $y = \dfrac{1}{2} \times 8 \times 2x = 8x$ 答 $y = 8x$

(2) P が C にあるとき，$x = 0$，$y = 8 \times 0 = 0$

P が D にあるとき，$x = 12 \div 2 = 6$，$y = 8 \times 6 = 48$

答 $0 \leqq x \leqq 6$，$0 \leqq y \leqq 48$

(3) $y = 8x$ に $y = 24$ を代入すると，$24 = 8x$ より，$x = 3$ 答 3秒後

5 (1) A$(3,\ 4)$，B$(1,\ 0)$，D$(9,\ 0)$

(2) $\triangle\text{ABD} = \dfrac{1}{2} \times (9 - 1) \times 4 = 16$ 答 16

6 (1)

階級 (点)	度数 (人)	相対度数	累積度数 (人)	累積 相対度数
21 ～ 25	4	0.19	4	0.19
26 ～ 30	7	0.33	11	0.52
31 ～ 35	2	0.10	13	0.62
36 ～ 40	3	0.14	16	0.76
41 ～ 45	2	0.10	18	0.86
46 ～ 50	3	0.14	21	1.00
計	21	1.00		

(2) **10%** (3) **62%**

(4) 第1四分位数…**28点**，第2四分位数…**30点**，第3四分位数…**41点**，四分位範囲…**13点**

(5)

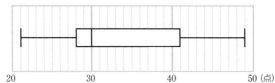

7 大小2つのさいころを同時に投げるときの，目の出方は36通り。

出る目の和が素数になるのは，以下の15通り。

$2 \to (1,\ 1)$　$3 \to (1,\ 2),\ (2,\ 1)$　$5 \to (1,\ 4),\ (2,\ 3),\ (3,\ 2),\ (4,\ 1)$

$7 \to (1,\ 6),\ (2,\ 5),\ (3,\ 4),\ (4,\ 3),\ (5,\ 2),\ (6,\ 1)$　$11 \to (5,\ 6),\ (6,\ 5)$

よって，確率は，$\dfrac{15}{36} = \dfrac{5}{12}$ 答 $\dfrac{5}{12}$

8 白玉を①，③，⑤，⑥，赤玉を②，④ として考えます。

6個の中から同時に2個を取り出す場合は，次の15通り。

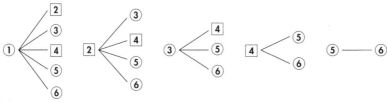

(1) 15通りのうち，2個とも同じ色になるのは，(①，③)，(①，⑤)，(①，⑥)，(②，④)，

(③，⑤)，(③，⑥)，(⑤，⑥)の7通り。 答 $\dfrac{7}{15}$

(2) 両方が奇数のとき，つまり，(①，③)，(①，⑤)，(③，⑤)の3通りのときだけ積が

奇数になり，それ以外の場合の積は偶数になる。したがって，積が偶数になる確率は，

$1 - \dfrac{3}{15} = \dfrac{4}{5}$ 答 $\dfrac{4}{5}$

250

1 ① AB を延長する。
　② B を通り，AB に垂直な半直線 BD を引く。
　③ ∠ABD の二等分線を引く。

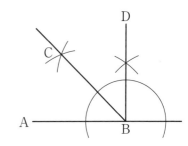

2 AC ∥ PQ，AC は共通より，△ACQ ＝△ACP
　　AD ∥ BC，AP は共通より，△ACP ＝△ABP
　　　　　　　　　　　　　　　　　　　答　△ACP，△ABP

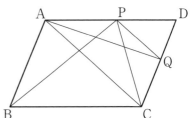

3 ① 2点 O，A を通る直線を引く。
　② A を通り，OA に垂直な直線を引く。

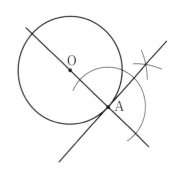

4 (1)　△DEO
　(2) **(例)**・BO を対称の軸として対称移動し，点 B から点 O
　　　　　の方向に BO の長さだけ平行移動する。
　　　　　・点 B から点 O の方向に BO の長さだけ平行移動し，
　　　　　OE を対称の軸として対称移動する。

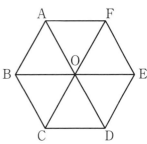

5 (1) 辺 AE，辺 CG，辺 DH　　(2) 辺 AB，辺 AE，辺 DC，辺 DH
　(3) 辺 AE，辺 BF，辺 EH，辺 FG　　(4) 辺 DC，辺 DH，辺 CG，辺 HG
　(5) 辺 AB，辺 EF，辺 HG，辺 DC

6 表面積…$4\pi \times 6^2 = 144\pi$（cm²）　　体積…$\dfrac{4}{3}\pi \times 6^3 = 288\pi$（cm³）

7 (1) $360° \times \dfrac{2\pi \times 8}{2\pi \times 10} = 288°$

　(2) $\pi \times 10^2 \times \dfrac{288}{360} + \pi \times 8^2 = 144\pi$（cm²）

　(3) $\dfrac{1}{3} \times (\pi \times 8^2) \times 6 = 128\pi$（cm³）

復習問題

8 (1) $\angle x = 63°$　(2) $\angle x = 34°$　(3) $\angle x = 26°$

9 △ABP と △CAQ において,

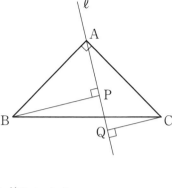

仮定から,　　　AB = CA　　　①
　　　　　　∠BPA = ∠AQC = 90°　②
また,　　　∠BAP = 90° − ∠CAQ　③
三角形の内角の和は 180° だから,
　　　　∠ACQ = 180° − 90° − ∠CAQ
　　　　　　　= 90° − ∠CAQ　④
③, ④より,　∠BAP = ∠ACQ　⑤
①, ②, ⑤より, 直角三角形の斜辺と 1 つの鋭角がそれぞれ等しいから,
　　　　△ABP ≡ △CAQ
したがって,　　BP = AQ

10 AB = AC から,　∠B = ∠C　　①
FG = FC から,　∠FGC = ∠C　②

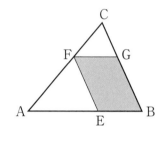

①, ②より,　　　∠B = ∠FGC
同位角が等しいから,
　　　　　　EB // FG　　③
AB = AC, AE = AF から,
　　　AB − AE = AC − AF
よって,　　　EB = FC　④
また,　　　FC = FG　⑤
④, ⑤より,　　EB = FG　⑥
③, ⑥より, 1 組の対辺が平行で等しいから,
四角形 EBGF は平行四辺形である。

11 仮定から,　　　AC // DE　　① 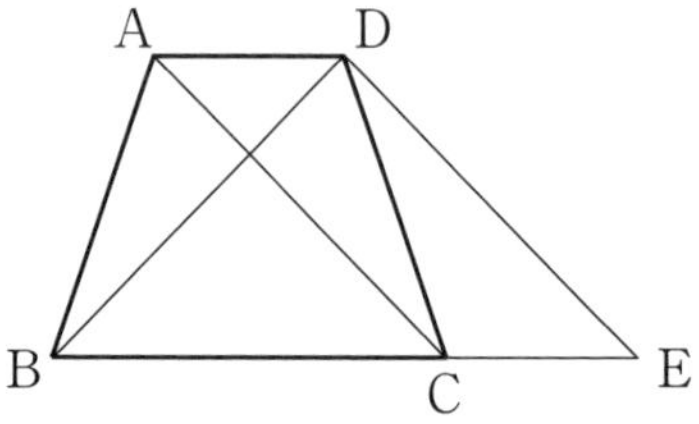
AD // BC から,　AD // CE　②
①, ②より, 2 組の対辺がそれぞれ平行だから,
四角形 ACED は平行四辺形である。
よって,　　　AC = DE　③
仮定から,　　　AC = DB　④
③, ④より,　　DB = DE
したがって, 2 つの辺が等しいから, △DBE は二等辺三角形である。
よって,　　∠DBE = ∠DEB　⑤
△ABC と △DCB において,
　　　　BC は共通　　⑥
①より, 同位角が等しいから,
　　　　∠ACB = ∠DEC　⑦
⑤, ⑦より,　∠ACB = ∠DBC　⑧
④, ⑥, ⑧より, 2 組の辺とその間の角がそれぞれ等しいから,
　　　　△ABC ≡ △DCB
したがって,　　AB = DC

3 年の 復習

1章　式の計算

1　(1)　$-4a(2a-7)$
　　　　$=-8a^2+28a$

(2)　$(5x+3y)\times 2y$
　　$=10xy+6y^2$

(3)　$(8a+4b)\times\dfrac{3}{2}a$
　　　$=12a^2+6ab$

(4)　$(-15x^2+10x)\div 5x$
　　$=(-15x^2+10x)\times\dfrac{1}{5x}$
　　$=-3x+2$

(5)　$(9a^2b-6ab^2)\div 3ab$
　　　$=(9a^2b-6ab^2)\times\dfrac{1}{3ab}$
　　　$=3a-2b$

(6)　$(-12xy+3y^2)\div\left(-\dfrac{3}{4}y\right)$
　　$=(-12xy+3y^2)\times\left(-\dfrac{4}{3y}\right)$
　　$=16x-4y$

2　(1)　$(2x-3y)(3x+5y)$
　　　　$=6x^2+10xy-9xy-15y^2$
　　　　$=6x^2+xy-15y^2$

(2)　$(a-3b)(2a+b-5)$
　　$=2a^2+ab-5a-6ab-3b^2+15b$
　　$=2a^2-5ab-5a-3b^2+15b$

(3)　$(x-8)(x+5)$
　　　$=x^2-3x-40$

(4)　$(a+5)^2$
　　$=a^2+10a+25$

(5)　$(x-2y)^2$
　　　$=x^2-4xy+4y^2$

(6)　$\left(y+\dfrac{1}{2}\right)\left(y-\dfrac{1}{2}\right)$
　　$=y^2-\dfrac{1}{4}$

(7)　$(2a-b-6)(2a-b+1)$
　　　$=\{(2a-b)-6\}\{(2a-b)+1\}$
　　　$=(2a-b)^2-5(2a-b)-6$
　　　$=4a^2-4ab+b^2-10a+5b-6$

(8)　$(x-y-4)^2$
　　$=\{(x-y)-4\}^2$
　　$=(x-y)^2-8(x-y)+16$
　　$=x^2-2xy+y^2-8x+8y+16$

3　(1)　$(x-6)^2-(x+8)(x-3)$
　　　　$=(x^2-12x+36)-(x^2+5x-24)$
　　　　$=x^2-12x+36-x^2-5x+24$
　　　　$=-17x+60$

(2)　$(x-7)(x-2)-(x-3)(3+x)$
　　$=(x^2-9x+14)-(x^2-9)$
　　$=x^2-9x+14-x^2+9$
　　$=-9x+23$

4　はじめに共通因数をくくり出します。教科書 P.28 〜 29 の公式も復習しましょう。

(1)　$ax-2bx$
　　　$=x(a-2b)$

(2)　$4x^2y+3xy^2-xy$
　　$=xy(4x+3y-1)$

(3)　$x^2-5x-14$
　　$=(x+2)(x-7)$

(4)　x^2-6x+8
　　　$=(x-2)(x-4)$

(5)　$x^2-8xy+16y^2$
　　$=(x-4y)^2$

(6)　$4x^2+20x+25$
　　$=(2x+5)^2$

(7)　$16a^2-49b^2$
　　　$=(4a+7b)(4a-7b)$

(8)　$\dfrac{x^2}{9}-\dfrac{y^2}{16}$
　　$=\left(\dfrac{x}{3}+\dfrac{y}{4}\right)\left(\dfrac{x}{3}-\dfrac{y}{4}\right)$

(9)　$3x^2+12x+9$
　　$=3(x^2+4x+3)$
　　$=3(x+1)(x+3)$

(10)　$-3xy^2 + 12x$

$= -3x(y^2 - 4)$

$= -3x(y + 2)(y - 2)$

(12)　$x - 2 = M$ とおくと,

$a(x - 2) + b(x - 2)$

$= aM + bM$

$= M(a + b)$

$= (x - 2)(a + b)$

(11)　$x + 3 = M$ とおくと,

$(x + 3)^2 - 5(x + 3) - 6$

$= M^2 - 5M - 6$

$= (M + 1)(M - 6)$

$= (x + 3 + 1)(x + 3 - 6)$

$= (x + 4)(x - 3)$

(13)　$ab - 4a - 4b + 16$

$= a(b - 4) - 4(b - 4)$

$= (b - 4)(a - 4)$

5　$a^2 - 9b^2 = (a + 3b)(a - 3b)$

$= (37 + 3 \times 12) \times (37 - 3 \times 12)$

$= (37 + 36) \times (37 - 36)$

$= 73$

6 (1)　$14^2 - 112 + 4^2 = 14^2 - 2 \times 14 \times 4 + 4^2$

$= (14 - 4)^2$

$= 10^2$

$= 100$

(2)　$0.98 \times 1.02 = (1 - 0.02) \times (1 + 0.02)$

$= 1^2 - 0.02^2$

$= 1 - 0.0004$

$= 0.9996$

7　n を整数とすると，3 の倍数より 1 大きい数は $3n + 1$，同じ 3 の倍数より 1 小さい数は $3n - 1$ と表される。

$(3n + 1)^2 - (3n - 1)^2$

$= (9n^2 + 6n + 1) - (9n^2 - 6n + 1)$

$= 12n$

n は整数だから $12n$ は 12 の倍数である。

したがって，3 の倍数より 1 大きい数の 2 乗から，同じ 3 の倍数より 1 小さい数の 2 乗をひいた差は，12 の倍数になる。

2章　平方根

1 (1)　± 7　　(2)　$\pm\sqrt{13}$　　(3)　$\pm\dfrac{3}{8}$　　(4)　± 0.6

2 (1)　11　　(2)　-5　　(3)　0.16　　(4)　7

3 (1)　$5 = \sqrt{25}$，$-4 = -\sqrt{16}$ だから，

$-\sqrt{20}$，-4，$-\sqrt{15}$，$\sqrt{24}$，5

(2)　$\sqrt{144} = 12$　　$-\sqrt{\dfrac{1}{4}} = -\dfrac{1}{2}$

有理数…$\sqrt{144}$，$-\sqrt{\dfrac{1}{4}}$，$\dfrac{5}{2}$　　　無理数…$-\sqrt{13}$，$\dfrac{\pi}{2}$

4 分母に根号があるときは有理化します。

(1) $\sqrt{2} \times \sqrt{6}$
$= \sqrt{12}$
$= 2\sqrt{3}$

(2) $2\sqrt{10} \times 4\sqrt{5}$
$= 8\sqrt{50}$
$= 40\sqrt{2}$

(3) $\sqrt{270} \div \sqrt{6}$
$= \sqrt{45}$
$= 3\sqrt{5}$

(4) $6\sqrt{14} \div 3\sqrt{21}$
$= 2\sqrt{\dfrac{2}{3}} = \dfrac{2\sqrt{6}}{3}$

5 (1) $\sqrt{700}$
$= 10\sqrt{7}$
$= 10 \times 2.646$
$= 26.46$

(2) $\sqrt{7000}$
$= 10\sqrt{70}$
$= 10 \times 8.367$
$= 83.67$

(3) $\sqrt{0.7}$
$= \dfrac{\sqrt{70}}{10}$
$= 8.367 \div 10$
$= 0.8367$

(4) $\sqrt{252}$
$= 6\sqrt{7}$
$= 6 \times 2.646$
$= 15.876$

6 分母に根号があるときは有理化します。

(1) $10\sqrt{13} + 3\sqrt{13}$
$= 13\sqrt{13}$

(2) $4\sqrt{6} - 6\sqrt{2} + 3\sqrt{6}$
$= 7\sqrt{6} - 6\sqrt{2}$

(3) $\sqrt{27} - 5\sqrt{3}$
$= 3\sqrt{3} - 5\sqrt{3}$
$= -2\sqrt{3}$

(4) $\sqrt{24} - 4\sqrt{6} + \sqrt{54}$
$= 2\sqrt{6} - 4\sqrt{6} + 3\sqrt{6}$
$= \sqrt{6}$

(5) $4\sqrt{5} - \dfrac{10}{\sqrt{5}}$
$= 4\sqrt{5} - 2\sqrt{5}$
$= 2\sqrt{5}$

(6) $\sqrt{50} - \dfrac{8}{\sqrt{2}} + \sqrt{72}$
$= 5\sqrt{2} - 4\sqrt{2} + 6\sqrt{2}$
$= 7\sqrt{2}$

7 (1) $\sqrt{6} \times \sqrt{10} - \dfrac{3\sqrt{5}}{\sqrt{3}}$
$= 2\sqrt{15} - \sqrt{15}$
$= \sqrt{15}$

(2) $\sqrt{3}(4\sqrt{6} + 2\sqrt{3})$
$= 4\sqrt{18} + 6$
$= 12\sqrt{2} + 6$

(3) $(\sqrt{6} - \sqrt{3})^2$
$= 6 - 2\sqrt{18} + 3$
$= 9 - 6\sqrt{2}$

(4) $(\sqrt{7} - 2)(\sqrt{7} + 5) - \dfrac{7}{\sqrt{7}}$
$= 7 + 3\sqrt{7} - 10 - \sqrt{7}$
$= -3 + 2\sqrt{7}$

8 (円の面積) $= \pi \times ($半径$)^2$ です。
求める円の半径を x cm とすると,
$\pi x^2 = \pi \times 4^2 + \pi \times 8^2$
$x^2 = 80$　　$x > 0$ より, $x = 4\sqrt{5}$

答　$4\sqrt{5}$ cm

3章　2次方程式

1 式を整理して因数分解を使って解きましょう。

(1) $(x - 1)(x + 8) = 0$
$x = 1,\ x = -8$

(2) $x(x + 4) = 0$
$x = 0,\ x = -4$

(3) $x^2 + 6x - 27 = 0$
$(x + 9)(x - 3) = 0$
$x = -9,\ x = 3$

(4) $x^2 - 9x + 18 = 0$
$(x - 3)(x - 6) = 0$
$x = 3,\ x = 6$

(5) $x^2 - 3x - 40 = 0$
$(x + 5)(x - 8) = 0$
$x = -5,\ x = 8$

(6) $x^2 - 18x + 81 = 0$
$(x - 9)^2 = 0$
$x = 9$

復習問題

(7) $9x^2 - 25 = 0$
$(3x + 5)(3x - 5) = 0$
$x = \pm\dfrac{5}{3}$

(8) $x^2 - 3x + 5 = -8x - 1$
$x^2 + 5x + 6 = 0$
$(x + 2)(x + 3) = 0$
$x = -2, \ x = -3$

(9) $(x + 4)(x - 4) = -6x$
$x^2 - 16 = -6x$
$x^2 + 6x - 16 = 0$
$(x - 2)(x + 8) = 0$
$x = 2, \ x = -8$

(10) $(x - 6)(x + 8) = -13$
$x^2 + 2x - 48 = -13$
$x^2 + 2x - 35 = 0$
$(x - 5)(x + 7) = 0$
$x = 5, \ x = -7$

2 $x^2 = A$ や $(x + p)^2 = q$ の形にして解きましょう。

(1) $x^2 - 18 = 0$
$x^2 = 18$
$x = \pm 3\sqrt{2}$

(2) $6x^2 = 150$
$x^2 = 25$
$x = \pm 5$

(3) $x^2 - \dfrac{1}{3} = 0$
$x^2 = \dfrac{1}{3}$
$x = \pm\dfrac{\sqrt{3}}{3}$

(4) $9x^2 - 8 = 0$
$9x^2 = 8$
$x^2 = \dfrac{8}{9}$
$x = \pm\dfrac{2\sqrt{2}}{3}$

(5) $(x + 3)^2 = 28$
$x + 3 = \pm 2\sqrt{7}$
$x = -3 \pm 2\sqrt{7}$

(6) $(x - 6)^2 - 24 = 0$
$(x - 6)^2 = 24$
$x - 6 = \pm 2\sqrt{6}$
$x = 6 \pm 2\sqrt{6}$

3 (1) $x^2 + 3x + 1 = 0$
$x = \dfrac{-3 \pm\sqrt{9 - 4}}{2}$
$= \dfrac{-3 \pm\sqrt{5}}{2}$

(2) $x^2 - 6x + 3 = 0$
$x = \dfrac{6 \pm\sqrt{36 - 12}}{2}$
$= \dfrac{6 \pm 2\sqrt{6}}{2}$
$= 3 \pm\sqrt{6}$

(3) $4x^2 - 3x - 2 = 0$
$x = \dfrac{3 \pm\sqrt{9 + 32}}{8}$
$= \dfrac{3 \pm\sqrt{41}}{8}$

(4) $2x^2 + x - 1 = 0$
$x = \dfrac{-1 \pm\sqrt{1 + 8}}{4}$
$= \dfrac{-1 \pm 3}{4}$
$x = \dfrac{1}{2}, \ x = -1$

(5) $3x^2 + 4x - 2 = 0$
$x = \dfrac{-4 \pm\sqrt{16 + 24}}{6}$
$= \dfrac{-4 \pm 2\sqrt{10}}{6}$
$= \dfrac{-2 \pm\sqrt{10}}{3}$

(6) $-2x^2 = 3x - 9$
$2x^2 + 3x - 9 = 0$
$x = \dfrac{-3 \pm\sqrt{9 + 72}}{4}$
$= \dfrac{-3 \pm 9}{4}$
$x = \dfrac{3}{2}, \ x = -3$

4 花だんの幅を x m とすると,
$(18 - x)(30 - 2x) = 18 \times 30 \times \dfrac{2}{3}$
$2(18 - x)(15 - x) = 360$
$(18 - x)(15 - x) = 180$
$x^2 - 33x + 90 = 0$
$(x - 3)(x - 30) = 0 \qquad x = 3, \ x = 30$
$0 < x < 15$ であるから, $x = 3$ は問題に適しているが, $x = 30$ は適していない。 <u>**答 3 m**</u>

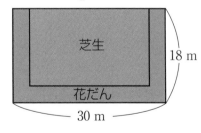

教科書 P.276

5 四角形 APQC = △ABC − △PBQ

P，Q が出発してからの時間を x 秒とすると，

$\triangle\text{ABC} = \dfrac{1}{2} \times 16 \times 8 = 64 (\text{cm}^2)$,

$\triangle\text{PBQ} = \dfrac{1}{2} \times 2x \times (8 - x) = x(8 - x) (\text{cm}^2)$

したがって，$64 - x(8 - x) = 52$

$\qquad x^2 - 8x + 12 = 0$

$\qquad (x - 2)(x - 6) = 0 \qquad x = 2,\ x = 6$

$0 \le x \le 8$ であるから，$x = 2,\ x = 6$ はどちらも問題に適している。　**答　2秒後，6秒後**

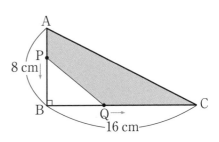

4章　関数 $y = ax^2$

1 (1) $y = ax^2$ とおくと，$4 = a \times (-4)^2 \qquad a = \dfrac{1}{4}$

$y = \dfrac{1}{4}x^2$ に $x = 6$ を代入すると，$y = 9$ 　　　　**答　$y = \dfrac{1}{4}x^2,\ y = 9$**

(2) $-6 = a \times 3^2 \qquad a = -\dfrac{2}{3}$ 　　　　**答　$a = -\dfrac{2}{3}$**

(3) $y = 4x^2$

(4) $x = 0$ のとき $y = 0$，$x = -6$ のとき $y = 18$ 　　　　**答　$0 \le y \le 18$**

2 (1) $x = -6$ のとき $y = \dfrac{2}{3} \times (-6)^2 = 24$，$x = -3$ のとき $y = \dfrac{2}{3} \times (-3)^2 = 6$

$\dfrac{6 - 24}{(-3) - (-6)} = \dfrac{-18}{3} = -6$ 　　　　**答　-6**

(2) $x = 1$ のとき $y = a \times 1^2 = a$，$x = 5$ のとき $y = a \times 5^2 = 25a$

$\dfrac{25a - a}{5 - 1} = 18 \qquad 6a = 18 \qquad a = 3$ 　　　　**答　$a = 3$**

3 点 A の座標は $(2,\ 12)$ だから，AD $= 12$

点 B の x 座標を b とすると，平行四辺形 ABCD の面積は，

$12(2 - b) = 36$

これを解いて，$b = -1$

よって，B$(-1,\ 3)$

したがって，点 C の y 座標を c とすると，BC $= 12$ だから，

$3 - c = 12$，$c = -9$

よって，C$(-1,\ -9)$ だから，$x = -1$，$y = -9$ を $y = ax^2$

に代入すると，$-9 = a \times (-1)^2$

これを解いて，$a = -9$

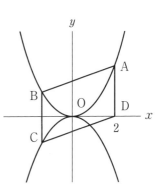

答　$a = -9$

4 (1) $y = \dfrac{1}{4}x^2$ に $x = 2$ を代入すると，$y = 1$ 　　　　**答　約1m**

(2) $y = \dfrac{1}{4}x^2$ に $y = 4$ を代入すると，$x^2 = 16 \qquad x > 0$ より，$x = 4$ 　　　　**答　約4秒**

(3) $y = \dfrac{1}{4}x^2$ に $x = 6$ を代入すると，$y = 9 \qquad 9 - 1 = 8$ 　　　　**答　約8m**

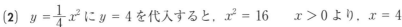

1 (1)
$$12 : (18 - 12) = 8 : x$$
$$12x = 48$$
$$x = 4$$

$$12 : 18 = 10 : y$$
$$12y = 180$$
$$y = 15$$

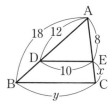

(2)
$$x : 8 = 4 : 10$$
$$10x = 32$$
$$x = \dfrac{16}{5} \ (x = 3.2)$$

$$4 : 10 = 6 : y$$
$$4y = 60$$
$$y = 15$$

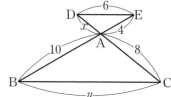

2 (1) △DBA, △DAC, △EBF (2) △ABC と△EBF

(3)
$$20 : (20 + 30) = \text{EF} : 37.5 \qquad \text{EF} = 15 \text{ cm}$$
$$25 : (20 + 30) = 15 : \text{AD} \qquad \text{AD} = 30 \text{ cm}$$
$$20 : 30 = 25 : \text{FC} \qquad \text{FC} = 37.5 \text{ cm}$$

答 EF = 15 cm, AD = 30 cm, FC = 37.5 cm

3 $157.35 \leqq a < 157.45$, 誤差の絶対値は 0.05 cm 以下

4 △ABCにおいて，点E, Fは，それぞれ辺 AB, ACの中点であるから，

$$\text{EF} \mathbin{/\mkern-5mu/} \text{BC}, \ \text{EF} = \dfrac{1}{2}\text{BC} \qquad ①$$

△DBCにおいて，同様にして，

$$\text{GH} \mathbin{/\mkern-5mu/} \text{BC}, \ \text{GH} = \dfrac{1}{2}\text{BC} \qquad ②$$

①，②から，EF ∥ GH, EF = GH

1組の対辺が平行で等しいから，四角形 EGHF は平行四辺形である。

5 (1) △PQR ∽ △ABCで，相似比は 1 : 3，面積比は $1^2 : 3^2 = 1 : 9$

△ABCの面積は90 cm² だから，△PQRの面積をx cm² とすると，

$$x : 90 = 1 : 9 \qquad x = 10 \qquad \text{答 } 10 \text{ cm}^2$$

(2) 三角錐 OPQR と三角錐 OABC の体積比は $1^3 : 3^3 = 1 : 27$

三角錐 OABCの体積をy cm³ とすると，

$$20 : y = 1 : 27 \qquad y = 540 \qquad \text{答 } 540 \text{ cm}^3$$

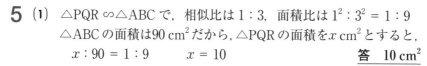
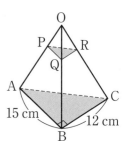

6章 円

1 (1) $\angle x = 104° \times \dfrac{1}{2} = 52°$ (2) $\angle x = (360° - 128°) \times \dfrac{1}{2} = 116°$ (3) $\angle x = 90° - 70° = 20°$

(4) $\angle x = 28° + 40° = 68°$ (5) $\angle x = 58° + 58° \times \dfrac{1}{2} = 87°$

(6) 四角形の4つの頂点は同一円周上にある。 $\angle x = 180° - 42° - 62° - 44° = 32°$

2 平行四辺形の対角は等しいから，

$\angle ABC = \angle D$ **①**

$\overset{\frown}{AC}$ の円周角は等しいから，

$\angle ABC = \angle AED$ **②**

①，②から，$\angle D = \angle AED$

2つの角が等しいから，△AED は二等辺三角形である。

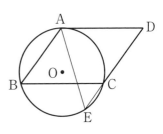

3 AD = AP，BC = BP より，

AD + BC = AP + BP = AB = 10 cm

よって，台形 ABCD の面積は，$\dfrac{1}{2} \times 10 \times 6 = 30 (\text{cm}^2)$

答 30 cm²

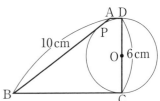

7章 三平方の定理

1 (1) $x^2 = 9^2 - 7^2$

    $x > 0$ より，$x = 4\sqrt{2}$

(2) $x^2 = (6^2 + 3^2) + 2^2$

    $x > 0$ より，$x = 7$

(3) $x^2 = 9^2 + (13 - 7)^2$

    $x > 0$ より，$x = 3\sqrt{13}$

2 AH : AB = $\sqrt{3}$: 2 より，AH = $4\sqrt{3}$ cm

AH : AC = 1 : $\sqrt{2}$ より，AC = $4\sqrt{6}$ cm

BC = BH + HC = $(4 + 4\sqrt{3})$ cm

   答 AH = $4\sqrt{3}$ cm，AC = $4\sqrt{6}$ cm，BC = $(4 + 4\sqrt{3})$ cm

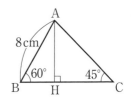

3 $y = \dfrac{1}{4}x^2$ に A，B の x 座標をそれぞれ代入して y 座標を求

めると，A$(-4, 4)$，B$(2, 1)$

$AB^2 = \{2 - (-4)\}^2 + (1 - 4)^2 = 6^2 + (-3)^2 = 45$

AB > 0 より，AB = $\sqrt{45} = 3\sqrt{5}$

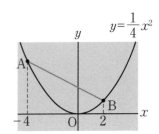

4 AP + PF が最小になるのは，

展開図で A，P，F が一直線

になるときである。

底面の△ABC は直角二等辺

三角形だから，

AB = BC = $4\sqrt{2}$ cm

展開図の△AFC において，

$AF^2 = AC^2 + CF^2 = (8\sqrt{2})^2 + 8^2 = 192$

AF > 0 だから，AF = $\sqrt{192} = 8\sqrt{3}$ (cm)

したがって，AP + PF = $8\sqrt{3}$ (cm)

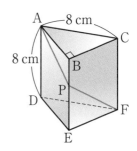

答 $8\sqrt{3}$ cm

復習問題

5 △ABC において，$AH = \dfrac{1}{2} AC = 2\sqrt{2}$ cm

△OAH において，

$OH^2 = OA^2 - AH^2 = 6^2 - (2\sqrt{2})^2 = 28$

$OH > 0$ だから，$OH = \sqrt{28} = 2\sqrt{7}$ (cm)

体積は，$\dfrac{1}{3} \times 4^2 \times 2\sqrt{7} = \dfrac{32\sqrt{7}}{3}$ (cm³)

△OBC の高さを OM とすると，△OBM において，

$OM^2 = OB^2 - BM^2 = 6^2 - 2^2 = 32$

$OM > 0$ だから，$OM = \sqrt{32} = 4\sqrt{2}$ (cm)

表面積は，$4^2 + \left(\dfrac{1}{2} \times 4 \times 4\sqrt{2}\right) \times 4 = 16 + 32\sqrt{2}$ (cm²)

答　体積…$\dfrac{32\sqrt{7}}{3}$ cm³，表面積…$(16 + 32\sqrt{2})$ cm²

8章 ／ **標本調査**

1 全部のデータを調べることができないもの，その必要がないものは標本調査をします。

(1) 全数調査 (2) 標本調査 (3) 標本調査
(4) 全数調査 (5) 標本調査

2 標本平均を使って，データ全体の平均値を推定することができます。

$(155 + 176 + 161 + 165 + 157 + 163 + 170 + 168 + 171 + 164) \div 10 = 165$

答　約 165 cm

3 20 個取り出したうちの赤玉の個数の平均を求めます。20 個中の赤玉の割合と，全体の赤玉の割合は等しいと考えます。

$(12 + 13 + 11 + 12 + 12) \div 5 = 12$

赤玉の総数を x 個とすると，

$500 : x = 20 : 12$

$20x = 6000$

$x = 300$

答　約 300 個

4 45 匹中の印をつけた魚の割合と，池全体の魚のうち印をつけた魚の割合は等しいと考えられるので，池全体の魚の総数を x 匹とすると，

$x : 58 = 45 : 8$

$8x = 2610$

$x = 326.25$

答　約 330 匹

総合問題

1 (1) オリジナルTシャツを3枚追加して購入金額が2400円増えているため，1枚当たりの値段は800円になる。1枚800円になるのは注文枚数が50枚を超えた分だから，追加する前に50枚以上だったとわかる。

(2) 注文したオリジナルTシャツを x 枚，無地のTシャツを y 枚とすると，
$$\begin{cases} 800(x-50) + 1000 \times 50 + 500y = 78600 \\ x + y = 100 \end{cases}$$
この連立方程式を解くと，$x = 62$，$y = 38$

答　オリジナルTシャツ…62枚，無地のTシャツ…38枚

2 (1) ① $y = 60x + 900$

② $y = 150(x - 10) + 60 \times 10 + 900$ より，

$y = 150x$

(2) 使用水量が $7\,\mathrm{m}^3$ のとき，(1)の①の式に $x = 7$ を代入すると，

$y = 420 + 900 = 1320$

使用水量が $18\,\mathrm{m}^3$ のとき，(1)の②の式に $x = 18$ を代入すると，

$y = 2700$

答　$7\mathrm{m}^3$ のとき 1320 円，$18\mathrm{m}^3$ のとき 2700 円

3 (1) 三平方の定理より，$AB^2 + 8^2 = 12^2$　$AB > 0$ より，

$AB = 4\sqrt{5}$

水の体積は，$\left(\dfrac{1}{2} \times 4\sqrt{5} \times 8\right) \times 6 = 96\sqrt{5}$

答　$96\sqrt{5}$ cm^3

(2) 容器の底から水面までの高さ（おもりの高さ）を x cm として，おもりの体積と水の体積の和は，次の2通りの式で表すことができる。

$\dfrac{1}{3} \times 8\sqrt{5} \times x + 96\sqrt{5} = \dfrac{8\sqrt{5}}{3}x + 96\sqrt{5}$

$\left(\dfrac{1}{2} \times 4\sqrt{5} \times 8\right) \times x = 16\sqrt{5}x$

方程式 $\dfrac{8\sqrt{5}}{3}x + 96\sqrt{5} = 16\sqrt{5}x$ を解くと，$x = \dfrac{36}{5}$　　**答　$\dfrac{36}{5}$ cm(7.2cm)**

4 (1) △■□■ を1組と考えると，$20 \div 6 = 3$(組)あまり2(個)より，

あまりの2個は，△■ なので，20番目は，■　　　　　**答　㋔**

(2) 99番目までに，$99 \div 6 = 16$(組)あまり3(個)より，16組できて，△■■ があまる。1組の中に㋑のタイルは2個，㋔のタイルは2個。また，あまり3個の中に，㋑と㋔のタイルは1個ずつなので，$2 \times 16 + 1 = 33$ より，㋑と㋔のタイルはそれぞれ33個あることがわかる。

面積の和は，$1 \times 33 + 2 \times 33 = (1 + 2) \times 33 = 99$　　　**答　99 cm^2**

復習問題

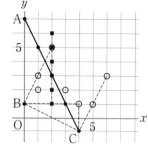

⑤ 大小2つのさいころを同時に投げたときの目の出方は, 全部で,
$6 \times 6 = 36$(通り)あります。

(1) 右の図のように, AC を線分で結ぶと,
$(1, 5)$, $(2, 3)$, $(3, 1)$ の3点を通過するので,
確率は, $\dfrac{3}{36} = \dfrac{1}{12}$　　　　　　　　　　答　$\dfrac{1}{12}$

(2) △ABP の底辺を AB, 高さを h とすると, AB = 6 なので,

$\dfrac{1}{2} \times 6 \times h = 6$ より, $h = 2$ となる点は, 右の図の ■印の $(2, 1)$, $(2, 2)$, $(2, 3)$, $(2, 4)$,

$(2, 5)$, $(2, 6)$ の6個あるので, 確率は, $\dfrac{6}{36} = \dfrac{1}{6}$　　　　　　　答　$\dfrac{1}{6}$

(3) △BCP が直角三角形になる場合, 上の図の○印のように,
∠B = 90° になるとき, $(1, 3)$, $(2, 5)$
∠C = 90° になるとき, $(5, 1)$, $(6, 3)$
∠P = 90° になるとき, $(1, 2)$, $(3, 2)$, $(4, 1)$

計7個あるので, 確率は, $\dfrac{7}{36}$　　　　　　　　　　答　$\dfrac{7}{36}$

⑥ 線分 PB は円柱の空間内の線分, △PBQ も円柱の空間内の三角形であることに注意しましょう。

(1) P は24秒で円周を1周するので, 6秒後には右の
図のように円周の $\dfrac{1}{4}$ 進んでいる。
AO : AP = 1 : $\sqrt{2}$ なので AP = $4\sqrt{2}$ cm
$PB^2 = AB^2 + AP^2 = 8^2 + (4\sqrt{2})^2 = 96$
PB > 0 より, PB = $4\sqrt{6}$ cm　　　答　$4\sqrt{6}$ cm

(2) 16秒後には, P は円周の $\dfrac{2}{3}$, Q は円周の $\dfrac{1}{3}$ だけ進
んでいる。右の図のように円柱の底面に点Rをとると,
△RBQ は正三角形になっている。
OS : BS : OB = 1 : $\sqrt{3}$: 2 より, OS = 2cm,
BS = $2\sqrt{3}$ cm
よって, BQ = 2BS = $2 \times 2\sqrt{3} = 4\sqrt{3}$ (cm)
一方, RS は正三角形 RBQ の高さだから,
RS = BS × $\sqrt{3}$ = $2\sqrt{3} \times \sqrt{3}$ = 6 (cm)
右の円柱の図で, △PRS において, $PS^2 = PR^2 + RS^2 = 8^2 + 6^2 = 100$
PS > 0 より, PS = 10cm
したがって, △PBQ = $\dfrac{1}{2} \times 4\sqrt{3} \times 10 = 20\sqrt{3}$ (cm²)　　　　答　$20\sqrt{3}$ cm²

　　　教科書 P.283

メモ

メモ